绿色印刷与中国环境标志

环境保护部环境发展中心
中 国 印 刷 技 术 协 会　编著

中国环境科学出版社·北京

图书在版编目（CIP）数据

绿色印刷与中国环境标志/环境保护部环境发展中心，中国印刷技术协会编著. —北京：中国环境科学出版社，2012.9

ISBN 978-7-5111-1084-8

Ⅰ. ①绿… Ⅱ. ①环… ②中… Ⅲ. ①印刷术—无污染技术—中国 Ⅳ. ①TS805

中国版本图书馆 CIP 数据核字（2012）第 179171 号

责任编辑 葛 莉
责任校对 尹 芳
封面设计 金 喆

出版发行 中国环境科学出版社
（100062 北京市东城区广渠门内大街 16 号）
网 址：http://www.cesp.com.cn
电子邮箱：bjgl@cesp.com.cn
联系电话：010-67112765（编辑管理部）
发行热线：010-67125803，010-67113405（传真）
印装质量热线：010-67113404

印 刷 北京昊天国彩印刷有限公司
经 销 各地新华书店
版 次 2012 年 9 月第 1 版
印 次 2012 年 9 月第 1 次印刷
开 本 787×1092 1/16
印 张 15.75
字 数 420 千字
定 价 49.00 元

本书编委会

审定委员会

主　任：唐丁丁

副主任：张双儒　曲德森　席俊清

委　员：李丽华　陈　杰　刘尊文　张小丹

李　建　刘毅勇　陈迎新

策划委员会

总策划：李　江

策划人：钟　玲　柳若安　刘　淼　张红玲　张　静

编写组

主　编：李　江

副主编：陈迎新　钟　玲　柳若安　王仪明　杨　进

参加编写人员：李　艳　刘尊文　刘毅勇　曹　磊　冯　晶

余建军　刘　淼　窦秀芬　陈轶群　李　彦

蔡尚佩　方　婷　张红玲　张　静　张　蕾

序一

中国环境标志计划诞生于1993年。经过近20年的探索与实践，中国环境标志计划以及由此建立起的政府绿色采购制度和政策，已成为我国积极实施可持续发展战略和全面推进节能减排、可持续生产与消费的重要实践工具和政策手段，在解决影响可持续发展和损害群众健康的突出环境问题方面取得了明显成效。

目前，中国环境标志现行产品种类标准已有91项，其中24项产品种类被列入中国政府绿色采购清单。中国是世界发布环境标志产品标准最多的国家之一。截至2011年年底，已有近2 000家企业，40 000多种型号产品通过中国环境标志认证，环境标志产品产值达2 000多亿元，中国环境标志产品认证企业数量与产品数量居世界前列。在环境保护部的领导下，历经20年的努力实践，中国环境标志已成为中国最权威、最科学的环境认证，得到政府、企业、消费者以及国际社会的广泛认可。

中国环境标志计划作为环境保护部与相关行业部门合作、共同促进发展方式转变的典范，2010年9月14日，环境保护部、国家新闻出版总署共同签署了《实施绿色印刷战略合作协议》。这是环境保护部和国家新闻出版总署共同推动实施绿色印刷工作的里程碑，其目标是加快实施绿色印刷战略，促进我国印刷产业发展方式的转变，实现新闻出版领域的强国目标。

为有效推动绿色印刷战略的实施，环境保护部于2011年3月发布了我国首个绿色印刷标准《环境标志产品技术要求　印刷　第一部分：平版印刷》，明确了绿色印刷的工作内容和技术要求。同时，环境保护部与国家新闻出版总署委托环境保护部环境发展中心和中国印刷技术协会，在全国范围内开展绿色印刷标准的宣贯工作，在印刷行业全面动员和部署绿色印刷实施工作，鼓励印刷企业积极申请绿色印刷认证。目前，已有 100 余家印刷企业通过了环境标志认证，绿色印刷标准体系逐步完善，商业票据印刷标准已在各方征求意见，凹版印刷等标准已在编制中，并将逐步在票据票证、食品包装等领域推广绿色印刷，实现绿色印刷政府采购。

绿色印刷战略的实施得到了党和国家的高度重视。2011 年 10 月 17 日，在国务院发布的《关于加强环境保护重点工作的意见》（国发 [2011] 35 号）中明确要求："鼓励使用环境标志、环保认证和绿色印刷产品"。2011 年 10 月 8 日，环境保护部和新闻出版总署共同发布了《关于实施绿色印刷的公告》，明确提出"实施绿色印刷工作的重要途径是在印刷行业开展绿色印刷环境标志产品认证"，并在"十二五"末期在印刷行业建立绿色印刷体系，力争使绿色印刷企业数量占到我国印刷企业总数的 30%。2012 年 4 月 6 日，国家新闻出版总署、教育部、环境保护部共同发布了《关于中小学教科书实施绿色印刷的通知》，绿色印刷体系的建立首先在中小学教材领域得以全面实施。

我相信，环境保护部与国家新闻出版总署在绿色印刷领域的合作必将给印刷企业带来良好的发展机遇，给印刷行业的转型和可持续、绿色发展带来新思维。希望《绿色印刷与中国环境标志》一书能在提高"绿色印刷"意识、传播"绿色印刷"理念、了解"绿色印刷"认证等方面起到应有的作用。

环境保护部环境发展中心主任

唐丁丁

2012 年 6 月 8 日

序二

实施绿色印刷是新闻出版总署深入贯彻落实科学发展观的具体体现，是为印刷业发展制定的国家战略，是推动印刷业转型升级的重大举措。自2010年年初启动实施绿色印刷战略以来，特别是新闻出版总署、环境保护部于2010年9月签署《实施绿色印刷战略合作协议》以来，我国绿色印刷发展的大幕正式揭开。2011年10月，两部署共同发布了《关于实施绿色印刷的公告》，对我国实施绿色印刷作出了全面部署和安排。中国印刷技术协会、环保部环境发展中心以及业界相关部门和企业按照《公告》提出的时间表和路线图，开展了大量加快绿色印刷发展的工作，参与绿色印刷标准的编制和验证，加大了绿色印刷宣传和标准宣贯、培训力度，积极推进绿色印刷环境标志产品认证，促进了我国印刷企业发展方式的转变。目前，绿色印刷在行业中已形成广泛共识，“绿色、创意、和谐”的印刷业发展理念已在广大印刷企业中牢固树立。

环境标志产品认证，是环境保护部对全国各行各业产品是否达到环境保护要求而开展的一项十分严肃、十分重要的工作，是国家认证认可制度的一个重要组成部分。在印刷企业中进行绿色印刷环境标志产品认证，即绿色印刷认证，是实施绿色印刷的重要途径和标志。认证中对达到绿色印刷标准的要求是刚性的。不开展认证工作，绿色印刷标准就得不到完全执行，实施绿色印刷就可能成为一句空话，印刷业的结构调整就不能实现。绿色印刷认证，强调“公平、公正、公开”和企业自愿原则。许多印刷企业积极主动通过实施绿色印刷，使用节能环保的印刷设备、技术和材料，向社会提供更多更好的优质健康绿色印刷产品，成为转变发展方式、推动印刷产业结构转型升级的排头兵。中国印刷技术协会和环保部环境发展中心在配合企业进行绿色印刷认证中，做了大量规范的技术服务工作，至2012年5月底，已有118家印刷企业获得了绿色印刷认证，绿色印刷认证初见成效。

近年来，环境标志产品已得到社会公众的认可和欢迎，并且成为人民群众选择绿色产品、环保产品的主要依据。绿色印刷环境标志产品认证工作的开展，顺应时代发展的步伐，得到政府的支持和消费者的广泛认可。2012年4月6日，新闻出版总署、环保部、教育部联合印发《关于中小学教科书实施绿色印刷的通知》，得到了企业的积极响应和中小学生及家长的欢迎，也使社会和业界看到了政府实施绿色印刷的决心，也为下一步商业票据和食品药品包装实施绿色印刷以及全面建立绿色印刷体系树立了典范，解除了疑虑，增强了信心。现阶段，我国绿色印刷环境标志产品认证呈现出绿色理念意识增强、绿色印刷标准逐渐增加、认证产品种类渐趋完善、辅助服务逐步规范的发展趋势，这为我国印刷行业加快绿色转型、持续健康发展提供了强有力的支持。

绿色印刷是“十二五”期间印刷业发展的主攻方向，是印刷业持续健康发展的途径，也是印刷企业应当承担的社会责任和提升企业形象的手段。实施绿色印刷战略，必将使印刷业在推进资源节约型、环境友好型社会建设中作出历史性的贡献。相信《绿色印刷与中国环境标志》一书能够为印刷业同仁解读“绿色印刷”理念、普及“绿色印刷环境标志产品认证”知识，推进印刷业的环保进程发挥出应有的作用。

中国印刷技术协会常务副理事长

2012年6月8日

前 言

目前，我国印刷行业已发展为拥有 10 万余家印刷企业，370 多万从业人员，年总产值超过 7 700 亿元的重要产业，但具备规模效应、技术先进的大企业和企业集团不多，基本是以中小企业为主体，在不少企业里，各种传统的制版、印刷、印后加工工艺仍在我国占据很大的市场份额。从环境保护的角度来看，印刷业从制版工序的胶片和废显影定影液、电镀液，到印刷过程中的溶剂型油墨、醇类润湿液、洗车水，再到印后整饰中仍在广泛使用的即涂膜、上光工艺等，都存在着污染环境和危害人体健康的问题。

印刷产品直接关系广大人民群众尤其是青少年的健康安全。由于目前还缺乏完备的环境保护评价手段及技术标准、专业的检测机构、高素质的人才队伍、高效节能的替代技术等原因，在印刷产品以及节能降耗等方面，存在着一些需要引起我们高度警惕并着力解决的问题，突出表现为：在印刷品的生产加工环节对产品的环保性、安全性关注不足，缺乏有效的管理、监督；企业和从业人员环境保护意识不强，建设“绿色、创意、和谐”印刷的理念尚未深入人心；对适用于不同规模、不同类型印刷企业的环保技术或产品缺乏有针对性的开发研究；针对印刷产业的环保评价认证体系和技术标准、信息系统的建设工作相对滞后等。

这些突出问题的存在与我国建设环境友好型社会的目标以及总产值排名世界第三的印刷大国地位是不相称的，也成为我国印刷产品突破国际贸易“绿色壁垒”、实施文化产业“走出去”战略和建设印刷强国的障碍。

这些问题的解决，亟待我们找到一个突破口，而实施推广绿色印刷是一个极好的形式。

2010 年 1 月新闻出版总署柳斌杰署长在全国新闻出版工作会议的报告中明确提出：“要根据国家控制温室气体排放的约束性指标规定，积极参与印刷、复制行业环保标准的研究制定，推广高效节能技术和产品的应用，探索产品用纸循环使用等新材料、新工艺的研发，进一步降低能耗和污染，打造‘绿色’印刷、复制产业。”同年 9 月，新闻出版总署与环境保护部共同签署了《实施绿色印刷战略合作协议》，正式揭开我国绿色印刷发展的大幕。2011 年 3 月 2 日，中华人民共和国国家环境保护标准《环境标志产品技术要求 印刷 第一部分：平版印刷》（HJ 2503—2011），经由环境保护部批准正式颁布实施，至此，绿色印刷有了明确的准入门槛。

2011 年 5 月发布的《印刷业“十二五”时期发展规划》中明确了印刷业发展的主要任务，其中特别指出要引导产业绿色转型，组织好“绿色环保印刷体系建设工程”，协调有关部门开展多层次多方位合作，制定和完善绿色环保印刷标准，开展绿色环保印刷企业和印刷产品的认证，推进我国绿色环保印刷的发展。具体保障措施体现为制定和完善绿色印刷标准，开展绿色印刷认证，实施“绿色环保印刷体系建设工程”，以中小学教科书、政府采购产品和食品药品包装为重点，积极协调环境保护、教育等有关行政部门开展多层次多方位合作，大力推进绿色印刷的实施。2012 年 4 月，新闻出版总署、教育部、环境保护部共同发布的《关于中小学教科书实施绿色印刷的通知》再次明确了中小学教科书必须委托获得绿色印刷环境标志认证的印刷企业印制，并要求在 1～2 年内实现全国中小学教科书绿色印刷全覆盖。

为满足政府部门有关实施绿色印刷的要求，环境保护部环境发展中心有关部门与中国印刷技术协会通力合作，在绿色印刷宣贯、绿色标准解读、技术服务等诸多领域进行了大量工作。本书的编写和出版是在总结了过去两年来在推进绿色印刷工作的过程中发现的问题的基础上形成的，比较全面地介绍了绿色印刷思想的产生、国际绿色印刷发展的水平和我国绿色印刷认证的具体要求和发展趋势，也详细介绍了众多印刷企业希望了解的绿色印刷认证的各方面问题。相信这本书会给关心我国绿色印刷发展事业的管理人员、企业家和有关学者带来有益的帮助。

本书由环境保护部环境发展中心和中国印刷技术协会组织编写，北京印刷学院王仪明教授、李艳副教授承担了本书第二篇的主要编写工作，在此表示感谢。

目 录

第一篇　印刷行业与环境保护

第一章　印刷技术发展概述

印刷术是中国古代四大发明之一，它的产生和发展，为知识的广泛传播与交流创造了条件，对社会进步和人类文明的进程起到了巨大的推动作用。随着近代工业革命带来的机械化大生产以及20世纪电子和信息技术的应用，印刷术也有了迅猛发展。目前，印刷的范围涵盖书籍、报纸、图画、货币、票据、商标、包装等，是现今社会不可或缺的行业。

从字面上理解，着有痕迹即为“印”，涂擦即为“刷”，用刷涂擦而使痕迹着于其他物体，即为“印刷”。传统意义上的印刷，是指以直接或间接方法，将图像或文字原稿制成印版，在版上涂上色料印墨，经加压将色料印墨转移于纸张或其他承印物上，而进行迅速大量图文复制的一种工业过程。随着新技术和新设备的不断涌现，现在已出现不用刷印，甚至无需加压，就能印出复制品来的印刷方法，这也称为印刷。根据《中华人民共和国国家标准 印刷技术术语》的定义，印刷是使用印版或其他方式将原稿上的图文信息转移到承印物上的工艺技术。

纵观印刷技术的发展历程，大致可以分为古代和近现代两个阶段。古代印刷术，主要指从印刷术开始发明和推广应用，到西方近现代印刷术兴起前的印刷技术。这期间，印刷术在中国起源和发展，以手工操作为基本特征，因此，又可称为中国传统印刷术。近现代印刷术，是随着18、19世纪欧洲工业革命以及20世纪电子信息技术的发展而兴起的印刷技术。它以机械操作和电子控制为基本特征，结合了机械、冶金、光学、化学等先进科学技术，比中国传统印刷术更为便捷，大大提高了印刷质量和效率，至今仍在迅速发展中。

第一节　印刷术的起源

中国是印刷术的发明地。但在印刷术发明之前，经历过漫长的准备阶段，包括文字的文化准备，纸张、笔墨的物质准备以及雕刻技艺的技术准备等。

一、印刷术发明前的技艺

在印刷术发明之前，印章和拓石是主要的信息复制方式。

最初的印章主要用于盖印封泥，是在捆扎手写简牍的绳结上抹一块泥，用刻好的印章在泥上盖印，作为封口的标记。公元 1 世纪，随着纸的发明和使用，出现了阳文印章，即在印章上把字以外的部分刻掉，在纸上印出深色的字迹。公元 2 世纪，随着大规模在石碑上刻经书，出现了用纸从石碑上拓印的技术，即拓石。

使用印章的方法是盖印，是印章先蘸色，再印到纸上面，如果使用的是阳文印章，印在纸上是白底黑字，明显易读。拓石的方法是刷印，把柔软的薄纸浸湿铺在石碑上，轻轻敲使纸嵌入石碑刻字的凹陷部分，待纸完全干燥后，用刷子蘸墨均匀地刷在纸上，由于凹下的文字部分刷不到墨，仍为纸的白色，将纸揭下来后，就得到黑底白字的拓本。因此，印章和拓石是印刷术的萌芽。

二、印刷术发明的前提条件

文字的广泛应用以及社会对以文字为载体的信息的大量需求，是导致印刷术发明的重要文化条件。中国汉字有着几千年的历史，先后经历了早期的图画文字、甲骨文、篆书、隶书、楷书等书体的演变过程。印刷术初期所用的字体，都是仿用名家的楷书，这说明楷书的出现，为印刷术的产生奠定了文化基础。

笔墨和纸张是印刷的重要工具和材料，为印刷术的产生奠定了物质基础。笔墨的发明，促进了汉字逐渐向简化、工整、规范和易于镌刻的方向发展。而纸张的发明和应用，不仅向人们提供了一种轻便、廉价的书写材料，也是印刷不可缺少的承印物。

文字雕刻技艺是印刷术发明的必备条件，为印刷术的产生奠定了技术基础。无论是雕版或活字版，都离不开文字的雕刻技术，其技艺由初期的古拙走向娴熟，也促使印刷品的质量由粗糙走向精良。

此外，纸写本书籍时代的开创，极大地促进了社会文化的发展。由于读书人的增多，社会对书籍有了大量的需求，这就为日后印刷术的发明提供了契机。

三、印刷术发明的文化背景

公元六七世纪的隋唐时期，统治阶级大力提倡佛教，为了满足宗教的需要，急需一种能大批量复制佛像和佛经的技术。现在流传下来的早期雕版印刷品，几乎全是佛经和佛画，这足以证明，佛教僧侣是最早使用印刷术者，并对印刷术的发明和推广应用有一定的历史贡献。

此外，统治阶级对印刷的态度，对印刷术的应用和发展也具有重大影响。一方面，唐代经济发达，政府具有雄厚的经济力量，可以出资刻印大部头的书籍，这在客观上有利于促进印刷业和印刷技术的发展；另一方面，政府倡导科举制度，读书人大增，使人们对书籍产生了大量的需求。在这样的社会背景下，人们迫切需要一种快速复制图文的方法，这就激发了印刷术的产生。

第二节 中国传统印刷术

中国传统印刷术起于隋朝，讫于清末，历时 1200 多年。这段时期，印刷术在中国起源、发展并向外传播，是中国向人类文明作出重大贡献的历史时期。

中国传统印刷术主要分为雕版印刷和活字印刷两大类。此外还有孔版印刷、套色印刷、饾版印刷等，但均属于对雕版印刷的改进和创新，故统一归类于雕版印刷。

一、雕版印刷

雕版印刷术是凝聚了中国造纸术、制墨术、雕刻术、摹拓术等多种优秀传统工艺而形成的独特文化技术，是世界现代印刷术最古老的技术源头，对人类文明发展有着突出贡献。

（一）雕版印刷的起源

雕版印刷术的诞生源自印章和拓印的结合。印章太大，压印不易均匀，把它反过来，用拓印的方法，在印章上涂墨，然后铺纸，在纸上加压，印出的字迹就清楚了。

雕版印刷术发明于公元 6 世纪与 7 世纪之交的隋朝，最早使用雕版印刷术的是民间和佛教寺院。636 年，唐太宗下令用雕版印刷《女则》，这是目前我国文献资料中提到的最早的刻本。713—714 年的雕版《开元杂报》是世界上最早的报纸。868 年印刷的《金刚经》，是目前世界上最早的有明确日期的印刷实物。至公元 8 世纪的唐朝中期，雕版印刷术已日趋成熟。乃至公元 10 世纪的唐末和五代，雕版印刷开始大规模地使用，用其印书已经相当普遍了。

（二）雕版印刷的工艺技术

雕版印刷从工艺技术上，可分为单色雕版印刷和彩色雕版印刷两种。单色雕版印刷是用一块印版印刷一种颜色印刷品的工艺技术。这种技术发明最早、应用最久，且技术上几乎没有大的更新。彩色雕版印刷是用雕版印刷多种颜色印刷品的工艺技术。相比于单色雕印，彩色雕印的技术在不断改进和更新。根据时间出现的先后，彩色雕印又可分为刷涂套色、刷捺套印、刷版套印、分版套印和饾版印刷等 5 种工艺。

（1）刷涂套色

刷涂套色又称印后涂色，是刷印版画图案后，再手工涂上各种颜色的工艺技术。这种工艺出现于公元 10 世纪初的辽代，多用于版画。目前中国独具特色的木版年画仍沿用此法。

（2）刷捺套印

刷捺套印是按照设计要求，采用刷印和捺印两种方法套印多色印刷品的工艺技术。这种技术出现在公元 10 世纪末的北宋时期，主要用于纸币印刷。

（3）刷版套印

刷版套印是在雕好的同一块印版上，根据画面要求，在不同部位刷涂不同颜色，然后进行覆纸刷印的工艺技术。这种工艺出现于公元 14 世纪初的元代。

（4）分版套印

分版套印是按照图画的设色要求，每一种颜色雕刻一块印版，然后分别刷上相应色墨，进行一版一印、逐色套印的工艺技术。这种工艺出现于公元 14 世纪中后期的明代。分版套印的出现，标志着中国的套版印刷已趋于成熟。

（5）饾版印刷

饾版印刷是根据画面颜色、浓淡、部位的不同刻制许多印版，纸张和印版都固定在版台上，逐版逐次印刷。饾版印刷最早出现在 1626 年的明代天启年间。

中国传统的雕版印刷，主要依靠手工操作，其发展进程更多的是体现手工技艺的日趋精湛，以至于现代印刷工艺也难以仿效。从这个意义上看，中国传统的雕版印刷术，更是一种艺术，而非单纯的技术。

雕版用材的选择和处理包括选材、锯板、浸沤、干燥、平板等程序。雕版所用材料，一般是纹理细密、质地均匀、材质较硬、加工容易且吸墨与释墨性能好的梨木、枣木、杜梨木、梓木、黄杨木与银杏木等。选好木材后，除去小枝并剥去树皮，选取有充分雕刻面积的树干，锯成约 2 cm 厚的木板。将锯好的木板放在水中，上压重物，浸沤一个月左右，以脱去木材内的树胶与树脂。然后将木板平行码放在无直射光的通风处，令其自然干燥。再将木板上下两面刨平、抛光，用植物油遍涂表面，进行打磨，使之光滑平整。此即完成了对板材的处理，如图 1-1 所示。

印版的雕刻中，主要使用的工具有刻刀、铲刀、凿子、木工工具和印版固定夹具等。刻刀用于雕刻不同大小的文字和文字的不同部位；铲刀和凿子主要用于文字空白部分的雕刻。

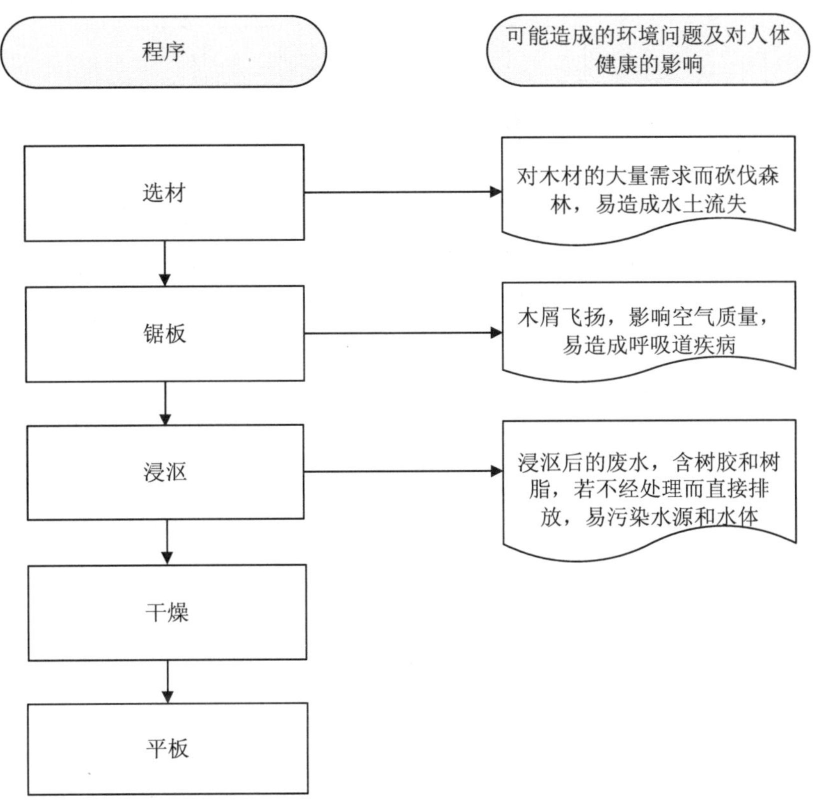

图 1-1　雕版的选材和处理及对环境与人体健康的影响

雕版的工艺过程分为写版、上样、刻版、打空、校对、补修等步骤。写版又称写样，是请善书之人在薄纸上按一定格式抄写出样稿。抄完后，先校对，错误之处用刀裁下来，另贴一片白纸，重新抄写。上样也称上版，是将写好并校正无误的版样，反贴于加工好的木板上，并通过一定的方法，将版样上的文字转印到木板上。刻版是用锋利的刻刀把版面空白部分向下刻出一定的深度并剔除，使版面上有墨迹的字或线条向上凸起成为浮雕，便成为现代所称的“凸版”。刻版是雕版印刷中的关键工序，决定着印版的质量。打空是将木板的非文字部分用凿子凿除掉。最后是校对和修补，即对已经刊刻并打空的雕版，先用蓝色刷印数张校样，若校对出谬误，则需将谬错之处用平凿凿去，并向下凿成凹槽，用一块与凿除部分相同大小的木板嵌入凹槽中，然后在嵌入的木板上刊刻出修正后的内容。此即完成了雕版的制作，如图 1-2 所示。

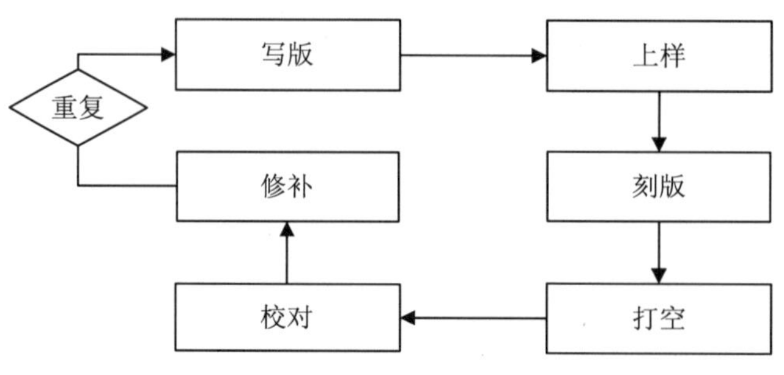

图 1-2 雕版工艺流程

雕版的印刷包括固版、刷墨、覆纸、刷印、晾干等步骤。一般是用钉子沿雕版的四周钉在印刷台上，也可用蜂蜡、松香等制成的粘版胶粘在印刷台上。在版面上刷两遍清水，待雕版吸水湿润后，再用墨刷蘸墨均匀地涂于版面，将纸张平铺于刷过印墨的版面，左手扶住纸张不使其移动，右手持耙子在纸背刷印，然后将印纸从雕版上揭起，放在一旁晾干。一块雕版印完之后，换上另一块雕版继续重复上面的操作过程，直至全部雕版印刷完毕，如图 1-3 所示。

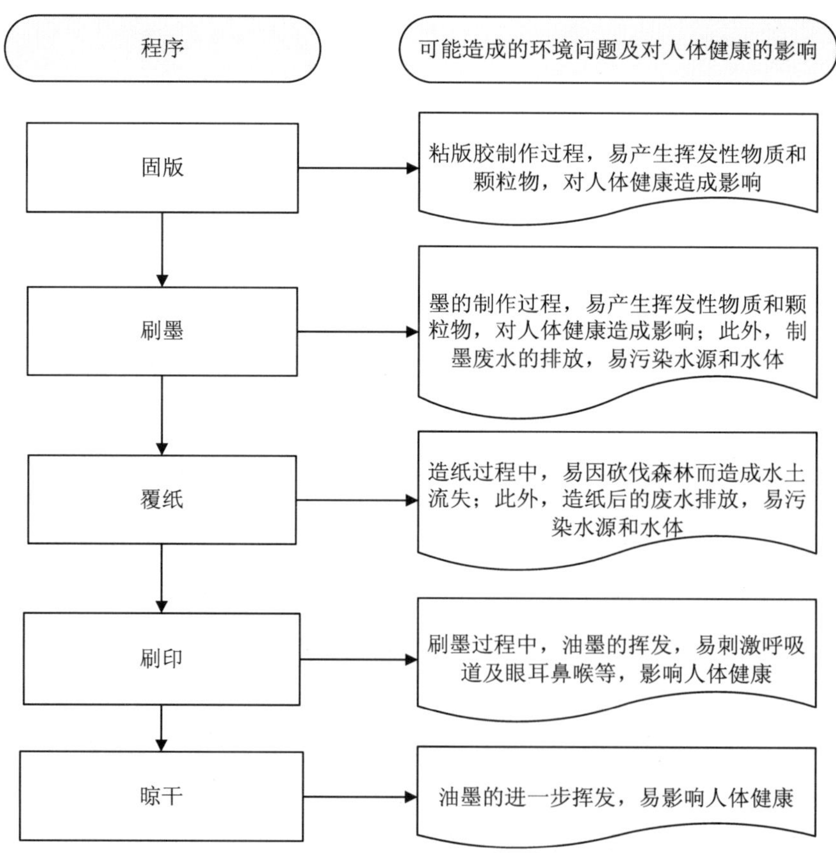

图 1-3 雕版的印刷流程及对环境与人体健康的影响

此外，印刷用墨的品质直接影响印刷品的质量。雕版印刷用的黑墨通常用松木烧成的烟炱加入动、植物胶炼制而成。而彩色套版印刷中其他颜色墨，多为常见的国画颜料如朱砂、藤黄、黄丹等加入动物胶或白芨胶等配制而成。

这样精细的选材和细致的做工，把书法、雕刻、纸质、墨质的精华融在一起，产生出来的书籍，完全可以说是一件艺术品。从技术上说，它需要有精湛的图文雕刻技术、刷印技术和成品的装帧技术；从材料上说，它需要有高质量的纸张和印墨；从艺术性上说，它需要有书法艺术、绘画艺术和装帧艺术的配合。雕版印刷品本身不但有供阅读、传播知识的价值，也具有艺术欣赏价值，是技术和艺术相结合的产物。

（三）雕版印刷的应用和发展

隋唐时代（公元 581—907 年），是印刷术开始推广应用和初步发展时期。印刷地域从长安、洛阳发展到长江和黄河中下游一带。印刷内容也从最初寺院刻印的佛教经咒，发展到民间坊肆刻印的历书、诗文、阴阳杂记等，并且有少量道家和儒家著作的印刷。此外，官方刻印书籍和报纸，以及私人刻印也已出现。唐代中后期，在印刷史上具有重要地位。这一时期印刷地域的扩大，印刷内容的增加，使得印刷技术得到快速发展，为之后五代和宋代印刷术的发展打下了良好基础。该时期最为著名的佛教印刷品，是在敦煌发现的印刷于公元 868 年的唐代雕版印刷《金刚经》。这是有明确日期记载和精美扉画的印本佛经，虽经千年存放，发现时依然完整如新，并且雕版和印刷工艺非常精美，说明那时的印刷技术已达到很高水平。此外，唐代和日本的文化交流十分频繁，日本僧人常来长安等地取经学习，回国时都会带走一些唐代的印刷品，这也促进了中国印刷术向境外的传播。

隋唐之后的五代（公元 907—960 年），继承了唐末雕版印刷迅速发展的势头，印刷事业有了较大发展。五代时期开创了政府组织大规模刻印儒家经典的历史，扩大了印刷技术的应用领域，为宋代印刷业的发展提供了经验。此时期大规模刻印的“九经”，历经四朝 21 年，是历史上第一次大规模刻印活动，也是政府正式应用印刷术的开始。它标志着中国书籍流通和文字传播方式由印刷代替手写，图书形式也由写本时期进入印本时期。此外，五代时期，私人刻书、民间刻书及佛教徒刻书有了进一步发展，同时形成了成都、杭州两大印刷基地，造就了一批技术高超的刻、印工匠。

宋代（公元 960—1279 年），雕版印刷发展到全盛时代。不仅官刻、私刻、坊刻并举，印刷品类齐全，而且校勘精湛，刻印俱佳。这是宋代政治、经济、文化发展的必然结果。宋代印刷的兴盛，除了表现在技艺的精湛和质量的完美外，更主要的表现在印刷业的规模大大超过前代，印书的数量达到历史的高峰。此时期的刻书地区遍布全国，并且刻印的书籍赠送给邻邦友好国家，对世界文化的发展产生了深刻影响。至今中国仍保存着大约 700 本宋代的雕版印刷的古籍，清晰精巧的字迹使之被认为是稀有的书中典范。另外值得一提的是宋代纸币印刷的发展。宋代的商业和手工业都很发达，社会普遍要求有一种轻便的货币，以适应商业发展的需要，加上印刷技术已发展到较高水平，纸币的印刷和使用就很快发展起来。由于纸币的印刷必须用复杂的工艺技术，以防伪造，因而，纸币的大量印刷也标志着印刷技术发展到相当高的水平。

两宋时期，在中国北方还存在辽、金、西夏等几个少数民族政权。这几个政权在其所辖范围内，也在推广雕版印刷，从事刻书活动，取得了相当大的成绩，对中国古代印刷术的发展、普及，尤其是向境外传播作出了重要贡献。此外，女真、契丹、西夏等少数民族文字的印本出现，扩大了印刷术的应用领域。

元代（公元 1206—1368 年），在雕版印刷术方面的最大改进，是使用了朱墨套印的方法进行印刷。现存最早的朱墨双色套印实物，是 1341 年中兴路资福寺所刻印的《金刚经注》。

明代（公元 1368—1644 年），雕版印刷有了进一步发展。此时期的印刷业十分兴盛，技术纯熟，坊刻尤其突出，遍布全国，已发展成雕印手工业作坊支系，同时还出现了历代所没有的藩府刻书，社会上形成了雕版印刷发行图书的工商行业。此外，套色彩印技术在明代被大量采用，走向成熟，促使雕版印刷技术有了飞跃发展。明代的蓝印、套印、彩印流行，版画雕印精美，在图书的写版、雕版、印刷、装帧等方面，技术上有了很大提高。另外值得一提的是，明万历中期，书版用字出现了横轻竖重的“宋体字”，它改变了以往印书仿各书法家字体而楷书上版的历史，创造出了标准的印刷字体，使印刷工效大大提高，是明代印刷术发展中的一大贡献。

清代（公元 1644—1911 年），雕版印刷由盛转衰，不论官、坊、私刻图书的普遍性、刻书地域分布的广泛性，还是刻书品种和质量，较明代都要逊色些。这一方面和清朝统治者实行严格的思想文化控制有关，清初的几代皇帝都大兴过文字狱；另一方面，清朝后期，随着西方先进印刷技术传入国内，雕版印刷逐渐被平版石印、凸版铅印等技术所取代。

（四）近现代雕版印刷的更替与现状

随着西方印刷术的传入和我国民族近代印刷工业的崛起，中国的传统雕版印刷技术逐渐为新的印刷技术所代替。尽管如此，雕版印刷至今一直存在，依然在一些特定领域发挥着其作用。

清代末期，为抵制太平天国的宣传攻势，挽救岌岌可危的清政府命运，地方官书局纷纷成立，主要印制经典要籍。借助官书局的存在和发展，雕版印刷也在一定程度上获得发展。此外，晚清时期，私人雕版印书和商办雕版印书也依然存在，并一直延续到民国时期。

中华人民共和国成立后，中央政府对文化遗产实行积极保护政策，对收藏善本、孤本和搜集、保管、修补遗留下来的版本采取了许多有利措施，并先后建立和恢复了一些刻印社和刻经处，有计划地整理、印刷了许多书画版本。20世纪60年代成立的广陵古籍刻印社，集木版古籍的保藏、整理、雕刻、印刷、装订全套工艺于一身。此外，政府对于传统的木版彩色印刷非常重视，各地文化部门搜集保管了大量的年画印版，选其精者给予重印。有些地区还将民间的刻印能手组织起来，进行木版年画的刻印，如北京重启了荣宝斋，研究木版水印工艺复制国画；上海扩建了朵云轩，专门从事国画的刻印复制；天津成立了杨柳青画社，专门从事木版年画的刻印出版。这些木版年画的继承和发展，既保留和发展了我国传统雕版印刷工艺，又满足了广大民众对这一传统印刷产品的需求，成为现今印刷行业中的一朵奇葩。

雕版刻印佛经、佛像在中国具有悠久的历史，对佛教文化的传播和学术交流，起到重要的推动作用。新中国成立后，雕版印刷在我国藏族聚居区依然占据主导地位，并先后形成了六大雕版印刷中心，包括四川德格县的德格印经院、拉萨布达拉宫印经院、甘肃拉卜楞寺印经院等。这些印经院历史悠久，所印书籍精美，具有很高的收藏价值，印经院本身也成为我国的文化活化石。

二、活字印刷

雕版印刷的发明应用，比手抄图书要节省大量的人力和时间，给书籍的生产和传播带来了历史性变革，对文化的传播起了重大作用，是人类文明史上的重要一笔。但雕版印刷也存在明显的不足：一是刻版耗时长，刻一部书需要很长时间，如果是一部卷帙浩繁的巨著，就得花费几年甚至更长时间；二是刻版花费大量木材，且刻出来的书版存放不便，如果要存放几十甚至上百年，那保管将十分困难；三是雕版技艺要求很高，难以掌握，不便于推广普及；四是雕版中如果有错字错句，更改非常麻烦；五是雕版印刷的重复利用率低，如果出版过的书不再重印，一大堆雕版就成了废物，而要印制新的书，又需要从头一版一版地雕刻。雕版印刷的这些局限性，迫使人们去寻求更为先进的印刷技术，这就导致了活字印刷术的发明。

活字印刷术的发明，是印刷史上又一伟大的里程碑。它既继承了雕版印刷的某些传统，又开创了新的印刷技术。特别是这种技术传播到西方后，立即受到使用拼音文字国家的欢迎，并对其不断改进，逐渐成为世界范围内占统治地位的印刷方式，为近现代印刷术的产生和发展提供了技术基础。

（一）活字印刷的发明

北宋平民发明家毕昇总结了历代雕版印刷的丰富实践经验，经过反复试验，在宋代庆历年间（公元1041—1048年）制成了胶泥活字，实行排版印刷，完成了印刷史上一项重大的革命。

关于毕昇的活字版工艺和技术，沈括在其《梦溪笔谈》一书中做了详细介绍："版印书籍，唐人尚未盛为之，自冯瀛王始印五经，以后典籍，皆为版本。庆历中，有布衣毕昇，又为活版。其法用胶泥刻字，薄如钱唇，每字为一印，火烧令坚。先设一铁版，其上以松脂蜡和纸灰之类冒之。欲印则以一铁范置铁板上，乃密布字印。满铁范为一板，持就火炀之，药稍熔，则以一平板按其面，则字平如砥。若只印三二本，未为简易；若印数十百千本，则极为神速。常作二铁板，一板印刷，一板已自布字。此印者才毕，则第二板已具。更互用之，瞬息可就。每一字皆有数印，如之、也等字，每字有二十余印，以备一板内有重复者。不用则以纸贴之，每韵为一贴，木格贮之。有奇字素无备者，旋刻之，以草火烧，瞬息可成。不以木为之者，木理有疏密，沾水则高下不平，兼与药相粘，不可取。不若燔土，用讫再火令药熔，以手拂之，其印自落，殊不沾污。"

毕昇的活字制版避免了雕版的不足，只要事先准备好足够的单个活字，就可随时拼版，大大地节省了制版时间。活字版印完后，可以拆版，活字可重复使用，且活字比雕版占有的空间小，容易存储和保管。

活字印刷术让大篇幅的书目更便于量产，颠覆了手写时间慢、效率低的弊端，使重要的古籍和经典更广地传播。活字印刷不仅大大提高了工作效率，而且还有其他一些优点，如发现错字可随时更换，不必像雕版那样要从头开始，也不会产生雕版的虫蛀、变形及保管困难的问题。只要有了一套活字，便什么书都可印，大大节省了写刻雕版的费用，又缩短了出书时间。这种既经济又简便的印刷方法，在世界印刷史上树立了一块具有划时代意义的丰碑。

（二）活字印刷的工艺技术

根据活字制版所用材质的不同，活字印刷可分为非金属活字印刷术和金属活字印刷术两大类，其中，非金属活字包括泥活字、木活字、瓷活字等，金属活字包括锡活字、铜活字和铅活字等。

毕昇发明的泥活字版印刷是现知最早实用的活字版印刷。从工艺技术角度，历史上泥活字印刷可考者仅有四次变化，变化并不明显，均以毕昇发明的泥活字印刷术为基础稍加改进而成。根据文献史料记载，毕昇泥活字的制作工艺主要包括制泥、制字、排版、选纸、固版、刷墨等工序。

毕昇曾作过木活字印刷的尝试，但认为木纹有疏密，遇水后容易变形，而且木活字沾染松脂等药物后不易擦去，因此放弃。对木活字印刷术进行详细记载的首推元代科学家王祯，此外，他还设计了转轮排字盘和按韵分类存字法，使活字排版的技术和工艺又向前推进了一大步。

木活字的制作工艺与印刷方法是雕版印刷与泥活字印刷的结合。木材的选择与处理、誊写和刻字等工序与雕版相同，但刊刻并打空之后，用细齿小锯沿着每个字的四周小心地锯成一个个独立的木活字，盛放在筐子等器物内。之后便是修字、盔嵌字、造转轮捡字、捡字、排版、刷印等工序。特别一提的是转轮排字盘的发明，将之前的“以人寻字”变成“以字就人”，大大节约了捡字的时间，提高了排版的效率。木活字技术的发明，是对活字版印刷技术重大改革。相比于泥活字的复杂工艺，木活字技术十分接近于雕版技术，且取材广泛，成本较低，因而其推广和应用的范围都远远超过泥活字。

金属活字的应用，标志着印刷技术发展的又一新水平，为现代铅合金活字的出现，开创了历史的先河。据考证，金属活字制作多以手写镌刻而成，少量是浇铸而成。金属活字的制作工艺与印刷方法除因活字材质改用金属，致使活字制作与非金属活字略有不同外，其捡字排版、刷印、拆版还字等工序并无多大变异，都是在毕昇发明的活字印刷术的基础上演变、改进而成的，在此不多赘述。

活字印刷方法虽然原始简单，却与现代铅字排印原理相同，使印刷技术进入了一个新时代。现代的凸版铅印，虽然在设备和技术条件上是宋朝毕昇的活字印刷术所无法比拟的，但是基本原理和方法是完全相同的。

不管金属活字还是非金属活字印刷，其工艺流程大致都可以归结为图 1-4 中所示的程序。

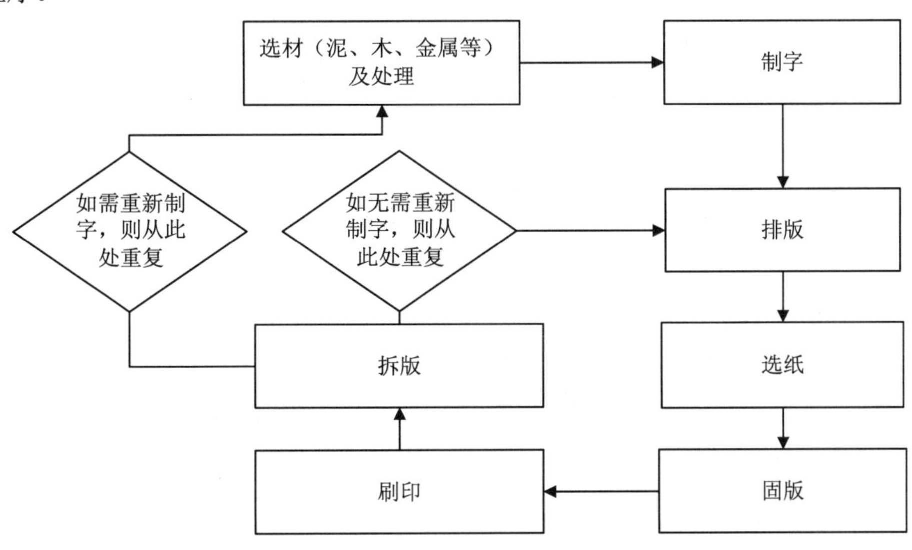

图 1-4　活字印刷的工艺流程

（三）活字印刷的应用和发展

活字印刷发明并发展于宋代。除了北宋期间毕昇发明了活字印刷，南宋期间还出现锡活字印刷，尽管当时未能推广开来，但其首创金属活字版，为之后的铜、铅等活字版的创制奠定了基础。此后，明、清二朝都曾采用锡活字版印刷。

元代的活字印刷得到继续发展并有所创新。除沿用泥活字和锡活字外，元代王祯还发明了木活字，并在自己撰写的《农书》卷尾附“造活字印书法”一文对他的木活字印刷情况做了详细介绍。此外，他还用此法印制自己编纂的《旌德县志》，效率很高。

明代不仅是雕版印刷全面兴盛的时期，活字印刷在此时也有了很大发展。这时期使用木活字的印刷数量大，印书地域分布广，经营者多，不仅私人印刷者很多，许多藩府和书院也开始采用木活字印刷图书。此外，明代还出现了铜活字和铅活字。我国古代使用金属活字印书最为流行的，既不是发明最早的锡活字，也不是近现代最通行的铅活字，而是铜活字。有据可考的明铜活字印本有 60 多种，传至今天的大约有 30 种。这些铜活字本印刷质量都比较高，均为珍善本。

到了清代，活字印刷术又有了较大发展，不仅在坊铺、私家及书院中广为流行使用，而且得到中央政府的承认，内府开始使用活字印书。这是清代活字印刷术发展的有利条件，也是一个突出特点。乾隆年间由政府组织刻制了 15 万个木活字，印制《四库全书》及其他重要著作，总称为《武英殿聚珍版丛书》，是历史上制造木活字最多、印书量最大的一次。

活字印刷术作为一种文化积累、一种科学技术，除在文化发达的中原地区辐射传播外，还传播到中国西北的西夏和回鹘地区，开创了非汉字使用活字印刷的先河。1909 年俄国的一支探险队在中国的黑水城遗址（今属内蒙古额济纳旗）盗掘了大批西夏文献、文物，其中有西夏文泥活字《维摩诘所说经》，可推定为 12 世纪中期印本。可见，在毕昇发明泥活字印刷后，西夏人也学会了使用泥活字印刷。

活字印刷发明在中国发展、成熟后，逐步向境外传播。元朝统治者征服朝鲜后，中国和高丽间的经济、文化交流十分频繁。这期间活字印刷术也传到了朝鲜。朝鲜的文献记载“活版之法始于沈括”，也就是说朝鲜的活字印刷来自中国毕昇的发明。1377 年铸字施印的《佛祖直指新体节要》，是现存最早的韩国金属活字印本。此外，活字印刷也通过丝绸之路逐步传到欧洲。德国人谷登堡用铅锡合金制作拉丁文活字，对活字印刷的发展和在欧洲的传播作出了杰出贡献。著名科技史专家李约瑟也充分肯定了中国活字印刷术对谷登堡的启发和影响。

（四）活字印刷的局限性

从北宋庆历年间活字版的发明，到明代末年止，活字版印刷术经历了五个世纪的发展历程。这期间，虽然在活字的材料、制作工艺、存放和排版工艺等方面都进行着不断的改进，但其发展还是很缓慢的。尽管活字排版工艺已十分成熟，但其使用比例一直很低。即便到明代后期，木活字和铜活字都在使用，范围也很小，占主导地位的依然是雕版印刷。这与活字印刷本身的局限性有着直接关系，包括作为艺术品和传播书法艺术的载体，活字版难以取代雕版；活字印刷工艺技术比雕版要复杂得多，并且要求从事活字排版的人员必须具备一定的文化水平，这使得活字印刷行业的门槛比雕版印刷高了许多；最重要的一点是，一副活字要满足排版的需要，汉字的数量很大，导致活字的制作工程极大，一般资本较小的印刷作坊，往往投资不起，对于只印少数书的私人来说，则更不愿用活字印刷。

汉字进行大规模的活字印刷，因为工程量之浩大，必须在工业化的环境下才可能实现。然而，中国始终是保守的农业国家，这是活字印刷术一直未能广泛应用起来的重要社会因素。

第三节　近现代印刷术

十八九世纪，在欧洲文艺复兴后的工业革命中，随着动力、机械、冶金、光学、化学等科学技术的发展以及以纺织、造纸为中心的近代工业体系的形成，印刷术也取得了突破性进展，并开创了以机械操纵为主要特征的印刷发展史上的新纪元。此后，由于电子和信息处理技术的发展与应用，极大地促进了印刷技术的进步，印刷技术的面貌发生了翻天覆地的变化。

一、近现代印刷术的起源与发展

近现代印刷术以德国人谷登堡发明铅活字印刷术为标志。谷登堡在 1438—1450 年开始研制金属活字，并于 1455 年印出了著名的《四十二行圣经》。他的发明包括铸字盒、冲压字模、铸造活字的铅合金、木制印刷机、印刷油墨和一整套印刷工艺。谷登堡的铅活字印刷术为出版业朝着工业化的方向发展奠定了基础，对世界文明的进程产生了巨大影响。欧洲在铅活字发明前，手抄图书只有几万册，而 1450—1500 年，只经过 50 年，欧洲印版书已达 3.5 万种，数量猛增到 900 万册。

近现代印刷术在19世纪至20世纪初的百余年时间里进入了成熟阶段，这与当时欧洲的社会经济文化背景有着直接关系。19世纪欧洲实行新教育制度，使受教育人数迅速增加，市民文化程度和阅读兴趣的提高，造成对出版物，特别是定期出版物——报纸、期刊需求的上涨，这种日益增长的社会需求成为近现代印刷术持续进步的推动力。另一方面，19世纪欧洲主要国家及美国已建立起近代工业体系，动力、冶金、机械、化学、造纸等工业的发展，为印刷技术的进步提供了有利条件，在这一进程中，印刷生产摆脱了传统的手工业模式，实现了工业化生产，显著提高了生产效率和产品质量。直到20世纪中期，铅活字印刷术始终是世界上最主要的印刷方式。

谷登堡的近代铅活字印刷术虽然是在比其早约400年的我国北宋毕昇发明的活字印刷术的影响下所创制的，但因其成功地发明了由铅、锑、锡三种金属按科学、合理比例熔合铸成的铅活字，并采用机械方式印刷而功勋卓著。西方各国以此为先导，在文艺复兴和工业革命的推动下，开创了以机械操纵为基本特征的近现代印刷史。

二、近现代主要的印刷技术

近现代印刷术，主要包括以铅活字排版直接印刷和以铅活字版为母版、采用泥版或纸型翻铸成复制版，以及照相术用于印刷制版后产生的照相铜锌版进行印刷的凸版印刷术；以石版、珂罗版和间接印刷的平版印刷术；以雕刻凹版、照相腐蚀凹版和电子雕刻凹版进行印刷的凹版印刷术；以誊写版、镂空版和丝网版进行印刷的孔版印刷术。20世纪80年代以来，随着电子和信息技术的使用和推广，数字印刷渐渐发展起来，并成为目前极具潜力的印刷技术。

（一）凸版印刷

凸版印刷最初是谷登堡发明的以铅活字排版直接印刷的铅活字印刷术。

1829年，法国人谢罗（Chéreau）发明纸型，作为浇铸铅版的“复制版”。纸型的发明应用，使凸版铅印技术趋于成熟，标志着近代的凸版印刷发展到了一个新的阶段。当时一副纸型可以浇铸铅版十余次。这样，铅活字版排好后，一经打成纸型，即可拆版还字，留存纸型待用。纸型不仅便于保存，且因其轻便，可以运往遥远的外地，多地印刷，为书刊尤其是报纸的印刷与发行，创造了良好的条件。

1855年，法国人塞罗特（Cillot）发明了照相铜锌版，这是照相术应用于印刷制版的产物，主要包括照相铜版和照相锌版，习惯上合称铜锌版。照相铜锌版发明初期，为单色线条图照相凸版，图面无浓淡层次之分。1882年，德国人麦生白克（Meisendach）发明照相网目版，将照相制版术向前推进了一大步，遂有单色照相网目铜版和二、三、四色照相网目铜版之创制，为照相制版术的进一步发展和应用开辟了广阔的发展前景。

（二）平版印刷

平版印刷来源于石版印刷，是 1798 年由捷裔德国人塞内菲尔德（Senefelder）发明。这是在具有多孔性、善吸水、质地细密且能较长时间保留水分的石版石上，用脂肪性物质直接描绘、书写图画和文字，再经化学腐蚀而制成的石版（印版）上进行印刷的绘石石印术。后因石版笨重昂贵，改用表面经过研磨的锌、铝薄金属平版。

珂罗版印刷是德国慕尼黑的摄影师阿尔伯特（Albert）于 1869 年前后发明，是以玻璃板为版基，按原稿层次制成明胶硬化的图文，由明胶硬化的皱纹吸收油墨，未硬化部分通过润湿排斥油墨进行印刷。珂罗版印刷技术复杂，印品精良，多用于珍贵图片、绘画、碑帖及文献、照片的印制。

1904—1905 年，美国人鲁贝尔（Rubel）发明了经过胶皮布转印到被印物体表面的间接印刷方法，中国称为胶版印刷。由于它制版方便，装版省时，印刷速度快，质量好，使用于各种图片、书刊和彩色包装材料，从 20 世纪中叶起，已逐步取代了凸版印刷，在各种印刷方式中产值最高，使用最广。

（三）凹版印刷

凹版印刷有雕刻凹版、照相腐蚀凹版和电子雕刻凹版的区别。雕刻凹版主要就是雕刻铜版，是意大利人腓纳求赖（Finiguerra）于 1452 年发明，19 世纪后开始用于印刷有价证券。照相凹版俗称影写版，是照相制版术应用于凹版制作的工艺技术，1894 年由捷克人克利奇（Kleisch）发明，适于大量生产单色、彩色图片和画报，同时也是一种包装材料的重要印刷方法。电子雕刻凹版产生于 20 世纪 60 年代，由德国黑尔（Hell）博士发明，是一种集现代的机、光、电、电子计算机为一体的现代化制版方法，可迅速、准确、高质量地制作出所需要的凹版，是目前运用最多的凹版制版方式之一。

（四）孔版印刷

1907 年英国人西蒙（Simon）取得了丝网印刷的专利。丝网印刷制版成本低，印墨能牢固地附着在任何形状的被印物表面，因此广泛应用于电子工业的印刷线路版、广告、铭牌和各种包装材料的生产上。美国发明家爱迪生首创的誊写版印刷，后经日本人崛井新治郎的改进，于 1913 年取得滚筒油印机的专利，成为沿用至今的蜡纸油印术。利用打字机也可以打在蜡纸上，然后用油印机印刷。笔誊写版和打字孔版在印刷中虽被视为低级，但在相当一个时期内，应用非常广泛，尤其是用于内部印刷或非正式印刷。

（五）数字印刷

数字印刷是电子档案由电脑直接传送到印刷机，从而取消了分色、拼版、制版、打样等步骤，具有快捷灵活、便于与客户进行数字连接等优点。

1990年后，彩色桌面出版系统（DTP）作为一种新型印前处理设备出现，由桌面分色和桌面电子出版两部分组合而成。它的问世，从根本上解决了电子分色机处理文字功能弱，不能很好地制作图文合一的阴图底片或科底片的缺陷，并于1995年开始大面积推广。

计算机直接制版技术（CTP）在20世纪90年代提出，1995年出现在德鲁巴印刷会展，2000年开始全面推广。CTP技术没有了传统印刷中的胶片，是目前印前领域发展最快、影响最大的高新技术之一，引起了国际社会的广泛关注。CTP技术不仅可以节约时间，优化流程，而且能减少差错，提高质量。

1995年，数字印刷机的推出可以说是轰动一时，这种个性化的印刷方式让人耳目一新。它的出现，完全满足了按需印刷、个性印刷的需求，在推动印刷技术的变革及行业的发展上意义重大。传统的印刷工艺由于存在过多的交接环节，而导致投入设备过多，产品质量下降，管理成本提高及交货周期过长。数字印刷工艺的出现使印刷过程简化为电脑制作、印刷、分发三个步骤，制作成品的周期仅以小时为单位计算。全数字化的工艺流程、快速的交货周期、简洁自动的操作环节、与互联网的直接连接、产品质量的大幅提高、管理成本的降低等，均可赋予数字印刷更多的增值空间，从而避免传统印刷仅靠价格竞争的市场模式。

三、近现代印刷术在中国的发展和应用

鸦片战争后，各种先进的印刷技术进入中国，代替了以雕版为主的传统印刷术，使中国的印刷出版业发生了根本性变化。

早在16世纪，铅活字印刷术就传入中国的澳门。1590年，耶稣会士用拉丁文出版了《日本派赴罗马之使节》一书，这是在中国使用欧洲铅活字印刷的第一本书。1807年，英国传教士马礼逊来中国传教。为了印刷中文圣经，便雇佣中国工人刻制字模，浇铸中国铅活字，从而将铅活字印刷术带入中国，并于1815年印刷了《华英字典》第一部分。自19世纪初至20世纪末的近200年间，中国的新闻出版事业主要依靠铅印技术，即开始了“铅与火”的时代，直至20世纪80年代末，铅印技术才被淘汰。

平版印刷在我国近代出版史上占有独特的地位，对于近代大量书籍以及画报等出版物的印刷具有很重要的推动作用。石版印刷传入中国的时间大约在19世纪30年代。

英国传教士麦都思于 1832 年在广州设立了第一个石印所，印刷中文书籍；清光绪年间（1871—1908 年），珂罗版印刷术传入中国，并在上海徐家汇土山湾印刷所用珂罗版印刷了“圣母像”等教会图画；随后，胶版印刷也传入中国。但由于胶印机价格高，原材料等依靠进口，制版成本高，印价贵，就全国而言，直到 20 世纪 50 年代，仍是石印和胶印并存的局面，一般要求不高的彩印品，仍以石印合算，故不同的产品用不同的印刷方法。

1885 年，日本人岸田吟香在上海开设乐善堂书药局，此局于 1887 年印刷了《乐善堂书目》，从而将雕刻凹版带入了中国。第一次世界大战时的 1916 年，英国人在上海出版的中文报纸《诚报》，附有在欧洲用影写版印刷的欧洲战事画报，印刷甚精美，启发国人引进影写版技术的兴趣。1923 年，商务印书馆购置了影写版设备，并用其印刷了《东方杂志》插图。而正式用以印刷画报的，则是 1930 年 3 月的《良友》画报第 45 期。

孔版印刷誊写版印刷由日本传入，方法简便且价格低廉。自 1900 年以来，风行了几十年，包括讲义、传单、招贴等的广泛使用，以及铁笔、蜡纸油印的书籍和报纸。尤其在中国人民革命的艰苦年代，这一手段在宣传工作中起了重要的作用。

近现代印刷术传入中国并不断推广，是一件具有划时代意义的事件。它使复制技术从手工生产进入到机械化生产，极大地提高了书刊排印速度，增加了书刊的产量，降低了印刷成本，使书刊由少数官吏、士绅手中的专利品成为广大民众的读物，并使书刊内容扩大到学术、文化和人们生活的各个方面，促进了经济、文化的发展。

1974 年，国家正式立项的“748”工程——汉字信息处理技术，实现了汉字进入计算机的重大突破，为计算机技术在我国印刷业的应用创造了先决条件，启动了我国印刷技术的第二次革命。

在以北大方正王选教授为代表的科研人员的大胆创新的努力下，于 1979 年研制出了华光（中华之光）Ⅰ型样机，此后华光Ⅱ、Ⅲ、Ⅳ型机先后问世。之后，北大方正陆续推出方正 91、93、95、98 型激光照排系统，以及全新的方正世纪 RIP 和方正飞腾 FIT 集成排版软件，华光科技集团陆续推出了华光Ⅴ、Ⅵ、Ⅶ型电子出版系统。他们的产品水平已达到国际领先水平，是一个完全开放的系统，集图文混排、高精度图像处理、精密图文版面高速度输出为一体，满足了中、高档彩色出版前端制版的要求。

第四节　印刷技术发展中的环境问题

纵观印刷技术发展历程，人类从有语言到有印刷经历了约 10 万年，从印刷术发明到铅印经历了450年，从铅印到彩色桌面系统经历了大约30年，从彩色桌面系统到多媒体电子出版物（无纸印刷）经历了3年，从多媒体到互联网只用了18个月。随着印刷技术的发展，印刷行业涉及的环境污染问题也逐渐暴露并直接影响生态、环境及人体健康。

在中国传统印刷术 1 200 多年的发展历程中，由于印刷工艺较为简单、印刷规模不大，加上人们几乎没有环境意识，因此，这个阶段，印刷行业的环境问题在各类史料中鲜有提及。但从现代环境保护的角度回头去分析，传统印刷术中涉及的纸、墨、雕版及活字所用的木材及金属等，在其生产和制造过程中，都不可避免地会涉及环境问题。

纸是印刷术的承印物。纸的制作工艺及其原理，发明迄今2000年来，并无多大实质性变化。其制作方法，是将砍伐来的植物，比如麻类植物，用水浸泡，剥其皮，再用刀剁碎，放在锅里煮，待晾凉后再行浸泡、脚踩，用棍棒搅拌，使其纤维变碎、变细，然后掺入辅料，制成纸浆，最后用抄纸器进行抄捞、晾干，即可制成为纸。造纸带来的最大环境问题是因砍伐森林造成的水土流失以及造纸后的废水排放。此外，与造纸相仿，木材作为雕版印刷及木活字印刷的制版材料，在雕版和木活字印刷过程中，也涉及大量的木材需求，因此也会导致砍伐森林和水土流失。但由于古代的印刷数量并不大，所以此类环境问题表现并不明显。

墨是印刷术的主要原材料之一。史载，中国秦、汉、魏、晋、南北朝时期的墨，有石墨、油烟墨、松烟墨之分。其中，石墨即石油燃烧所制之墨；油烟墨系燃油所获烟炱所制之墨；松烟墨则是燃烧松木所制之墨。当时的制墨方法，简言之，是将易燃的烛心，放在装满了油的锅里燃烧，锅上盖好铁盖或呈漏斗形的铁罩；等到铁盖或漏斗上布满烟炱，即可刮下来，集中到臼里，加入树胶，混合搅拌，使其成稠糊状；将成稠糊状的墨团，用手捏制成一定的形状，或放到模具里，模压制成具有一定形状的墨锭，这是油烟墨的制法。松烟墨则是通过燃烧松木来获取松烟粉末，然后与丁香、麝香、干漆和胶加工制成。相比于近现代油墨中的挥发性有机物、铅、铬、铜、汞等重金属元素，传统印刷术的制墨工艺简单，很少用对人体健康产生危害的材料及添加物。但另一方面，古代制墨多采用烧制方法，烧制过程中必定会产生大量可吸入颗粒物，这不可避免地对人体健康有负面影响，比如诱发呼吸道疾病等。由于史料中并未见此方面的记载，影响的具体程度已不得而知了。

锡、铜、铅是我国传统金属活字印刷术中用到的三种最主要的材料。在开采锡矿、铜矿、铅矿的过程中，也将造成环境和生态的破坏。而在金属的冶炼过程中，废水、废渣、废气都将直接对环境以及人体健康造成负面影响。

与近现代机械化、电子化和数字化的印刷技术相比，中国古代的传统印刷术基本采用手工雕刻的方式，印刷量小，所用原材料少，因此，即使涉及一些对生态、环境以及人体健康产生负面影响的问题，波及面也不大。另外，由于环境意识薄弱，关注度不高，在传统印刷术的发展历程中，极少提及环境问题。

伴随着近现代印刷术的兴起和发展，印刷行业的环境污染问题也逐渐为人们所诟病。印刷过程中的有机物污染问题、废水排放问题、森林砍伐问题、噪声问题等，引起了社会的广泛关注。

第二章　近现代印刷技术与环境保护

对中国古代活字版印刷术，有突出改进和重大发展的是德国人谷登堡，谷登堡创建活字版印刷术大约在公元1438—1450年，比毕昇发明活字版印刷术晚了400年之久，但是，谷登堡在活字材料的改进、脂肪性油墨的应用，以及印刷机的制造方面，都取得了巨大的成功，从而奠定了现代印刷术的基础。

近现代印刷技术的发展主要体现在以下几个方面：

①印刷制版工艺的改进。1839年照相术发明后出现了照相制版方法，用于复制各种图像图形及彩色原稿，改变了过去靠手工描绘和雕刻制作复制图像印版的效率低和质量差的问题。

②印刷机性能不断改进。谷登堡设计制作的木制印刷机，虽然结构简单，但已使印刷由传统的“刷印”改为“压印”，印刷术跃进了一大步。19世纪初德国制成了蒸汽动力印刷机到1945年德国又制成了快速印刷机，接着单色、双色、多色轮转印刷机不断生产出来，到20世纪初印刷工业的机械化进程基本完成。

③新的印刷方式不断出现。活字版印刷术发明以后，通过对印刷材料、设备、工艺的努力研究，新的印刷方式和印刷版材不断出现。主要分类为：凸版印刷、平版印刷、凹版印刷、孔版印刷和数字印刷。

印刷技术作为一门实用技术，与科学技术的发展是同步的，新技术的推出很快就会被印刷所采用，从传统的文字排版过渡到激光照排，图像制版从电子分色过渡到整页拼版，再到计算机印前处理系统；而印刷从铅印过渡到胶印等，这些变革不仅提高了印刷质量和印刷速度，而且增强了时效性；印后加工，从机械化、半机械化到自动化的转变，各种联动线的推出大大推动了整个印后工艺的进步，提高了生产效率。计算机技术在印刷中的应用，使得各种设备功能更强，制版印刷工艺更加简化、印刷质量更高。

20世纪90年代以来，以网络等新兴电子媒体为标志的第三次信息传播革命对传统印刷媒体构成了直接的竞争。与此同时，20世纪末亚洲的金融危机和全球性的通货紧缩趋势对印刷产业造成极大的冲击，印刷产业整体利润率下滑，这种现象在产业之间开始蔓延。尽管如此，中国最近10年印刷总产值年均增长速度高达15%以上，是世界上印刷产值增长最快的国家之一。

第一节 制版原理

印版是用于传递油墨至承印物上的印刷图文载体。将原稿上的图文信息制作在印版上，使印版上有图文部分和非图文部分。印版上的图文部分着墨称为印刷部分，印版上的非图文部分在印刷过程中不附着油墨称为空白部分。根据印版特征的不同分类为：凸版、平版、凹版和孔版等。

1. 凸版

活字版、铅版、铜锌版、感光树脂版、柔性版均同属凸版（包括古代以整块木板去雕刻的木刻版）。

凸版的特征：图文部分凸起高出于非图文，在版上看到的都是负像，印后反成正像，目前使用较多的是感光树脂版和柔性版。

2. 平版

图文部分与空白部分无明显高低之分，几乎处于同一平面。图文部分通过感光方式或转移方式使之具有良好的亲油性，空白部分通过化学处理具有稳定的亲水性，即在版材的同一平面上建立牢固的亲油和亲水基础。石版、平凹版、预涂感光版（又称PS版）、CTP版等都属于平版。

3. 凹版

空白部分都处于同一平面上，图文部分凹入版面而低于空白部分的印版。印刷时全版着墨，然后刮拭版面，使仅在图文部分留有油墨转移到承印物上，成为印刷品。凹版分为雕刻凹版、照相腐蚀凹版与电子雕刻凹版。

4. 孔版

是一种图文部分通透，空白部分封闭，图文部分由大小不同的孔洞或大小相同但数量不等的网眼组成可透过油墨的印版。主要有誊写版、镂孔版、丝网版，目前使用较多的是丝网版。

第二节 工艺流程

无论采用凸版、平版、凹版和孔版哪种印刷工艺，其印刷过程都可以描述为：首先将适合印刷复制要求的图文原稿通过一定方法制成印版，再通过一定的机械设备在印版上涂布油墨经加压使油墨转移到各种承印物表面，最后通过机械或手工方法对印好的半成品进行印后加工，制成印刷成品。

印刷的主要工艺流程是：印前处理（依照图文原稿使用各种技术方法制成印版）→印刷（印版上的图文信息被转移到各种承印物表面）→印后加工（将印刷产品按照所要求的形状和使用性能进行加工）。

1. 印前工艺流程

从传统的照相制版到现在的数字化印前，都是将原稿经过一系列的处理后输出成符合印刷工艺要求的图文合一的印刷胶片或印版的工艺过程。这个系统中的工作流程如下：

①按图像最终尺寸对原稿进行扫描，并在图像软件中调节色彩，完成一些创意设计工作。

②在图形或排版软件中进行组排版设计，包括输入文字、绘制图形、置入图像。

③将顾客确认的图样文件传送到输出中心，根据印刷工艺要求选择合理的输出方式，如数字打样机、激光照排机、直接制版机、数字印刷机等，将页面信息记录在纸张、印刷胶片或印版上。

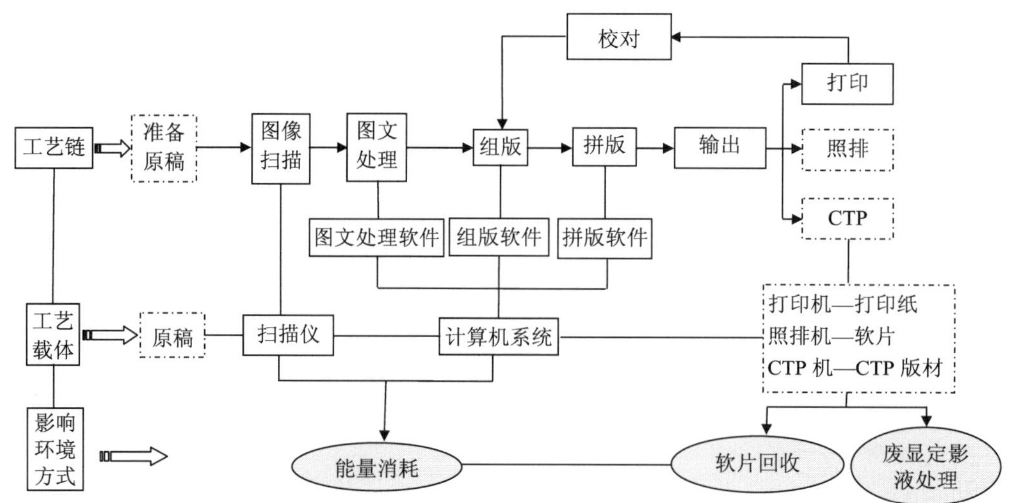

图 2-1 图文信息处理工艺流程

印前图文信息处理工艺流程的工艺链、工艺载体及影响环境的方式如图 2-1 所示，虚线框表示工艺链的首尾端（余图同）。

2．按照工艺设计确定印刷方式

（1）凸版印刷工艺和特点

凸版印刷版晒版方法有多种，应用广泛的柔性版（固态感光树脂版）的制版工艺流程，如图 2-2 所示。

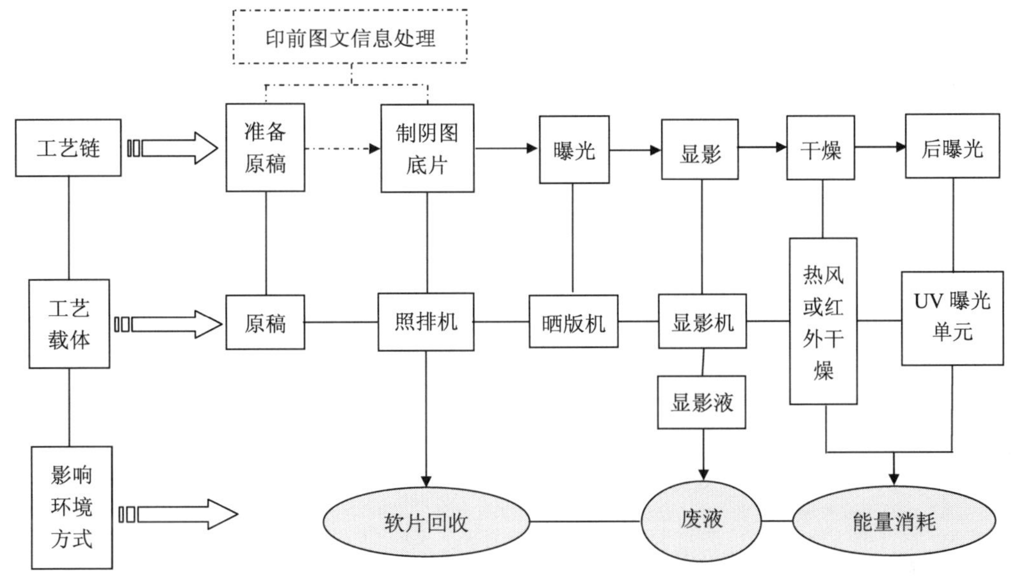

图 2-2　柔性版制版工艺流程

晒版机有两排光源，分别对柔性版材的两面曝光，背面曝光的作用是使印版底部感光层硬化，以建立一个稳定的底基来支撑凸出的浮雕；正面曝光是透过阴图底片对版面感光层进行曝光。曝光后，印版上的图文潜影经显影液冲洗后只有曝光部分的树脂硬化聚合物留在版面上分别形成空白部分与图文部分，制成浮雕状的印版。而用热风或红外线加热干燥，使版材内吸收的溶剂排除恢复版材原有的特性及厚度；最后实施的后曝光使印版彻底发生聚合作用提高印版耐印力。

凸版印刷的印品背面有轻微的凸痕，线画整齐，笔触有力、颜色饱满。所使用的版材很广，能满足商标、商业表格、报纸杂志、小型包装盒等的印刷。

（2）平版印刷工艺和特点

平版印刷采用的 PS 版晒版过程简单、性能稳定、分辨率高、耐印力高，是目前印刷厂使用最多的感光版。PS 版有阳图型和阴图型，目前最常用的阳图型 PS 版采用阳图原版晒版，感光剂为光分解型；阴图型 PS 版采用阴图原版晒版，感光剂为光聚合型或光交联型，耐印力高特别适用于书报刊类产品，但目前国内较少使用。

平版（阳图 PS 版）制版工艺流程的工艺链、工艺载体及影响环境的方式如图 2-3 所示。

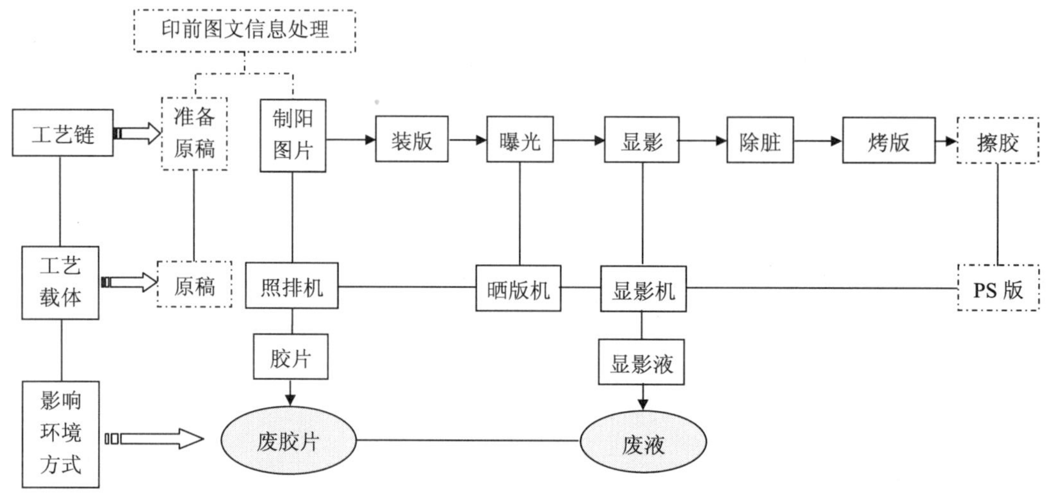

图 2-3 典型平版（阳图 PS 版）制版工艺流程

平版印刷品质量高，印品层次丰富，色调柔和、成本低廉，油墨层较平薄，多用于印刷画报、商标、书籍等，在各种包装、出版物产品中，平版印刷占有绝对优势。

（3）凹版印刷工艺和特点

凹版不同于其他版的一个显著区别是：其图文部分是由低于非图文部分的凹眼组成，印版由金属材料制成，外面还镀有铬和铜。凹版印刷的印版分为雕刻凹版、照相腐蚀凹版与电子雕刻凹版印刷三类。

——雕刻凹版：由版画艺术发展而来。当初全是手工雕刻，后来有化学蚀刻，版面由深浅和粗细不同的点和线组成。印刷品的线条略凸，光洁清晰，可防伪造，故多用于印刷钞票、邮票等有价证券。

——照相腐蚀凹版：版面图文的着墨部分为有规则排列的细小孔穴（网穴），一般呈正方形，大小相同，但深浅不一，容墨量不同。其印刷品墨色厚实，并能取得与原稿图像色调层次完整一致的印刷效果，是凹版印刷用得最普遍的一种，所以也称为传统照相凹版。

——电子雕刻凹版：20 世纪中期，开始有凹版电子雕刻机，它用扫描头和电脑控制的钻石刻刀，在滚筒上刻出图文的着墨孔穴呈倒金字塔形，大小和深浅都有变化。其印刷质量不亚于照相腐蚀凹版，并具有操作简单、制版时间短、无废液处理问题等优点。

凹印制版工艺流程的工艺链、工艺载体及影响环境的方式如图 2-4 所示。

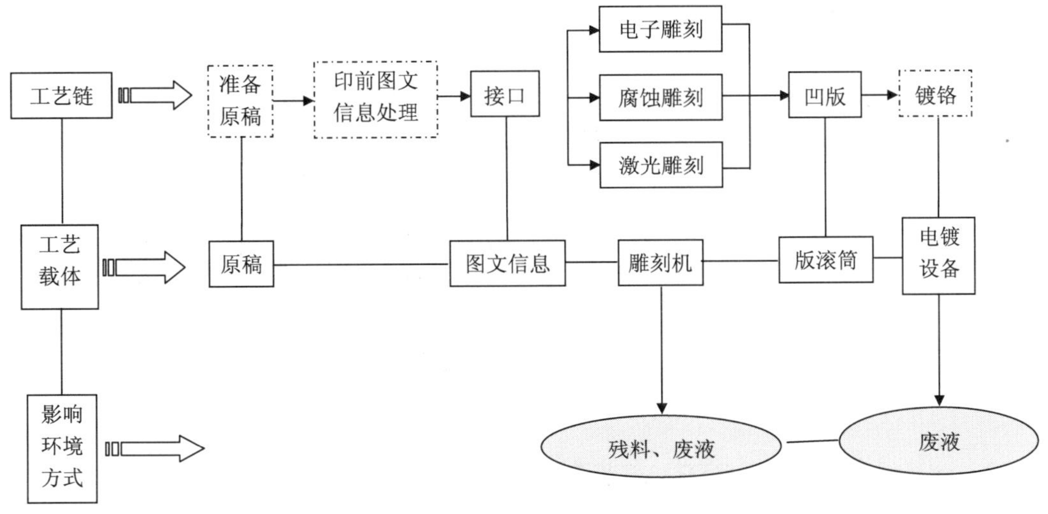

图 2-4　凹印制版工艺流程

凹版印制品具有墨层厚实、颜色鲜艳、饱和度高、印版耐印率高、印品质量稳定、印刷速度快等优点，在印刷包装及图文出版领域内占据极其重要的地位。从应用情况来看，在国外，凹印主要用于杂志、产品目录等精细出版物，包装印刷和钞票、邮票等有价证券的印刷，而且也应用于装饰材料等特殊领域；在国内，凹印则主要用于软包装印刷和特殊用途印刷，随着国内凹印技术的发展，也已经在纸张包装、食品、药品包装上得到广泛应用。

（4）孔版印刷工艺和特点

孔版印刷常用的丝网制版工艺流程（直间法）：丝印制版工艺流程的工艺链、工艺载体及影响环境的方式如图 2-5 所示。

丝网印版是由紧绷在框架上的细丝网作为版材，紧贴在丝网上有漏空图文的膜层组成印版。

丝网印刷设备简单、操作方便，印刷、制版简易且成本低廉。丝网印刷对油墨的适应性强，可以使用水性、合成树脂、粉状型等各种不同种类的油墨；丝网印刷能在平面、曲面、很薄或很厚的多种承印物印刷。常见的印刷品有：彩色油画、招贴画、名片、装帧封面、商品标牌以及印染纺织品等。

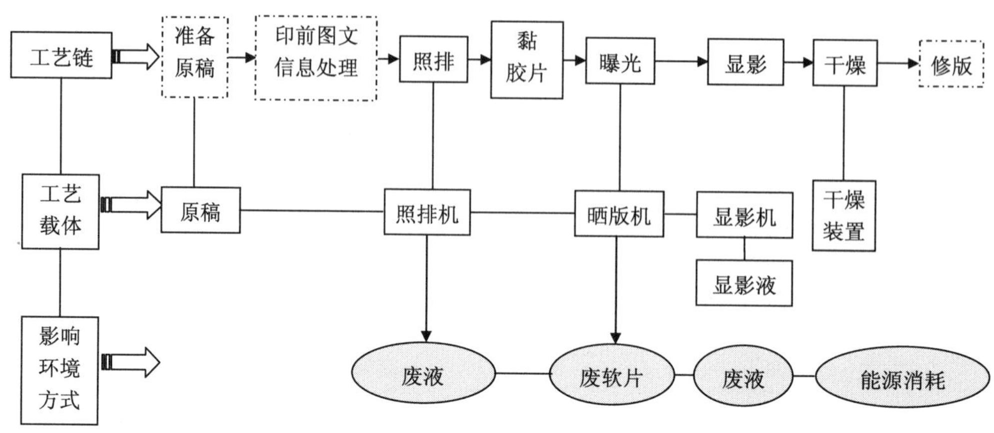

图 2-5 丝印制版工艺流程

3．计算机直接制版（CTP）工艺流程

计算机直接制版技术是指由计算机到直接完成印版制作的工艺过程。它通过 RIP 将数字式版面信息转换成点阵或位图信息后，再由印版制版机将 RIP 后的数字式版面信息直接扫描输出在印版版材上，然后经处理即制成印版。

与传统的工艺流程相比，CTP 技术最显著的特点是省去了照排感光胶片或电分机分色胶片的拼版、晒版、PS 版冲洗等传统印前工艺程序和相应的设备。不仅简化了工艺，降低了印刷成本，而且避免了图像信息转移过程中的网点损失，提高了工艺质量和生产效率。

第三节 印刷材料使用

印刷以纸张为载体，采用凸版、平版、凹版、孔版和特种印刷工艺，使用适宜的油墨，满足产品的质量要求。油墨是由有色体（如颜料、染料等）、连接料、填充料、附加料等物质组成的均匀混合物。

一、油墨

油墨产品按印刷版型分类有平版油墨、凸版油墨、凹版油墨和孔板油墨。平版油墨主要包括一般胶印油墨、无水胶印油墨；凸版油墨，现在以柔性凸版油墨为主；凹版油墨主要包括稠度大而墨性短的雕刻凹版油墨和很稀的照相凹版油墨；孔版油墨有丝网印刷油墨和誊写油墨。

按油墨连接料分类主要有氧化聚合干燥的树脂型油墨、挥发干燥的溶剂型油墨、水性油墨以及紫外光固化油墨（UV 油墨）等。

特种防伪及功能性油墨有光敏油墨、热敏油墨、压敏油墨、发泡油墨、香味油墨、导电油墨、磁性油墨、液晶油墨、喷射油墨和微胶囊结构油墨等。

1．胶印油墨

平版印刷是利用油水不相容的原理，使图文部分具有亲油抗水、非图文部分具有亲水抗油的特性进行印刷的，所用油墨应具有较强的抗水性，防止产生过度乳化。胶印油墨主要成分是颜料、连接料和油墨助剂。颜料是不溶于水、油和有机溶剂的色料。连接料是将树脂溶于干性植物油中，再用高沸点煤油稀释制成的液状物质。在连接料中加入颜料和辅料进行搅拌研磨，制成胶印油墨。

用于纸张印刷的胶版油墨，其干燥机理是渗透氧化结膜干燥，当油墨印到纸张上时，油墨向纸内做选择性的渗透，纸张对油墨的成分做选择性的吸收。混溶于油墨体系中的高沸点煤油，表面张力比较小，由于纸张的吸收作用而立即离开油墨体系渗入纸张中，墨膜在纸张上立即固着，而氧化结膜干燥则是在后期慢慢完成的。纸张用胶版油墨使用最多的有胶印树脂油墨、胶印亮光快干油墨、胶印高光油墨、书刊胶印轮转油墨、热固轮转油墨、冷固轮转油墨等。

2．柔性凸版油墨

柔印油墨可分为溶剂型油墨、水型油墨和 UV 油墨三种。溶剂型油墨按所用色料不同可分为溶剂染料油墨和溶剂颜料油墨。染料油墨有比较好的流变性能，因为染料的溶解性比较好，故油墨的黏度比较低，能控制干燥速度。主要用于印刷有吸收性的纸类，在欧美国家柔性版印报的比例占 20%以上。油墨中的连接料起到油墨和承印物附着的作用。所以连接料中溶剂和树脂的选择受到承印材料和印刷条件的影响和限制。承印材料不同，所选择的树脂和溶剂也不同，使用水型油墨印刷票据条格线和笔记本，墨水写上去不会发生油水分离透印现象。

3．凹版印刷油墨

用于雕刻凹版印刷的油墨是稠而短的，以氧化结膜干燥为主，印品的印迹（墨膜）是凸出于纸张表面的，用手摸极易感觉出来。该墨主要用于印刷有价证券如货币、邮票和少量重要文件。因为雕刻凹版的印品不易复制仿造，而起到防伪的作用。照相凹版油墨是典型的液体油墨，与柔性凸版油墨一样，是一种接近牛顿流体的油墨，具有很好的流动性，属于溶剂型油墨，干燥形式是挥发干燥。

照相凹版油墨按溶剂分类可分为苯型、汽油型、混合溶剂型、醇型和水性 5 类，如果按用途分类可分为纸张凹印油墨和塑料凹印油墨等。

4．水性油墨

水性油墨主要成分是色料、水基连接料和辅助材料。水基连接料的最大特点是连接料中的树脂是水溶性的。在这类连接料中通常含有丙烯、乙烯或丁苯聚合物的细小粒子（1 μm 左右），当涂料干燥后，乳胶中的粒子凝结到一起形成薄膜。乳胶连接料比溶解性树脂连接料具有更显著的优点，乳胶连接料密度高而黏度低，能产生高质量的薄涂层，乳胶还可以包含较大聚合物分子，提高了耐磨耐热性，而且附着力也好。乳胶连接料还可以与碱溶性连接料混合使用，这样既保留了乳胶的优点，又具备了碱溶性连接料所具有的印刷适性。

水性油墨已广泛用于铜版纸、白纸板、瓦楞纸和塑料薄膜的印刷。采用水性油墨后不仅可避免对环境的污染，而且还改善了印刷车间操作人员的工作环境，减少了操作者患各种疾病的危险。印刷机的清洗也变得容易多了。

采用水性油墨印刷还存在着一些问题，例如水墨很容易干结在网纹辊上，影响传墨的均匀性，水性油墨还容易起泡沫，影响色密度等。要解决这些问题，可采用封闭式刮墨刀供墨系统。

5．紫外线光固油墨

紫外线光固油墨也叫 UV 油墨。这种油墨是利用紫外线照射，引起油墨连接料的聚合反应而进行干燥的。它不需要热源，不含溶剂，不污染空气，在紫外线照射下干燥速度快，在几秒或零点几秒内即可干固，使这类油墨得到了迅速发展和广泛应用。在胶版印刷、柔性凸版印刷、照相凹版印刷、丝网印刷中都已使用了 UV 油墨。

紫外线光固油墨主要成分也是色料、连接料和辅助材料。紫外线光固油墨的连接料主要成分是光固树脂。光固树脂是光固型油墨的最主要的成分，在所有的光固树脂中都含有可进行聚合的双键。双键的光固化率按以下次序排列：丙烯酸基＞甲基丙烯酸基＞乙烯基＞顺丁烯二酸。

在 UV 油墨中所用光固合成树脂一般要加入光敏剂，例如，加入安息香醚类，在紫外光照射下分解成两个自由基，光敏剂的自由基引发光固型树脂和活性稀释剂分子中丙烯酸的双键，发生连锁聚合反应，使油墨光固型连接料交联固化。

6. 丝网印刷油墨

丝网印刷是孔版印刷中主要的一种，丝网印刷方式非常灵活，可以完全用手工印刷，可以半自动印刷，还可以全自动连续印刷。丝网印刷墨层厚实，遮盖力强，在四大印刷方法中丝网印刷墨层最厚。网印油墨常用于印刷票据覆盖膜、盲文书刊、油画、名片、大型广告等。

7. 防伪油墨

防伪油墨是指具有防伪性能的油墨。防伪油墨之所以能防伪是因为油墨中的色料或连接料有特殊功能。如光敏防伪油墨、热敏防伪油墨、压敏防伪油墨、磁性防伪油墨、防涂改油墨等。

——光敏防伪油墨。光敏防伪油墨是指在光线照射下能发出可见光的油墨。这里所指的光线有紫外光、红外光、太阳光等可见和不可见的光线。光敏防伪油墨主要包括紫外荧光油墨、日光激发变色油墨和红外防伪油墨。紫外荧光油墨已得到广泛应用，全国统一发票上的税务章就是用有色紫外荧光油墨印刷的，白天看发票上的税务印章与一般单位印章一样都是红色，在黑暗无光的地方用紫光照射发票时，税务章呈现亮红色，而一般图章呈现黑色。

——热敏防伪油墨。热敏防伪油墨是油墨中的色料颜色随温度的变化而变色。例如，粉红色的氯化钴·六亚甲基四胺，温度升到35℃时失去结晶水而变为天蓝色；当温度下降时该物质又吸收空气中的水分，就逐渐恢复到原来的粉红色。

——磁性防伪油墨。磁性防伪油墨除具有一般油墨的普遍性能外，还具有独特的磁性特性。这种磁性是油墨中含有的磁性颜料产生的。最好的磁性颜料为氧化铁黑和氧化铁棕。这些颜料大多为小于微米的针状结晶，这样的颗粒大小和形状使它们极易在磁场中均匀排列，从而得到比较高的残留磁性。带有这种残留磁性的符号与数码通过自动处理装置内的摩擦作用而实现辨认识别功能。它是最常规应用的防伪油墨，其突出的特点是外观色深、检测仪器简单，多应用于票证防伪。在防伪产品的某个位置用磁性油墨进行印刷，用特殊手段进行检测，从而达到防伪的目的。如新版百元人民币的安全线带有磁性。磁性油墨还可用于制作多种磁卡以便于将数据快速输入计算机进行处理。

——压敏防伪油墨。压敏防伪油墨是指在压力或摩擦作用下，能出现颜色的油墨，是在油墨中加入特殊化学试剂或变色物质而制成的。用这种油墨印刷成的有色或隐形图文，当用硬质的物件或工具摩擦、按压时，即发生化学的压力色变或微胶囊破裂染料显露而出现颜色（红、蓝、黑、绿、紫、黄等）。可根据用户的要求选择显示的颜色并设计暗记。

——防涂改防伪油墨。防涂改防伪油墨是指对涂改用的化学物质具有显色化学反应的油墨。用防涂改油墨印制发票及一切有价证券的底纹，当遇到消字灵等涂改液时，这些底纹消失或变色从而发现涂改的痕迹。防涂改油墨主要应用方式有，使用遇到消字灵或其他涂改液就能褪色的颜料，如一些盐基性染料，印刷有价证券金额栏的底纹；或使用遇到消字灵或其他一些化学物质就能变色的连接料如联苯酚等，制作防涂改油墨。用此油墨印刷的支票大写栏等，一旦遇到消字灵或其他涂改液即变色或显出“作废”等字样。

《环境标志产品技术要求　胶印油墨》（HJ/T 370—2007）标准对胶印油墨中的苯类溶剂、重金属、挥发性有机化合物、芳香烃化合物、植物油提出了控制要求。油墨对印刷过程和印刷产品的污染比较严重。油墨不但在印刷过程中污染环境，危害人身健康，而在印刷产品上的有机残留物还会继续污染环境，而且这些有机残留物及所含有的铅、汞、砷、铬等有害物质还会继续危害印刷品使用者的身体健康。

二、润湿液（又称润版液）

平版印刷润湿液的作用是保证印版空白部分形成亲水层。润湿液主要成分是水，用浓度较高的原液或固体粉剂按一定比例稀释配制，保持良好的水墨平衡是获得高质量印刷品的必要条件。

1. 润湿液的作用

（1）润湿作用

润湿液在印版的空白部分形成均匀的水膜，空白部分润湿以抵制油墨浸润，防止脏版。

（2）清洗作用

润湿液中的电解质与裸露版基铝发生化学作用形成亲水层，同时靠版水辊与印版接触洗去印版表面粘上的纸粉、纸毛等杂质，不用停机也可保持印刷质量一致。

（3）降温作用

润湿液带走印版热量，降低印版温度，高速运转的胶印机橡皮辊筒、靠版水辊、靠版墨辊与印版之间互相摩擦使印版温度提高，油墨黏度下降，油墨流动度增加可能造成印迹扩大，印版带脏，所以高速机润湿液必须控制水温一般最好在 10℃以下。

2. 润湿液分类

（1）普通润湿液

普通润湿液种类配方成分有：磷酸、硝酸铵、磷酸二氢铵、重铬酸铵、阿拉伯胶等，普通润湿液中的成分不会使水的表面张力下降，当水的表面张力大于油墨的表面张力时，油墨就容易浸润印版的非图文部分，引起脏版。为抗衡油墨就增大供水量，由于用液量大又造成纸张含水量增加，容易产生变形和起皱，影响印刷品的质量。尽管普通润湿液配制成本低，但目前印刷企业已基本不用。

（2）非离子表面活性剂润湿液

非离子表面活性剂润湿液是低表面张力润湿液。使用时将粉末状的润湿液用一定量的水溶解，就可以加入水斗中用于印刷。

非离子表面活性剂润湿液成本低、无毒性、不挥发。但非离子表面活性剂润湿液的表面张力降低了，油墨和润湿液之间的界面张力也要下降，会造成油墨的乳化加剧，因此使用非离子表面活性剂润湿液一定要控制润湿液浓度和供水量，在不脏版的前提下，尽量减少润湿液供给量。

（3）酒精润湿液

用酒精作为表面活性物质配制的润湿液就是酒精润湿液，乙醇、异丙醇是低碳链醇表面活性物质加入水中后能降低水的表面张力，用这些物质配制的润湿液统称为酒精润湿液。乙醇和异丙醇作用相同，异丙醇挥发速度比乙醇慢。酒精润湿液铺展性能极好，大大减少了润湿液用量，减少了纸张伸缩变形，提高了套印精度。

酒精的挥发速度较快，必须及时补充消耗，使用酒精润湿液的多色高速胶印机均配备润湿液循环冷却和自动补加酒精的辅助装置。将润湿液连续地提供给印版。为了减少酒精的挥发，尽量把润湿液温度控制在 10℃以下。

3. 润湿液的 pH 值和用量控制

润湿液的 pH 值和润湿液原液的加放量有关，原液加放量大，润湿液的 pH 值降低，酸性增强，对印版的腐蚀加剧，使印版的图文部分和金属版基的结合遭到破坏，图文部分的亲油层脱落。

润湿液的 pH 值过低时，润湿液会和油墨中的干燥剂发生化学反应，使印品干燥时间拖长且造成印品背面粘脏；润湿液的 pH 值过高时，界面张力下降，油墨的乳化加剧，易脏版。

PS 版对酸、碱的耐蚀力较低，润湿液的 pH 值在 5～6 为好，印刷过程中应根据产品的印刷面积、纸张的酸碱度等因素控制润湿液的 pH 值。

异丙醇挥发后产生的醇蒸汽有毒，会对人体健康造成有害的影响。目前有相当多的印刷企业未制定酒精润湿液中异丙醇添加比例的工艺文件，操作工随意加放。应使用 pH 值测量计和酒精浓度测量计实施数据记录监测，控制润湿液的配比和供给量，严格执行《环境标志产品技术要求 印刷 第一部分：平版印刷》（HJ 2503—2011）标准规定的异丙醇添加限值，可以达到产品质量稳定、降低成本、保护员工健康的绿色印刷目的。

三、版材使用

1. PS 版

PS 版是预涂感光版的简称，是目前主要的平印版材。PS 版的版基是 0.5 mm、0.3 mm 或 0.15 mm 等厚度的铝板。铝板经过电解粗化、极氧化、封孔等处理，版面上形成一层氧化膜。然后涂布感光液，直接用原版晒版。

PS 版分为光聚合型和光分解型两种。光聚合型用阴图原版负片晒版，因此，也叫阴图型 PS 版。图文部分的感光膜见光聚合，显影时留在版面上，非图文部分的感光膜见不到光没有交联聚合，显影时被显影液溶解除去。光分解型用阳图原版正片晒版，因此，也叫阳图 PS 版。非图文部分的感光膜见光分解，被显影液溶解除去，留在版面上的仍然是没有见光的感光膜。

PS 版的亲油部分是高出版基平面约 3 μm 的感光树脂层，是良好的亲油疏水膜，油墨很容易在上面铺展，而水却很难。感光树脂膜还有良好的耐磨性和耐酸性。若经 230～240℃的温度烘烤 5～8 min，可使感光膜珐琅化，还可提高印版的耐印率，可达数十万印。

PS 版的亲水部分是三氧化二铝的薄膜，高出版基平面 0.2～1 μm，亲水性、耐磨性、化学稳定性都比较好，因而印版的耐印率也比较高。

PS 版的砂目细密，分辨率高，形成的网点光洁完整，故色调再现性好，图像清晰度高；PS 版的空白部分具有较高的含藏水分的能力，印刷时印版的耗水量小，水墨平衡容易控制。由于 PS 版具有上述许多优点，已成为目前胶印中理想的印版。

2. 珂罗版

珂罗版是用 10 mm 厚的玻璃作版基，经研磨将玻璃的一面磨成粗糙面，在粗糙面上涂布一层很薄的明胶硅酸钠的底层结合液，在此底层上均匀地涂布一层由重铬酸铵、明胶、氨水组成的感光液，加温干燥，表面产生细微的皱纹，具备感光性能。

将连续调正向阴图底版密附于感光膜层上进行晒版曝光，通过光的作用使明胶感光胶膜与连续调负版的反差成比例地进行固化。曝光后的图像胶膜，根据接受光能量的多少在不同程度上失去了遇水膨胀的性能。把曝光后的玻璃板浸入洗涤显影槽内，除去未硬化的乳剂胶膜，留下透明的具有不同硬化程度的明胶层，自然干燥后，制成印版。

3．多层金属版

多层金属版选用亲水性和亲油性相反的金属做印版，有双层金属版和三层金属版两种，按照图文凹下或凸起的形态又分为平凹版和平凸版。目前使用最多的是二层平凹版和三层平凹版，铜皮上镀铬便制成了二层平凹版；铁皮镀铜再镀铬便制成了三层平凹版。

多层金属版的亲油部分是亲油性最好的金属铜，并经乙基磺酸钾处理，更增强了铜的感脂能力，可直接吸附油墨。多层金属版的亲水部分是亲水性最好的金属铬，没有无机盐和氧化层，水直接在金属铬表面铺展。铬的化学性能稳定，耐磨性高，所以印版的空白部分不易磨损，印版的耐印率高。

多层金属版是利用铜的亲油性和铬的亲水性直接形成稳定的图文部分和空白部分，印版的耐印率很高，而且，水墨用量容易控制，印刷工艺简单。但是，多层金属版制作成本较高，制版周期较长，而且印刷时网点扩大现象较严重，色调的再现性不如 PS 版。

4．无水胶印（平印）版材

因为有水胶印容易引起油墨乳化和纸张变形等故障，为了排除这些故障，现在已研制成功了无水胶印版材，也叫干式平版印刷版材。这种印版由于空白部分涂有经过硫化的硅橡胶，当接触墨辊时不会受墨，所以在印刷时不用水或其他液体润湿版面，在版面干燥状态下进行印刷。

无水胶印版的类型大致有以下几种：

——在版基上涂一层硅橡胶，再在其上面涂一层重氮感光层，透过原版感光后的重氮层用溶剂溶去；

——在版基上制作一层感光性硅橡胶（并加进增感剂）经原版曝光，用烃类溶剂将未曝光部分的感光性硅橡胶溶去；

——在导电性版基上制作一层由丙烯酸树脂类和光导电物质的薄膜，再在其上面制作一层硅橡胶和光导电物质的薄膜，通过电子扫描的方法形成由显色剂作用的画像。

5. CTP版材

计算机直接制版版材按印刷方式不同可分为CTP胶印版材、CTP柔印版材和CTP丝印专用版材；CTP版材种类主要分为银盐型、光聚合型、热敏型以及免化学处理型和免处理型。

第四节 印后加工工艺

一、上光工艺

上光是指在印刷品表面涂布（或喷或印）一层透明涂料，经流平、干燥、压光后在印刷品表面形成薄而均匀的透明光亮层的工艺过程。

印刷品上光可以增强印刷品的外观效果。印刷品的上光，包括全面上光和局部上光，也包括高光泽型和亚光型无反射光泽上光。无论哪一种，都可以提高印刷品的外观效果，使印刷质感更加厚实丰满，色彩更加鲜艳明亮，提高印刷品的光泽和艺术效果，起到美化的作用，使产品更具有吸引力。

1. 上光涂料及其组成

上光涂料主要由主剂（成膜树脂）、助剂和溶剂等成分组成。

（1）主剂

主剂（成膜树脂）是上光涂料的成膜物质，通常为各类天然树脂或合成树脂。

（2）助剂

助剂主要是用来改善上光涂料的理化性能和加工特性的。如固化剂、消泡剂、表面活性剂、增塑剂等。

（3）溶剂

溶剂主要是用来分散、溶解主剂和助剂的。常用的溶剂有水、芳香类溶剂、酯类溶剂、醇类溶剂等。

2. 上光涂料的种类

（1）油基上光油

油基上光油的组成如同胶印油墨的连接料，由矿物油、干燥型植物油、凝固型醇酸树脂、燥油和其他添加剂组成。

（2）热固型上光油

热固型上光油由大分子量的树脂、塑料溶剂、水、胺或氨组成。

（3）分散型上光油

分散型上光油的主要成分是改性丙烯酸盐、水溶性树脂、石蜡分散体、水和多种添加剂。

（4）金色和银色上光油

在分散型上光材料中加入一定配比的颜料，如铜粉、铝粉，即可成为金色或银色上光涂料。

（5）辐射固化型上光油

辐射固化型上光油分紫外线固化型和电子束固化型，其中紫外固化型上光油简称UV上光油。目前，欧美各国已基本用UV上光取代了覆膜，我国从20世纪80年代初期开始引进UV上光技术。

3. 上光设备

按加工方式可分为普通脱机上光设备，即上光、印刷分别在专用机械上进行；联机上光设备，即上光机组联在印刷机上，印刷、上光一次完成。

目前，国内印刷厂较多采用脱机上光，联机上光设备的份额也在逐渐增加。

二、覆膜工艺

覆膜工艺是印刷之后的一种表面加工工艺，又被人们称为印后过塑、印后裱胶或印后贴膜，是指用覆膜机在印品的表面覆盖一层0.012～0.020 mm厚的透明塑料薄膜而形成一种纸塑合一的产品加工技术。一般来说，根据所用工艺可分为即涂膜、预涂膜两种，根据薄膜材料的不同分为亮光膜、亚光膜两种。

1. 预涂膜技术

预涂膜是指预先将塑料薄膜上胶复卷后再与纸张印品复合的工艺。它先由预涂膜加工厂根据使用规格幅面的不同将胶液涂布在薄膜上复卷后供使用厂家选择，而后再与印刷品进行复合。

预涂膜大约在1989年开始使用，在欧美国家已得到了广泛的应用，1996年左右进入亚洲。在进入亚洲的同时，欧美已经宣布禁止使用即涂膜，改为预涂膜。由于使用较晚，亚洲除日本现已全部使用预涂膜外，其他国家（如中国、韩国等）都处于预涂膜和即涂膜兼用的状态。我国从 2000 年以后才开始使用预涂膜，现在预涂膜在我国的市场份额仍然很小。

与即涂膜相比，预涂膜有很多优点。如减少了污染，对人身体无损伤；不会因纸张性质不同或墨色不同而影响覆膜质量；预涂膜覆膜机操作更简单，加工后的图文效果更好；基本消灭了皱褶、气泡、脱落等现象。最值得一提的是，这是一种环保型的工艺，整个生产过程对人身体无害。

但预涂膜在我国的推广还是比较缓慢的，其原因，成本问题是一个很大的影响因素，决定着投资者对预涂膜工艺的热情。在最近的一项调查中表明，有超过半数的受访者认为预涂膜产品在价格方面偏高，因为预涂膜产品属于印刷耗材，印刷厂在选择耗材时价格成本是一个不可忽略的问题。此外，由于我国缺乏纸张和薄膜分离的技术，使得预涂膜在我国无法完全称为一个环保型工艺。

针对这种现状，预涂膜产品应该通过规模生产降低成本，从而使市场价格越来越接近印刷厂的需求。与此同时，纸膜分离技术的研发或引进也应引起相关部门的重视，在无法舍弃覆膜工艺的情况下，实现环保型覆膜，合理发展覆膜工艺。

2. 即涂型覆膜技术

即涂型覆膜是指覆膜操作时，以塑料薄膜为原材料先在它上面涂布黏合剂，经干燥处理后，紧接着将塑料薄膜与印品热压复合的工艺方法。

覆膜用的塑料薄膜通常由合成树脂、增塑剂、填料、稳定剂、染料等组成。主要有：聚氯乙烯薄膜（PVC）、聚丙烯薄膜（PP）、聚乙烯薄膜（PE）、聚碳酸酯薄膜（PC）、聚酯薄膜（PET）等。覆膜用的黏合剂除具有黏合剂的基本性能，如流动性、渗透性、黏合性要好，化学性能要稳定，黏度、黏合强度、干燥时间、表面张力等性能，都有较高的要求外，还须具有覆膜工艺所特别要求的性能，如透明性、耐折性、耐油性要好及较强的黏合力以适合覆膜工艺的需求。

覆膜常用的黏合剂有溶剂型、无溶剂型、水溶型和醇溶型四种。

溶剂型黏合剂稀释稳定性好，流动性好，便于涂布，与非极性的聚烯烃（如双向拉伸聚丙烯薄膜）有较好的黏合力，干燥能耗低，设备维护容易，但是由于黏合剂中大量使用芳香烃类、有机酯类溶剂而污染环境，并对操作工人造成身体损害。

醇溶性黏合剂稀释稳定性比溶剂型黏合剂稀释稳定性差一些，干燥能耗中等，设备维护容易，污染性较小。

无溶剂型黏合剂基本上由双组分的聚氨酯黏合剂组成，它本身没有任何溶剂，直接就可同另一种基材进行复合，因此，污染性小，生产成本较低，效益显著。但是，它的黏合牢固性能比溶剂型黏合剂要差一些。

水溶性黏合剂以水代替有机溶剂，没有对环境的污染和对操作人员的身体损害，而且成本低廉。但是，它的黏合牢固性能较差。

三、模切压痕工艺

随着印刷、包装和商标等行业的不断发展，模切技术也在进行着不断的提高和适应，模切产品范围涉及纸盒、纸箱包装、商标标签、塑胶包装，以及电子、轻工和装潢等诸多行业。模切版是保证模切质量的首要条件，它的类型有平模、圆模两种。

在模切机上，模切版又分为刀模版和底模版两部分。刀模版由模板、模切刀、压痕线和模切胶条等构成；底模版则由底模钢板和压痕底模构成。使用模切工艺可以把纸盒纸板印刷品轧切成普通切纸机无法裁切的圆弧或更加复杂的形状。

模切机的种类很多。从自动化程度上分，有手动、半自动模切机和全自动高速模切机；从印品规格上分，有四开、对开和全张纸模切机；从走纸形式上分，有间断式自动续纸模切机和连续式自动续纸模切机；从模切形式分，有平压平、圆压平、圆压圆模切机等几种。

四、印后装订工艺

所谓装订是将印刷品从印张加工成册的工艺总称，装订质量的优劣直接关系到书刊的艺术效果和阅读效果，装订的快慢直接影响到出书的速度及生产效率。

根据书刊的用途、使用的对象、保存的时间要求等，确定不同的装订方法，现代书刊的主要装订方法有：平装、精装、骑马订。

1. 平装

平装书最常见，在我国使用量最大，保存时间较长，订书方法分为铁丝订、无线胶订、锁线订、缝纫订等工艺，其中以无线胶订需求量最大，尤其是学生教材。平装书封面装帧形式又分为“有勒口”平装和无“勒口”平装，为了使平装书更加美观、耐用，对封面进行覆膜或上光。

2. 精装

对一些需要长期保存、经常翻阅具有保存价值的如词典、手册、经典著作等需要做精装。精装书在书的封面和书芯的脊背、书角上进行了各种各样的精细造型，如书背加工成圆背、方背；书壳用各种装饰材料美化，加工成直角、圆角，封面烫金等。

精装书我国主要采用锁线胶装工艺。

3. 骑马订

英文为 saddle stitches，saddle 是马鞍的意思，取其于装订之时，沿书帖折缝配页骑在机器上订书如同骑马而得名。骑马订用的书帖多是书刊轮转印刷机上印刷、折页连续完成的再经骑马联动机即可成书。骑马订书主要用于要求出书快、保存时间不要求长、印张少的期刊、小册子及类似产品。

第五节 近现代印刷中的环境问题

在我国印刷企业里，各种传统的制版、印刷、印后加工工艺仍占据很大的市场份额。从制版工序的胶片和废显定影液、电镀液，到印刷过程中的溶剂型油墨、酒精润湿液、洗车水，再到印后整饰中仍在广泛使用的即涂膜、油性上光工艺等，对环境都存在着污染问题。

一、印前制版中存在的环境问题

①平版印刷在印前传统照相制版过程中感光胶片要使用显影、定影剂，利用分色胶片晒制 PS 版也要经过显影和水洗。CTP 技术虽然摒弃胶片，但仍还有 CTP 版材的显影废弃溶液的排放问题。这些过程产生的废液中含有银、酸、碱、有机物等有毒化学成分。

②凹版印刷使用的版辊称为 intaglio。这些版辊一般是铁质，表面镀铜并有一层光敏层。在版上代表图像区域的小凹槽制成后还须镀铬，造成的有害废液对环境污染较大。

③柔性版制版显影液主要溶剂三氯乙烯在有光、空气、水共存时分解产生有害的氯化氢气体和溶液对环境有害。

④丝网制版常用的感光材料是重铬酸类，排出废液含有大量的六价铬，人体长期接触重者致癌。此外，排放的酸性废液和碱液不经处理进入公共水源，带来严重生态影响。

以上生产过程中产生的危险有害废液应专用桶装，交由有处理资质的危险废物处理方处理。

二、印刷过程和印刷产品中存在的环境问题

印刷的实质是油墨向纸张或其他承印物上的转移，油墨属于印刷和印刷产品中重要环境污染源。油墨不但在印刷过程中污染环境，危害人身健康，在印刷产品上的有机残留物还会继续污染环境，而且这些有机残留物及所含有的铅、汞、砷、铬等有害物质还会继续危害印刷品使用者的身体健康；印刷成品的味道和对人体健康的影响一直属于人们的关注焦点，其中，主要影响因素来源于一些具有刺激性气味的化合物。这些化合物主要来源于油墨、覆膜胶、上光油等印刷过程所使用的化学品。由于部分化合物属于有毒有害物质，如苯、乙醇、异丙醇、丙酮、丁酮、乙酸乙酯、乙酸异丙酯、正丁醇、丙二醇甲醚、乙酸正丙酯、4-甲基-2-戊酮、甲苯、乙酸正丁酯、乙苯、二甲苯、环已酮等，从环保角度来看问题，在印刷行业中，应该严格控制有害气体的排放及有害液体和固体的使用及其废弃物的排放。

第二篇　绿色印刷

第三章　绿色印刷概述

第一节　绿色印刷的涵义、特征及外延

根据联合国世界气象组织（UN World Meteorological Organisation）统计数据显示，导致全球气候变暖的主要原因是温室气体排放。气候变化、资源有效利用、废物处理和环境保护与可持续发展密切相关。其中，印刷行业的发展也影响着气候变化等环境问题，消费者也从保护身体健康的角度对印刷品的有毒有害物质等环境因素提出了要求。如今，绿色印刷正以其强大的影响力引导着全球印刷业的发展，而中国印刷业正处于快速成长期和发展转型期，同样面临着如何实施绿色印刷的问题。

目前，大多数印刷企业在控制成本的同时，开始采用绿色印刷技术，符合环保要求的印刷服务市场在近五年呈指数方式增加。一些大公司和政府部门也开始要求供应商提供符合环保要求的印刷生产方式，主要体现在以下几个方面：

满足特定的环境保护要求。印刷企业通过对传统印刷技术改造，满足特定的环保要求，例如，我国在去年已经颁布的《环境标志产品技术要求　印刷　第一部分：平版印刷》（HJ 2503—2011）。可采用零垃圾排放、选择环保的印刷材料、实现无水胶印、使用符合环保要求的油墨和印刷机清洗剂等措施，也可通过进行可持续森林认证（FSC）或环境管理体系认证（ISO 14001）来满足要求。印刷企业应根据各自的实际情况和环保要求，选择可行的技术改造措施。

实现符合环境保护的印刷生产方式。对于很多印刷企业而言，改进印刷生产方式是一项长期的目标，需要逐步实现，而不是一蹴而就。但即便是一个很小的变化，也代表了企业对印刷方式思维的转变，例如，英国一家儿童读物出版商 Egmont 决定要从他们的供应链中剔除没有获得可持续森林认证的纸张，于是他们与印刷企业合作，在供应链中辨识纸浆的来源，从而挑选最好的印刷材料而不必更换供应商。

要以符合环境保护的方式进行生产是一项具有战略意义的转变，是印刷企业在经济上获得成功的重要先决条件。印刷设备制造商们可以考虑为印刷企业提供一种不仅

实现其使用功能的印刷机，同时也能在节能和环境保护方面具有一定优势的印刷机，以便使企业在顾及经济和生态方面，实现可持续的生产方式。

能源效率。提高能源使用效率，需要对设备的相应部件进行能耗控制。

减少排放。有机挥发物（Volatile Organic Compounds，VOC）是指烃、醇、醛和有机酸一类的物质，能与阳光、臭氧层中的氧化氮发生反应的有机化学物，其排放可能会引起诸如刺激黏液膜、头痛和精力难以集中等病症。在润湿液中不使用醇类物质，可以减少 VOC 的排放。

保护资源。减少废品意味着保护自然资源，降低费用。

为了保护生态环境，节约地球资源，造福子孙后代，促进国民经济可持续发展，印刷行业应减少印刷中对环境造成的危害，加强印刷企业的环保理念，推进节约资源、能源工作，实行循环经济，坚持科学发展观，为人类创造一个良好的生存空间。

一、绿色印刷的涵义

绿色印刷（Green Printing）是指与环境协调的印刷方式，包括绿色印刷材料的使用、清洁的印刷生产过程、印刷品对用户的安全性，以及印刷品的回收处理及可循环利用，即印刷品从设计、原材料选择、生产、使用、回收等整个生命周期均应符合环保要求。

绿色印刷有狭义和广义之分。狭义的“绿色印刷”即在印刷过程实现环保；而广义的“绿色印刷”则指印刷全过程，包括印前、印刷、印后，且不管是印刷过程还是印刷品本身，全部应实现“绿色”。

二、绿色印刷的特征

①生态效益应成为生产目的之一。它应该有利于保护自然资源，力求做到对生态环境无害或损害最小。

②生产成本由印刷成本与生态成本构成。从生产成本来看，它不仅包括传统的印刷成本，更要包括由印刷行为造成的环境污染所引起的额外成本，即生态成本。

③作用于印刷品生命周期。作用过程贯穿于印刷品的形成、使用及回收的生命周期，不但生产出的产品是绿色的，生产者环境是安全的，同时产品在废弃后能得到有益于环境的处理。

④动态性。绿色印刷是一个动态概念，随着科技进步，对环境保护的要求越来越高，绿色印刷标准要跟上时代对工业生产的要求。

三、绿色印刷的外延（范围的界定）

作为一种对环境有益的印刷方式，实施绿色印刷的范围应包括生产设备、原辅材料、生产过程、出版物、包装装潢等印刷品，涉及印刷产品生产全过程。绿色印刷指对生态环境影响小、污染少、节约资源和能源的印刷方式。

根据印刷碳足迹计算，绿色印刷的外延可能需要进一步扩展到绿色印刷涉及的整个印刷产业链，包括从印刷作业决策、制浆造纸、消耗材料供应、印刷生产、印刷品运输、印刷品使用、印刷品回收等整个产业链的产品生命周期。

第二节 绿色印刷的发展历程

一、我国绿色印刷的发展历程

新闻出版总署作为印刷行业的政府主管机构一直非常关心印刷行业的环保问题。

新闻出版总署 1988 年 10 月 31 日发布的《关于在新闻出版企业 17 个工种中试行提前退休的通知》（新出入字第 1250 号）中，将印刷行业的熔铅工、熔铅浇版工、熔铅铸字工、铸胶辊工、压塑料膜工、凹印版腐蚀工、电镀工、塑料印刷工等 8 个工种列为提前退休，虽然是对职工健康和权益的一种保护和补偿，但必定已经对健康职工造成了一定的伤害。

2007 年 10 月 17 日，新闻出版总署署长柳斌杰接受各媒体集体采访时，指出“随着绿色奥运和环保意识的增强，今后印刷和包装产业将是探索产业实现清洁生产、循环发展的重点项目”。

2008 年 2 月，我国首批绿色环保油墨标准——《环境标志产品技术要求 胶印油墨》（HJ/T 370—2007）和《环境标志产品技术要求 凹印油墨和柔印油墨》（HJ/T 371—2007）正式颁布实施。标准的诞生标志着我国油墨行业进入了一个印刷产品绿色化有据可依的可持续发展新阶段。油墨作为印刷产业链的上游，在各类印刷器材中，油墨行业率先推行环保认证，为实施绿色印刷提供了有效的原料资源。

2010 年 5 月，国务院办公厅转发环境保护部、国家发展和改革委员会、科技部、工业和信息化部、财政部、住房与城乡建设部、交通运输部、商务部、能源局等九部委《关于推进大气污染联防联控工作改善区域空气质量指导意见的通知》（国办发[2010]33 号），明确将“印刷”行业列入“开展挥发性有机物污染防治”范围。

在国家新闻出版业“十二五”发展规划中，将实施绿色印刷作为印刷产业结构调整、转型发展的一项重要措施。2010 年 9 月 14 日，新闻出版总署与环境保护部签订《实施绿色印刷战略合作协议》，标志着我国正式启动绿色印刷工作。

2011 年 10 月 8 日，新闻出版总署和环境保护部联合发布《关于实施绿色印刷的公告》，决定共同开展实施绿色印刷工作，标志着我国实施绿色印刷进入新阶段。

绿色印刷主要是指不破坏生态环境，不威胁人体健康，节约资源消耗的印刷方式，是印刷业从传统产业向高新技术产业转变的迫切需要。随着国民经济的平稳较快发展，我国对印刷行业节能、降耗、减排、绿色安全的要求日渐提高，发展技术含量高、低碳环保型的绿色印刷是印刷产业的必然选择。

二、绿色印刷技术开发及检测服务平台建设

为了对绿色印刷工程实施提供技术支撑，印刷行业相关科研院所及高校建立了绿色印刷关键共性技术研究、应用及服务平台。

1. 印刷环保技术产业化重点实验室（依托中国印刷科学技术研究所）

2010 年，新闻出版总署组织中国印刷技术协会协调有关单位，启动了我国印刷产业发展的两大工程——数字印刷与印刷数字化工程和绿色印刷环保体系建设工程。国家发展和改革委员会从中央预算内投资的结构性调整资金中专项资金支持两大工程建设。中国印刷科学技术研究所印刷环保技术产业化重点实验室建设项目获得专项资金支持，开始建设。印刷环保技术重点实验室主要工作是组织实施重点环保项目，充分发挥中国印刷科学技术研究所科研资源优势，推动印刷行业的环保改造和绿色转型。通过研发我国自主知识产权的绿色环保印刷设备、技术、工艺和原材料，加快推进印刷企业的环保生产，推动整个印刷产业实现节能减排。

印刷环保技术产业化重点实验室主要开展两方面研究：

（1）印刷耗材性能评价

设立了油墨评测中心，主要开展油墨评测服务，依据企业的设备工艺及其他耗材情况，对油墨的性能进行科学评测，解决企业油墨采购中的性能评测问题。

（2）开展绿色印刷项目研究

开展印刷中处理液的循环利用和废气回收、复频谱油墨配色系统、环保型 CTP 版材和可生物降解不干胶标签等应用技术研究及开发。

2. 北京绿色印刷包装产业技术研究院（依托北京印刷学院）

2010年8月，经北京市政府批准，依托北京印刷学院正式成立北京绿色印刷包装产业技术研究院，作为中关村科学城首批建设项目。研究院的主要任务和功能是围绕绿色印刷包装产业及其先进装备制造业和出版、设计等文化创意产业，以“政府推动、高校主导、企业共建、服务北京、面向国际”为主要实施方式，以建设国家级印刷包装产业技术创新平台和公共服务平台、绿色印刷包装高新技术产业特色基地和开放性创新团队为支撑，以“重大科研课题和产业化项目”为主要抓手，促进产业发展方式转变，带动产业结构优化升级，积极服务和引领行业发展。

研究院目前有六大研究方向：

（1）环保印刷油墨

开展系列环保油墨及其应用技术研究。

（2）绿色印刷装备与工艺研究

开展印刷机测试及动态设计、创新设计；印刷工艺及质量控制。

（3）绿色包装材料与技术研究

开展环保型包装材料与技术应用研究、功能包装材料应用研究。

（4）绿色制版与先进材料研究

研究绿色制版软件技术与流程、免化学处理CTP版材、环保型有机发光及存储材料。

（5）印刷电子材料与技术研究

研究在制作印刷电子器件驱动电路过程中所用的导电油墨、微纳米厚膜电子浆料、有机电致发光材料。

（6）绿色印刷包装产业发展战略研究

围绕绿色印刷包装产业和出版、设计等文化创意产业，开展前瞻性、全局性和综合性的战略问题研究。负责对绿色印刷包装产业进行技术路线图的规划和设计，并通过国家印刷机械质量监督检验中心为行业提供印刷装备检测、鉴定、司法仲裁等服务。

3. 绿色印刷质量检测服务平台

绿色印刷认证检测服务平台是实施绿色印刷认证基本保证。将绿色印刷质量管理纳入新闻出版质量管理之中，是新闻出版总署对质检工作的总体要求。

新闻出版总署出版产品质量监督检测中心，负责全国印刷产品的质量监督检测任务。2012年，中心将完善出版产品质量检测技术实验室，加快绿色印刷环保质量检测室、印刷质量技术实验室的建设，同时协助分支机构建立完善的检测实验室。

2011 年，新闻出版总署出版产品质量监督检测中心上海分中心在金山绿色创意印刷示范园区建成。上海分中心通过进驻金山绿色创意印刷示范园区，利用专业技术和专业设备，为园区中的企业提供直接、便捷的服务，帮助企业实施绿色印刷技术，落实绿色印刷标准，协助培训专业技术人员，同时对生产原材料、生产过程及产品进行质量监督检测，为企业保驾护航。上海分中心在业务上接受总署质检中心的管理和指导，除了为当地提供服务外，也将接受委托承担全国性的绿色印刷质量检测、技术人员培训、绿色印刷环保技术课题研究与交流等各项工作任务。

第三节　实施绿色印刷的必要性

中国是古代印刷术的发明国和推进者，今天已经是全球印刷业三大基地之一。2010 年我国共有印刷企业 10 万余家，职工近 370 多万人，印刷总产值超过 7 700 亿元，印刷业加工贸易超过 500 亿元，中国印刷业已经发展成为服务国民经济和人民生活的综合性配套产业。但是，我国印刷业仍处在体制、技术、结构三大变革之中，印刷业长期以来存在的装备依赖进口、集约化程度不高、低水平重复建设、技术创新能力不足、从业人员素质总体偏低等问题依然没有彻底解决。最近几年，我国加快实施绿色印刷战略，通过实施绿色印刷，特别是通过实施环保认证机制，限制并淘汰落后技术装备、改造提升绿色印刷产能，在逐步提高行业素质、提升我国印刷业现代化水平上初见成效。实践证明，这是我国从印刷大国向印刷强国迈进的重要举措，也是新闻出版总署贯彻国家环保战略所履行的职责。

一、实施绿色印刷是解决印刷业环境问题的必然选择

近年来，我国一些地区酸雨、灰霾和光化学烟雾等区域性大气污染问题日益突出，严重威胁群众健康，影响环境安全。国内外的成功经验表明，解决区域大气污染问题，必须尽早采取区域联防联控措施，进一步加大大气污染防治工作力度。

以改善空气质量为目的，以增强区域环境保护合力为主线，以全面削减大气污染物排放为手段，建立统一规划、统一监测、统一监管、统一评估、统一协调的区域大气污染联防联控工作机制，扎实做好大气污染防治工作。要求印刷行业加大重点污染物防治力度，开展挥发性有机物污染防治。从事喷漆、石化、制鞋、印刷、电子、服装干洗等排放挥发性有机污染物的生产作业，应当按照有关技术规范进行污染治理。

生活中人们几乎每天接触各类印刷品，但人们未必意识到印刷品的材料组成和印

刷过程对环境及印刷者的身心健康造成的影响。随着人们环保意识和印刷从业者自身职业安全意识的增强，人们逐步关注印刷过程的环保问题及印刷品的安全性。

中国“十二五”期间目标之一是大幅度降低碳排放强度，到 2015 年使全国碳排放强度比 2010 年下降 17%。要实现这个目标，降低城市温室气体排放至为关键。环保低碳已不再仅仅是国家的事，而成了每个企业每个人都应承担的责任。印刷业作为国家文化产业的重要组成部分，理应承担保护环境的社会责任。

我国印刷技术经历过两次技术革命：从雕版印刷到活字印刷是第一次印刷技术革命；从铅排铅印到照排胶印是第二次印刷技术革命。北京大学王选院士发明的“汉字信息处理”引领了印刷技术的第二次革命，这次技术革命淘汰了铅排、铅印工艺，实现了出版物的照排胶印，广大从业人员彻底远离了铅污染的作业环境。由于众多印刷企业仍沿用着传统印刷工艺，在某些生产环节仍存在诸如有机溶剂挥发、废水排放等造成的环境问题。我国印刷业的环境问题面临严峻的局面。在 2008 年德鲁巴印刷展后，印刷环保问题已经被提高到了一个新的高度。

二、实施绿色印刷是突破国际贸易壁垒的重要途径

随着全球性环境污染和生态环境破坏程度的加剧，关注生命、关注环境与发展的呼声日益高涨。树立环保意识、大力发展绿色印刷产业成为缩短我国印刷业与发达国家的差距，突破国际贸易“绿色壁垒”，迎接世界经济一体化，促进我国环保事业发展的重要途径，也成为印刷工业发展方式转型和可持续发展的必然选择。

中国加入 WTO 之后，要与国际接轨，就必然顺应全球的环保潮流；其次，国家对药包、食品包装、烟包（属于特殊食品包装）的环保指标早有规定，有环保的强制性；第三，与企业的发展战略有关，我国产品要打进国际市场，由于发达国家对印刷产品的环保标准要求很严格，中国要突破这个“绿色壁垒”就必须按照国际统一的标准对产品进行规范。如出口到美国的圣诞贺卡，需先将打样品给美国有关人员进行检测，符合其环保指标才能出口。原来用普通油墨印刷的产品就不被国外用户认可，现在改用水性油墨印刷才符合标准。因此，为了能够打入国际市场，进行这样一个系统的环保认证很有必要。国外厂商的环保意识强，对印刷品的环保要求严格，那么就要求国内印刷企业向环保生产方向发展，而获得国际认证是最有效和最有用的方式。

绿色印刷已成为 21 世纪欧美发达国家普遍应用并日趋普及化的一种新型印刷方式，并已成为阻碍我国印刷出口的一个屏障。

三、实施绿色印刷是履行社会责任的重要体现

国外许多企业每年均发布企业社会责任报告，而国内很多印刷企业对此存在误解。认为“环保”、“低碳”将造成成本的增加、企业利润的降低，对此讳莫如深，更不用说主动承担环保义务。殊不知这样却是与实际大相径庭，环保非但不会减少企业利润，反而会降低企业的成本，增加企业的利润。

目前在世界范围内，很多知名企业已将“低碳经济”和“碳足迹”作为衡量企业社会责任（CRS）、实现企业新飞跃的发展方向。虽然在中国这些概念提出的时间并不长，但不少企业早已有与之相符合的思路和理念。承担环保责任的综合体现，有两层含义。对外指的是企业为消费者提供“节能、环保”的产品和高效便捷的后期维护；对内则旨在企业内部打造绿色生产环境，使“人人有环保观念，人人参与环保”。通过企业和员工的共同努力，打造绿色环境。绿色印刷的整个过程中，始终贯穿着“以人为本”的宗旨理念，在科学发展观的指导下，一切以“人”为出发点，一切为“人”服务，重点关注民生的健康与安全。

第四节　绿色印刷的国际发展状况

绿色印刷既是其科技发展水平的体现，同时也是替代产生环境污染和高能耗的传统印刷方式的有效手段。1990 年，美国通过联邦空气清洁法修正案，目的是减少一般空气污染物质和其他致污物。

在国外，欧洲的环保法规对印刷业挥发性有机化合物的排放有了明确限制，不仅增加了废料处理的内容，也提供了减少墨量损耗的途径。比如，早在 2000 年 6 月，英国就立法禁止用溶剂型油墨印刷食品包装薄膜。据统计，英国 60%的印刷品采用无醇或少醇油墨印刷。而美国环境保护管理部门强烈反对使用溶剂型油墨，柔印水性油墨是目前唯一一种经美国食品药品协会认可的无毒油墨，广泛用于食品和药品的包装印刷。此外，在欧美、日本等发达国家，除胶印印刷外，水性油墨正逐步取代传统的溶剂型油墨。

对印刷行业来说，胶印一直占据着主导地位，而作为印刷油墨的主力，胶印油墨的发展也十分迅速，其品种、规格都达到了相当高的水平，在低毒或无毒无污染方面有了许多改进，尤其是 UV 油墨的发展速度更是惊人。与国外相比，我国胶印油墨的质量稳定性、产品系列化开发程度具有极大的优势。水性油墨因为环保方面的特点，

被称为世界上最优秀、最有前途的印刷方法。近年来，一些发达国家生产的水性油墨的质量已达到相当高的水平。我国国产水性油墨的质量基本上可以满足国内市场需求，但国产水性油墨在色彩饱和度、光泽性、稳定性等方面，与国外高档水性油墨相比仍有不小差距，尤其在高网线套印方面差距更大。

总而言之，随着人们环保意识的增强，绿色环保印刷是印刷工业发展的必然趋势，而要使印刷行业实现绿色环保印刷，发展、采用绿色油墨成为唯一的途径。随着技术的不断成熟，今后将会有更多更好的绿色油墨开发出来，从而使印刷行业全面实现绿色环保印刷。

发展循环经济是解决环境与发展矛盾的根本措施，是在发展中解决环境问题的治本之策。要按照“减量化、再利用、资源化”的原则，以提高资源利用效率、保护环境为核心，积极进行产业循环经济试点工作。对中小印刷企业面临的环保问题，也要采取有针对性的措施妥善解决。在这方面，一些外商投资的大型印刷企业已经走在行业前列，多数实现了有机废气回收和工业废水“零排放”。要鼓励设立，或将现有企业转型升级为广泛应用数字技术的印刷企业。要在印刷企业推进节能、节水、节地、节材和资源综合利用、循环利用，努力实现清洁生产。

对于印刷制造业而言，绿色印刷不仅意味着在生产制造过程中做到能源的循环利用，更重要的是注重机器本身的节能和资源循环使用。设计可以资源循环的机器，可以减少印刷企业在印刷过程中能源的浪费，也就意味着印刷企业印刷利润的提高，这样对于制造企业销售是一个很大的亮点。再者，能源的循环利用，减少了对能源的消耗，也就减少了碳的排放量，符合了低碳的需求。

而对于印刷复制业，油墨会对环境造成污染，对于环境本身就是一个破坏。对于工人而言，挥发的油墨会对人身体产生损害。虽然水性油墨和 UV 油墨日益增多，对人体身体机能影响较少，但长时间处于这种环境，也会对人体造成伤害。纸张作为印刷业的一大耗材项目，是印刷业支出成本的重要部分。尤其随着现在纸浆价格的增加，纸张的价格会日益升高。对纸张的合理利用，是减少纸张浪费的一个重要手段。同时也是减轻我国森林的消耗，走向印刷绿色之路的重要方式。

由此可以看出，通过有效的途径，绿色印刷无论对于制造业还是复制业都将是一条有效的增值之路。

目前，绿色包装制度已成为发达国家设置绿色标准的主要内容之一。绿色包装制度要求进口商品包装要节约能源、用后易于回收或再利用、易于自然分解、不污染环境、保护环境资源和消费者健康。根据该原则，近十几年来，发达国家相继采取措施，制定含有明确环保措施的关于包装的法律和指令，主要有以下三种：

① 以立法形式规定禁止使用某些包装材料。如立法禁止使用含有铅、汞和铜等成

分的包装材料、不能再利用的器具、没能达到特定的再循环比例的包装材料等。

②建立存储返还制度。许多国家规定，含酒精饮料及软饮料一律应使用可循环使用的容器。有些国家（如丹麦）要求，若不能达到这一标准，则拒绝进口。

③实行税收优惠或罚金。即对生产和使用包装材料的厂家，根据其生产包装的原材料或使用的包装，是否安全或部分使用可以再循环的包装材料给予免税、低税优惠或征收较高的税赋，以鼓励使用可再生的资源。

欧洲和美国在包装废弃物的回收和处理方面也制定了相对完善的规定。德国走在了世界的前列，该国于 1991 年颁布的德国包装法，用国家法令的形式，规定了销售包装再循环率，对包装废弃物的回收、处理作了明确而严格的规定，提出了“谁污染、谁治理”的原则。法国一项关于家用包装废弃物的法令借用了德国的原则，规定：包装食品的制造商或进口商必须对家用废弃物的回收负责。他们或加入由政府支持的工业系统组织中去，或建立自己的回收系统，或参加一个存放计划。它没有制定特别的指标，所以在执行时更加灵活。美国对城市固体废弃物的回收、利用，按照完全不同的方式进行。它更强调按照市场机制运行，强调对所有垃圾进行处理，而不仅仅致力于包装废弃物的处理；制定总的、有重点的再循环目标，而非针对每一种材料制定不合理的再循环比例和期限。

第四章 绿色印刷

第一节 绿色印刷材料

印刷行业所用主要原辅材料包括纸张、油墨、印版、润湿液、洗车水、上光油喷粉、胶黏剂等。传统的印刷材料中含有大量VOC、重金属以及有毒有害物质，不仅污染环境，而且直接影响人体健康。绿色印刷环保材料具有良好的环保效果，有效降低对人体健康的影响，并改善印刷质量，因此，倡导环保印刷器材、控制印刷材料成为发展绿色印刷成功关键。

一、环保型油墨

随着环境保护呼声日益高涨，作为绿色印刷的主要组成部分，对油墨的环保要求也日益增加。环保油墨是今后油墨发展必须首先考虑的问题。油墨是目前印刷工业重要的污染源，世界油墨年产量已达300多万吨。每年由油墨引起的全球VOC污染物排放量已达几十万吨。这些有机挥发物，可以形成比二氧化碳更严重的温室效应，而且在阳光的照射下会形成氧化物和光化学烟雾，严重污染大气环境，影响人们健康。此外，食品、玩具等包装印刷普通油墨中重金属等对人体有害成分还会直接危害使用者的身体健康。因此，印刷环保，油墨先行。

1. 环保型油墨含义

何谓环保型的油墨？环保型油墨亦称绿色油墨，主要是指具有良好环保性能的紫外线固化墨和水性油墨等。

使用无气味油墨。胶印油墨过去采用高沸点的碳氢化合物溶剂。然而，根据国际癌症研究组织（ICRO）的研究结果，美国职业安全与健康管理局已颁布了新法规，把有气味的油墨界定为危险品和有毒物品。现在的印刷油墨已开始使用没有气味的溶剂，它不会令皮肤过敏，没有毒性，环境污染少。此外，制造油墨的树脂材料开始采用环保原材料，而把材料的印刷适性放到次要位置。

2. 目前主要的环保型油墨

为使油墨符合环保要求，首先应改变油墨成分，即采用环保型材料配制新型油墨。目前，环保油墨主要有水性油墨、UV 油墨、水性 UV 油墨、醇溶性油墨和大豆油墨。

（1）水性油墨

水性油墨由色料、连接料、助剂等组成。色料即着色剂，是油墨的呈色物质，水性油墨的连接料主要由水性高分子乳液或水分散性树脂胺类化合物等组成。树脂是连接料最主要的成分，普遍采用的是水溶性丙烯酸共聚树脂，它直接影响水性油墨的光泽度、化学稳定性、耐水性、耐热性等。胺类化合物使水性油墨呈弱碱性，而水和少量乙醇则用于溶解树脂，以调节水性油墨黏度和干燥速度。辅助剂是调节剂，包括稳定剂、消泡剂、冲淡剂等，以调节水性油墨的 pH 值、黏度和干燥速度，消除气泡和减淡油墨颜色。

水性油墨与溶剂型油墨的最大区别，在于其使用的溶剂是水而不是有机溶剂，这样会明显减少 VOC 排放量，减少大气污染，对环境和人造成的污染和毒害大大减轻，墨色稳定性好、亮度高、附着力强、可调耐水性好、印刷性能优良、不腐蚀版材等。特别适用于食品、饮料、药品等包装印刷品，是世界公认的环保型印刷材料，也是目前所有印刷油墨中唯一经美国食品药品协会认可的油墨。目前美国塑胶印刷中有 40% 采用水性油墨，其他经济发达国家（如日本、德国、法国等）在塑胶薄膜印刷中水性油墨的用量也愈来愈多。水性油墨通常用于纸制品，包括纸塑复合印刷产品中，其特性是能满足纸张印刷的吸墨性，使印刷品着色丰满，更难得的是其溶剂是水和乙醇，对环境污染性小，被称为环保绿色油墨。

（2）紫外光固化油墨

紫外光固化油墨又称 UV 油墨，是指在紫外线照射下，利用不同波长和能量的紫外光使油墨成膜和干燥的油墨。利用不同紫外光谱，可产生不同能量，将不同油墨连接料中的单体聚合成聚合物，所以 UV 油墨的色膜具有良好的机械和化学性能。

UV 油墨由连接料、颜料、活性稀释剂、光引发及助剂组成。连接料是主要成分之一，是主要的油墨成膜物质，决定了油墨的性质，一般采用饱和或不饱和二元酸酯及丙烯酸系树脂等。活性稀释剂是分子量较大的活性单体化合物，主要用于调节油墨黏度。光引发剂是一种易受光激发的化合物，在吸收光照后激发成自由基，能量转移给感光性分子或光交联剂，从而使分子交联并聚合固化，使 UV 油墨发生光固化反应。

UV 油墨的主要优点有：①不用溶剂；②印刷固化时间短，耗能少；③光泽好，色彩鲜艳；④耐水，耐溶剂，耐磨性能好。

目前，UV 油墨主要用于胶印、柔印、凹印和丝网印刷中。不同的印刷方法和不同的承印物，对 UV 油墨的性能要求也不同，因而 UV 油墨的具体成分配比也不同。UV 油墨广泛用于食品包装印刷，印刷适性好，适合纸张卡纸塑料制品、金属、纺织品等承印材料，已成为一种较成熟的油墨技术，其污染物排放几乎为零。

（3）水性 UV 油墨

水性 UV 油墨是目前 UV 油墨领域研究的新方向。普通 UV 油墨中的预聚物黏度一般都很大，需加入活性稀释剂稀释。而目前使用的稀释剂丙烯酸酯类化合物具有不同程度的皮肤刺激性和毒性，因此在研制低黏度预聚物和低毒性活性稀释剂的同时，另一个发展方向是研究水性 UV 油墨，即以水和乙醇等作为稀释剂。目前水性 UV 油墨已研制成功，并在一些印刷中获得应用。此外，主要在柔印中发挥作用的醇溶性油墨也是一种公害甚小的油墨，主要应用于食品、药品、饮料、烟酒及与人体接触的日用品包装印刷等方面。

（4）新型环保胶印油墨

日本大阪印刷油墨公司最近推出了新型环保油墨——单张纸胶印油墨，符合日本环境协会 2011 年末修订的绿色标志认定标准，具有如下特点：

——符合新修改的绿色标志“平版油墨 V-2”标准；

——获得美国大豆协会认可；

——符合日本印刷工业联合会的环保标准；

——符合绿色产品采购法（GPN）的订货指南；

——以大豆油为主体的 100%植物油油墨；

——VOC 含量不到 1%；

——在机上的稳定性和转移性好；

——耐摩擦性、光泽和发色良好；

——润湿液适性优良；

——易于生物分解和脱墨；

——与清漆的融合性优良，光泽更好；

——优良印刷适性。

（5）大豆油墨

大豆提取的植物油属非矿物油。在美国，大豆油墨广泛应用在新闻报纸印刷中，其重要原因是美国政府为了推动农业发展，其次是为了响应美国环保局对 VOC 排放量的限制。在实际应用中，除了新闻报纸外，以前大豆油墨很少应用在其他印刷部门，因为它在其他纸张承印物的干燥速度很慢。近来，随着环保呼声愈来愈高，大豆油墨引起业内人士的注意。例如，大豆油墨现在开始应用于包装、目录、商业印刷等。

二、环保型印刷纸张

在使用纸张的同时，若既能确保没有破坏性地毁林，又确保纸张的来源和加工制作过程，实在甚为关键。国际上存在多种可持续森林认证体系，例如可持续森林认证（FSC）、泛欧森林认证体系（PEFC）、可持续林业倡议（SFI）及澳大利亚林业标准（AFS）等。这些认证在经济、环境、社会方面的标准差异甚大，有时甚至会引起多种环境和社会问题。

辨识绿色环保纸张的方法：

目前，FSC 是世界上最严格的森林管理和林产品加工贸易体系认证，是国际上认可度最高的可持续森林认证体系之一，受到非政府环保组织和贸易组织支援。FSC 标签表示该产品使用循环再用物料生产，如果是纸张则表示该产品是再造纸。消费者可以放心购买。购买时你还应该留意产品使用循环再用物料的比例，如果标明“100%再造纸”，即代表它的物料全部来自循环再用的物料，也最为环保。一些纸张只称“使用再生纸含量 30%以上的纸张”，或没有注明是“用后废纸”还是“工厂在生产纸张过程中的产生的边角料”，这种模糊的定义会使不良的企业放弃用以减少“边角料”产生的革新技术，反而选择直接将“边角料”重新加入到木浆中去生产所谓的“再生纸”。

根据多家国际环保组织 2011 年联合撰写发布的《On the Ground 2011》报告，PEFC、马来西亚木材认证委员会（MTCC）、AFS 等认证体系也存在着包括转化天然林为人工林、破坏濒危物种栖息地等各种问题。而加拿大凯诺加米（Kenogami）森林使用的可持续林业倡议（SFI）认证，则使得近 3/4 的森林在过去 70 年，几乎被砍伐得满目疮痍，其中不乏树龄百年以上的，而多种动物的栖息地也被严重毁坏。所以并非各种认证都可以放心使用。

国际环保组织“绿色和平”，从 2000 年起向出版及印刷业推广森林友好型纸张（100%再生纸或者 FSC 认证的纸张），并在加拿大、英国等 9 个国家带动了印刷出版行业变革。该组织也一直推动中国的作家和出版社使用森林友好型纸张印刷书籍，截至 2011 年 9 月，推动了 19 本共计 41 万册图书使用森林友好型纸张印刷出版，共减少了 1 000 t 的二氧化碳排放量。

怎样才是真正的再生纸？

再生纸是一种以废纸为原料，经过分选、净化、打浆、抄造等十多个工序生产出来的纸张。而废纸本身可以是下列三种：

——工厂在生产纸张过程中产生的边角料；

——用前废纸，即纸张出厂后，没有经过消费者使用即被丢弃的纸张；

——用后废纸，即经过消费者使用后的纸张，例如印刷废纸、旧报纸、杂志、书籍、包装等等。

然而，“工厂在生产纸张过程中产生的边角料”，这样的工序没有经过循环利用，最多只是提高原料的综合利用率，因此严格来说不能被称为再生纸。

三、环保型印刷版材

目前，我国印刷业制版多半还是通过照排机出胶片，制成PS版来上机印刷。胶片是银盐感光材料，里面含有银离子，而定影后的废定影液里也含有大量的银离子，这些物质直接进入环境中，对水体环境造成危害，而显影、定影冲洗废液含有大量有机物，属于危险废弃物，国家禁止直接排放，而在国内企业的环境管理方面存在一定的缺陷，部分企业不够重视，通过环境标志逐步强化环境管理，实现企业环境进步。

目前，可以实现绿色环保印刷的版材主要指免处理CTP版、纳米版材和柔性树脂印版。

免处理CTP版与传统印刷中使用的PS版相比，不但可以避免使用印刷胶片，减少银等金属消耗、胶片生产和使用中产生的污染，而且只需要经过激光曝光扫描，即可直接上机印刷，避免了化学处理过程中的废物排放。

免处理CTP版材在欧美等发达国家和地区已经得到大量使用，并且增长很快，但国内使用免处理CTP版的印刷企业还非常少，除了存在一定的技术因素外，主要是价格原因和版材国产化问题。但随着环保意识和要求不断加强，国内市场将会不断扩大。

纳米版材是解决超亲水版材与纳米墨水浸润性的核心技术，纳米版材的表面由特定尺寸的纳微米结构组成，这种氧化膜的特点是能够具有较好的保水性，又能够完美地承接纳米转印材料对微区浸润性能的改变。

柔性树脂印版的绿色环保意义体现在使用该类版材印刷后可以使用环保水性或醇类印刷油墨，避免了印刷过程中使用传统油墨产生的大量VOC排放，印刷品中因柔印油墨中不含重金属，有利于环境保护和人身健康。

柔性树脂印版在国内主要应用于包装印刷领域。随着国家有关政策，例如中小学生课本印刷将逐渐要求使用柔性印刷，以及食品、药品等包装印刷环保要求的提高，柔性印刷在中国将会得到快速发展。

四、环保型印刷辅助材料

1. 环保型润湿液添加剂

胶印是一个水墨平衡的过程，也是一个复杂的化学作用过程。影响这一过程的因素有很多。润湿液的优劣，直接影响印刷品的质量。保持水墨平衡只有非图文部分水膜和图文部分墨膜存在清晰分界线，才能实现胶印水墨平衡，在实际生产中，理想水墨平衡是不存在的。纸张在把橡皮布上水和墨承接下来的同时，也把一些弱碱性污物留在橡皮布上，这些污物由橡皮布直接传到印版上，如果不及时清除，就会腐蚀印版图文部分，使亲油层重氮化合物层脱落，造成网点丢失。同时也会磨损非图文部分亲水有机盐层，造成版面上脏等印刷故障。

润湿液的主要成分是无机酸盐、润湿剂、印版保护剂、防腐剂、消泡剂等。其中无机酸盐是润湿液体系中的缓冲剂，起稳定 pH 值的作用，因为 pH 值变化，对胶印中印版耐印力、水墨平衡、印刷品的干燥速度都有影响。现在有一种新型润湿液以有机柠檬酸为主要原料，这种有机弱酸型润湿液既很好满足印刷的要求，也大大降低了对印版和印刷机金属零部件的腐蚀，解决了印刷过程中水大墨大，水墨平衡不易控制的问题。首先，润湿液中有机酸能够与弱碱性污物产生中和作用，最大限度地保护印版图文部分，保持亲油性；其次，刷洗掉印版上纸毛、纸粉等污物，降低了污物对印版非图文部分磨损，保持其良好亲水性，确保印版连续印刷适性，保证印刷品质量，提高印版耐印力，降低版面温度在胶印机高速运转时。

印版连续不断地与着墨辊，橡皮布摩擦产生大量的热，这些热量会使油墨黏度降低，改变油墨流变性，造成飞墨等印刷故障。润湿液把这些热量吸收，通过润湿液中水和酒精挥发，把热量散发掉，有效控制版面温度，使油墨温度保持稳定，达到水性油墨平衡。综上所述，要想控制水性油墨平衡，只有正确掌握和控制润湿液 pH 值、酒精添加量及润湿液浓度，才会降低生产成本，从而给企业创造出更大利润空间。

德国印艺技术研究会（FORGA）审核通过无酒精印刷，即润湿液加入到印刷过程中，与免化学处理的数字式热敏版材联合使用，就可以更安全、更环保。酒精使用量的降低意味着减少了危险化学品的含量，同时消除了印刷时有机化合物的挥发，给印刷操作者提供了安全的工作环境。

2. 环保型洗车水

可回用环保洗车水符合社会能源及环境压力等问题的客观要求。通过洗车水回用设备及洗车水回用添加剂使用，可回用率高达 75%，综合清洗成本比使用普通洗车水降低 50%，且回用后的洗车水性能和回用前的洗车水一样优异，并解决了废液排放的后顾之忧。可回用环保洗车水既降低了清洗成本，又符合了环保要求。

3．水性上光油

环境保护在日常生活中愈加受到各国政府的重视，环保在包装和出版印刷领域中已占据重要位置，因现在的印刷物污染是当前包装行业面临的一个非常严重的问题，所使用的上光油大多是溶剂型产品。印刷后还残留一定的致癌物质（溶剂）对人体健康产生日积月累的长期威胁，人们强烈要求有机溶剂逐步减少直至取消。因此为了寻找替代产品，就必须开发高质量的非有机溶剂型的上光油，开发环保型水性上光油已引起国内外的高度重视，具有发展前途。

上光油又称上光涂料（Dispersion Coating），类型大致有溶剂型、水性型和活性稀释型三种。溶剂型上光油中含有大量有机挥发物（VOC），对人体健康、环境保护造成严重危害，也存在一定的火灾隐患。活性稀释型上光油固化速度快，成膜性能好且光泽优异，但在施工中加入较多低分子量稀释剂，成膜工艺控制难度大，对环境和施工者也存在一定的污染问题，而且一些原材料价格也较高。水性上光油是在溶剂型上光油的基础上发展起来的水分散型上光涂料，以水作溶剂，其最好的优点是无气味、无毒性、无环境污染，可以从根本上改善生产环境，促进环境保护和劳动保护。水性上光油具有成膜性能好、光泽度高、耐摩擦、耐折、耐水、耐热、耐老化、经济卫生等特点。

4．印刷品封面采用植物型喷粉

喷粉是目前现代高速多色胶印工艺中必不可少的工序。其主要作用是防止印刷品背面粘脏，提高印刷质量和效率。喷粉以矿物粉和植物粉为原料，经现代科学精炼而成，粉粒呈球状、晶莹透明、表面光洁。微粒子表面特殊处理，优良的分散性和流动性，防止反印，不硬化，无堵塞，既充分发挥防粘脏，防静电作用，又毫不影响印刷效果和胶片的透明度，更兼具卓越的抗水性，不随温度和湿度而发生板结成块现象；改善油墨的四项主要技术指标（干燥性能、转移性能、干燥速度、印后适性）为前提，来提高印刷品质量，确保印后工艺顺利进行。

5．印刷品中的覆膜胶黏剂

覆膜胶是印刷产品在进行纸塑复合所需要使用的胶水。通过纸塑复合技术可以提高产品的保存时间。目前国内主要使用两大类胶水：溶剂型胶水和水性胶水。其中溶剂型胶水主要使用苯类溶剂，毒性很大。而水性胶水与传统胶水相比，具有高固体含量、低黏度、工艺适用性好、黏合力强、无毒无污染、易回收等优点，将逐步取代溶剂型胶水。

第二节 绿色印刷技术

实施绿色印刷可以提升印刷品质，在CTP工艺中，免化学处理版材的采用可以切实带来印刷网点稳定性的提升，在印刷中，零VOC排放油墨的采用可提升运行性能及印刷品的光泽度，无酒精印刷方式的实施可以有效降低印刷的墨杠故障。

印前的主流技术主要有CTP技术；印中包括印刷方式和印刷材料两方面；印后技术包括如何处理好废弃的生产垃圾，防止造成污染。只有这样层层完善，才能保证印刷的完全绿色。

一、计算机直接制版技术（CTP）

CTP技术是指计算机直接制版技术，通过电脑将图文信息直接输出到印版上，去掉了作为中间环节的软片，减少了制版中软片输出、显影、定影和晒版等步骤，大大减少了中介耗材的使用和含银、对苯二酚等对人体和环境危害较大的废液的排放，促进环境保护。

CTP技术出现于19世纪80年代，1995年在德国举行的德鲁巴展览是CTP技术进入产业化应用的一个重要标志。我国在1996年引进了第一台直接制版机。我国在2007年进入了CTP技术的高速发展平稳增长期，直接制版机的市场占有量维持在年40%左右的高位增长状态。2010年CTP市场拥有量超过4 000台。2010年是CTP技术普及的经济应用的分水岭，CTP技术的直接运行成本（主要包括版材、后处理等直接耗材和处理费用）已经降到计算机软片（CTF）技术的直接运行成本以下，进一步加快了CTF技术向CTP技术的转化速度，估计在2013—2014年CTF和CTP将平分整个制版市场份额，此后CTP的市场份额将超过CTF，成为市场的主流。

目前常用的CTP设备有热敏制版设备和紫激光制版设备两种，其中：热敏制版设备主要采用红外激光的热敏成像技术实现制版过程，特点是制版质量高、可以实现明室操作，但缺点是版材敏感度低，制版速度不高；而紫激光CTP设备主要采用紫激光的光敏成像技术实现制版过程，特点是版材敏感度高，制版速度快，但缺点是必须暗室操作（或在安全灯环境下操作）。2009年红外激光热敏直接制版技术和紫激光光敏直接制版技术在我国的市场占有率分别约为59%（全球占有量在55%左右）和29%（全球占有量超过30%），同年采用高感度PS版的CTP在我国的市场占有率为10%（全球占有量应该在5%左右），展现了一个PS版生产大国的特点。这三种直接制版技术基本垄断了整个直接制版市场（2009年在我国的市场占有率超过98%，在全球的市场占有超过90%），是目前CTP技术的主流。

从技术层面来看CTP技术主要有四个发展阶段，即，显影前需要预热的第一代CTP技术、显影前无须预热的第二代CTP技术、无须使用化学试剂显影的免化学处理的第三代CTP技术和完全不需要显影处理的免处理的第四代CTP技术。目前CTP技术水平整体处在从第二代向第三代转变的过程，第三代和第四代CTP技术均属于低排放或无排放的绿色CTP技术，符合当今绿色环保的时代主题，是CTP技术的发展方向。

二、纳米制版技术

纳米制版技术尽管属于CTP技术的一种，但由于其制版原理发生了很大变化，这里单独将其列入一类绿色印刷技术。中国科学院化学研究所研发的NGP（Nano Green Plate）技术构建在喷墨扫描成像的基础上，完全不需要后续的显影处理，属于绿色制版技术。

纳米材料绿色制版技术的出现，将给印刷技术带来新的变革。中国科学院化学研究所的科研人员首先发现了纳米材料在印刷成像原理中的重要作用，这将彻底解决目前感光化学成像带来的污染和浪费问题；同时，这种直接物理成像过程大大简化了工艺流程和降低了成本，也使印刷的控制变得更加简单、方便和高效，真正实现了直接制版的绿色数字化时代。

纳米材料绿色制版技术，摒弃了目前通过感光材料预涂层及感光化学成像的技术思路，采用在纳米结构的版材上直接打印成像的原理，如同数码照相代替胶卷照相。NGP制版机采用了高集成度微压电喷墨单元作为物理成像基础，可以保证不丢点，具有网点还原性好、纳米材料绿色制版机（NGP制版机），受印刷工艺变化的影响小等优点。整个制版过程只需要两步即可，不产生任何污染和资源浪费等问题。

三、数字印刷技术

传统的印刷产业目前正面临着数字印刷的挑战，由于受到新兴数字印刷的冲击，加之行业成本价格上涨等因素，很多印刷企业正面临着不小的危机。最令印刷业感到压力的，还是来自于电子书的冲击。电子产品对传统印刷行业带来的冲击虽不能说彻底击败了传统印刷，但也为其带来了不小的冲击，商业印刷量急剧萎缩，然而电子书对传统印刷的影响势必持续增加。

相关数据显示，目前市场上的很多印刷品只有70%能真正卖出去，另外30%都存在库房里面，整个传统印刷产业依旧存在较严重的浪费问题。目前，“绿色印刷”也成了行业目前最为关注的话题。

电子书尚未广泛普及，所以很多时候，传统印刷业务依然是人们生活和工作中需要的一部分。在这样的情况下，传统印刷业如何应对电子化的冲击呢？“绿色印刷”理念无疑是当今印刷行业突围发展的共识。如果能减少对资源的浪费，能降低能源的损耗，还能满足人们对纸质印刷品的需求，那么传统印刷行业则有望走出困境。

传统印刷产业在转型和升级的过程中，使用数字印刷的方式可以避免印刷浪费。因为这可以不受传统印刷工艺对起印印刷量的限制，根据客户需求来决定印刷量，避免超量印刷，造成不必要的资源浪费。数码印刷的方式可以根据书店购买量来决定印刷量，甚至可以一本起印。这样可以减少库存成本，不像以往一种要印 5 000 本的起印量，现在可能是 5 000 种每一种印一本，这能够给出版行业产业链降低极大的成本。

四、无水胶印技术

1．无水胶印的原理

无水胶印（waterless offset printing），在平版上用斥墨的硅橡胶层作为印版空白部分，不需要润版，用特制油墨印刷的一种平印方式。其去除水性油墨平衡控制，亦免除了使用水作为媒介。从印刷质量上来看，不使用水来印刷使无水胶印的印刷网点更锐利和更好的表现。无水胶印有能力达到更高线数和反差。

2．无水胶印的发展历程

20 世纪 70 年代初期，美国的 3M 公司率先推出了名为“Driography”的无水胶印版。到现在为止已有数家公司推出了无水胶印版材。其中，日本的东丽（TORAY）株式会社 1976 年在继阳图型版之后又开发了阴图型版，目前市场上销售的几乎都是 TORAY 的无水胶印版。

TORAY 无水胶印版由铝基、感光性树脂层、疏油的硅胶层构成。空白部分由斥墨的硅胶构成，图文部分由亲油性的感光性树脂构成，是图文部分比空白部分低 2 μm 的平凹版构造。无水胶印版自推出以后，版材厂家对印版进行了反复改良。此外，油墨、印刷设备等方面也为适应这个新型版材作了不断的改进和研究，加上印刷技术的进步，最终使无水胶印成为受关注的一种印刷方式。

无水胶印的发展大致可分为三个阶段：

第一代无水胶印（1977—1987 年）

版材：TORAY 开始销售无水胶印版；

设备：在非冷却式印刷机无水胶印。

油墨：开发高黏性的无水胶印专用油墨，通过无水印刷独特的印刷压力调整和油墨更换进行印刷。

第二代无水胶印（1987—1993 年）

设备：开发冷却式印刷机；开发无水胶印用的周边机器，包括无水专用循环装置、非接触式温度计、版面温度测定管理装置。

油墨：低黏度的单张油墨、轮转无水胶印油墨、UV 无水胶印油墨的开发。

第三代无水胶印（1994 年至今）

版材：TORAY 各种型号的无水胶印版的开发；其他公司开始销售无水胶印版。

油墨：印刷适性改良型无水胶印油墨的开发。

无水印刷方式除了可以从印刷角度避开水性油墨平衡问题之外，还因其制版工艺不产生强碱性的显影废液，印刷过程中不需要使用含各种有害物质的润湿液，因此作为环保印刷方式，逐渐被人们所认识，这也成了促进其发展的一个因素。日本大型企业的环保报告大都采用无水胶印方式，采用这一方式印刷的产品可以标上蝴蝶标志。

3. 无水胶印的优点

无水胶印与有水印刷比较，具有以下优点：

（1）提高印刷生产效率和设备运转率

无水印刷可缩短印刷准备时间，减少工时和印刷材料浪费；印刷过程中油墨性能稳定，可减少印刷过程中油墨性能变化造成过版纸；时间损失小，印刷效率高。

（2）不需要润湿液

因为不使用润湿液，从油墨乳化引起的故障中解放出来；没有因水引起纸张伸缩的现象，提高套印精准性；印刷品的颜色可以始终保持稳定；显影工序、印刷工序都不产生废液，是环保的印刷系统。

（3）提高印刷质量

暗调部分微妙的阶调等细微部分的再现性好；抑制网点扩大，印刷品层次清晰；运用调频加网、300 以上高网线数，使高品位印刷成为可能。

4. 无水胶印技术的应用

无水胶印肯定是印刷业未来重要的发展方向之一。无水印刷方式作为胶印的一种，与传统的石版印刷相比，减少了化学原料、水等能源的损耗，降低了对环境的伤害，在绿色印刷时代被誉为前途无量的印刷技术。这项技术被引入国内已有二三十年时间，但仍未推广，无水印刷配套的耗材价格太高是导致这一结果的原因。唯有从产业链角度出发，包括上游的无水印刷设备生产商、下游的设备使用者，以及耗材的生产商，在各个环节转变观念，充分看到这项技术的良好发展趋势，共同协作，才有望打破目前的发展瓶颈。

（1）耗材价格高昂制约了无水胶印技术的发展

无水胶印发展中最大的障碍就是使用耗材的成本问题，即无水印版和油墨。当前的无水印刷技术就如同当年的CTP技术一样，会经历波折。在CTP发展之初，与其配套的CTP版材高昂的价格成为发展这项技术的最大阻力，而现今这一“绊脚石”已经随着市场的充分竞争和发展不复存在，而无水印刷也必定会如此。

高宝公司是无水印刷技术的强力推行者，在其参加的各个展会上都会展出其生产的无水胶印设备。据了解，这项技术目前在其他厂商中的应用并不多。每一个印刷企业在购买设备前都会仔细进行核算，但要计算综合成本，不应该单单去计算其中一两项的成本。现在很多的印刷厂都意识到了无水印刷方式的环保好处，但是一听到要使用无水油墨、无水印版，就认为成本增加很大。这些企业只是简单地将无水油墨价格和传统油墨、无水印版价格和传统印版进行比较。将以环保为特性的无水印刷与传统胶印比较本身有失偏颇。虽然目前无水印版比传统印版价格要贵很多，而如果将其与同样环保的柔性版印刷方式相比，价格其实是便宜的。而且由于无水印版可变规格，印活更加灵活，这对包装印刷企业来说是很有诱惑力的。此外，即使无水印版价格贵、油墨贵，但是省掉更多的原材料、润湿液，甚至节省了水性油墨平衡造成的废料，综合成本其实是降低的。

对此，业内人士认为，虽然柔性版的版材价格较贵，但是用于印制数量较大的长版印活时，柔版印刷方式还是比无水印刷方式有优势。客户的需求势必决定了不同的印刷方式优劣有所不同。就目前而言，无水印刷更适合用于印制胶片、卡片以及其他各种包装印刷业务。

（2）上下游共同协作转变观念

针对耗材价格居高不下的难题，在现在的发展阶段，无论是上游的设备制造商还是下游的印刷企业，首先要做的就是转变观念。目前很多印刷企业的观念本身是不对的，习惯于将无水胶印技术和传统胶印设备进行比较。这正如企业单纯的只比较无水印刷方式下耗材的价格而不看无水印刷技术的特性一样，是不客观的。

辅助耗材价格太高的问题一直都未解决，形成了恶性循环。技术不普及，进入的生产厂商就少，耗材生产企业的研发积极性就不高，不能形成规模化生产就直接导致了价格居高不下。唯有打破这种局面，技术的应用、设备的销量和效率才能得到充分释放。而要做到这一点，上下游之间摆脱掉上述固有的思维模式、转变观念是根本。

但是无水印刷设备动辄几百万人民币的价格，让企业在投入如此大的资金时犹豫不决，而这些企业目前主要是靠丝印等简单的方式来完成印活，两相比较下成本投入差别巨大，这也阻碍了企业购置无水印刷设备。而让企业改掉已有的生产习惯很难。

（3）无水胶印的生态效益

无水印刷在环保方面有着不可替代的优势，其省掉了更多废料的处理，为企业提高了环保水平、节约了成本、提高了效率。因此建议，在政府大力推进绿色印刷进程的时候，可以加大对无水印刷技术的支持，对于采用无水印刷方式进行生产的企业给予一定的优惠政策和资金上的支持。虽然耗材价格高昂，但是面对环保大课题，可以激发出更多企业的社会责任感和积极性。

五、集中自动供墨技术

随着印刷技术的日新月异，印刷的设备的各个环节都产生了翻天覆地的变化，从印版到油墨，从给纸到印刷，每个环节的新技术都层出不穷。受供求关系的影响，如今集中自动供墨系统也不断改进与完善，数字化、自动化程度大大提高。

长期以来，报业印刷中的供墨一直采用人工加墨，其工作既费力又易脏，而且墨桶残留物多，造成相当大的浪费，废弃墨桶又无法处理，会带来严重的环保污染。这种原始的加墨方法与当前现代化的报纸和商务印刷既不适应又不协调。因此选用集中自动供墨装置是各报社及印刷厂必然的发展趋势。

集中自动供墨系统采用符合油墨性质和流动特点的输送方案，配合多种定量式标准包装，配有电子自动称重、墨位自动检测和安全可靠的报警装置，大大降低印刷生产成本，没有环境污染，切合印刷业发展的要求，应用范围迅速扩展。在报业印刷、商业轮转印刷等领域已经得到了初步普及，而包装印刷、出版印刷等领域正在逐步被接受。

目前，在国内供应集中供墨技术设备的厂商主要有德国泰创公司、美国固瑞特公司、德国普拉那托公司、美国林肯公司、沈阳北方通用印刷机械设备厂、西屋公司等，这些厂家都有从墨泵到管路的全套产品。集中供墨技术并不像一般设备产品那样，买卖双方是单纯供应商和用户的关系，中间或多或少还有油墨供应商的因素。目前可以选用的集中供墨引进方式主要有引进设备时同时引进供墨系统、油墨厂为用户订购供墨系统和用户自行订购三种方式，目前很多用户的系统是由油墨厂替用户订购安装的，国外以前也以这种方式为主。油墨厂是设备订购者而非直接用户，用户如何监控设备的技术指标就成为一个关键的问题。很多系统使用效果不尽理想的主要原因就是对系统的订购监控不足，而且由于用户对供应方了解不充分，对技术参数往往很难准确把握，日后的维修也是很大的问题。正是因为这个原因，国外已经有很多印刷厂开始直接订购供墨系统。

集中供墨系统对于很多用户来讲是一套全新的技术，为了保证系统的使用状况，需要有关各方认真地对系统进行分析与设计，需要用户全面地了解相关厂商的技术。

单张纸胶印机的供墨系统由墨斗、墨斗辊、传墨辊、串墨辊、着墨辊等组成，如果供墨速度跟不上，就会造成所需墨量供给不足，此外油墨还涉及的一个最大问题就是环境污染问题。在这种情况下，新型供墨系统应运而生，其中中央管道供墨系统从经济和环保两个角度出发，在技术上做出了重大改革。

“中央管道供墨系统”即通常所说的集中供墨系统，是一种全新的供墨方法，就是将油墨远距离传送的系统。可以满足单张纸胶印机的供墨要求，能自动控制墨斗中的墨量，改变了传统的供墨装置，可安全、稳定、可靠、自动、定量地进行供墨，同时可减轻操作人员的工作强度。

由于单张纸胶印机需要的供墨量很大，而且油墨是复杂的化学混合物，其成分随溶剂（水或油）、固化过程（吸收、挥发、氧化聚合等）和印刷工序而有所不同。为了降低油墨的损耗及减少油墨在不同印刷机的存放量，厂家不得不考虑设置中央供墨系统，把油墨集中处理。

中央管道供墨系统对于单张纸胶印机来讲是一种全新的技术，随着印刷的改革创新还需要不断进行分析设计。

供墨系统的选用关系到今后油墨采购的灵活性和管理的方便性，需各方面协调与配合。主要考虑因素有运行压力、管路材质和连接方案、墨泵参数的选用等，如图 4-1 所示。

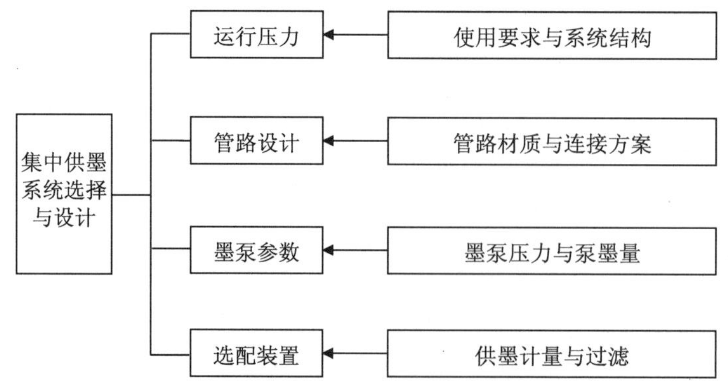

图 4-1 集中供墨系统的选择与设计流程图

六、印刷作业环境控制技术

虽然现代印刷使操作者远离了铅的污染，但是印刷机、空气压缩机、干燥设备、各种成型设备产生的噪声、有机物挥发等污染依然存在。该问题的解决涉及设备、工艺、材料及防护措施等方面的改进。

按照 ISO 14000 系列标准，采用生命周期评价法（LCA）来定量评价绿色印刷。生命周期是指产品从材料开采、加工制造、流通使用、回收再利用到废液处理的全过程。LCA 法则要求对全过程进行控制，要求企业在整个过程中采用绿色技术和清洁工艺。

第三节　绿色印刷设备

绿色印刷设备的特征：

——提高设备应有的效率，寻找综合低成本设计方案；

——利用新的工艺技术、新的节能降耗材料、辅料；

——采用新的节能型设备。

一、印刷设备能效评价

废品率控制是节能的关键。通常人们想到"节能"的含义："每印刷 1 000 张纸消耗多少油墨及其他能耗"等指标。然而，如果避开实际生产，仅仅探讨机械的这些僵硬指标是没有实际意义的。机械停转时"最节能"，却不是我们所需要的节能。印刷机虽然可以在节能的状态下进行印刷加工，却达不到要求的成品率，或达不到要求的产品质量，也会失去节能的意义。我们需要的是机械在满足正常生产的前提下，特别是在提供优质印刷和加工这一前提下的节能和环保。节能的评判标准是生产单位合格产品的实际能耗。

德国机械设备制造业联合会（VDMA）的印刷和纸张技术协会（Printing and Paper Technology Association），与德国印刷机械制造商（海德堡、高宝、曼罗兰）合作，制定了单张纸胶印机标准化能耗测量的准则。准则能够使得更多的能耗和效率的目标可以达到，以及可以计算操作成本和碳足迹。2010 年出版了《单张纸平版印刷机能量消耗评价准则》第一部分：普通印刷机配置或不配置翻转装置（VDMA：8873-1）。类似的卷筒纸平版印刷机的标准正在起草中。在对能源效率和经营成本比较时，印刷机械和印刷产品的功耗在全行业制定一套统一的规则，具有公信力。

二、印刷设备节能

1. 印刷尺寸

印刷每页的能耗随印刷机幅面的增加而减少。过去 10 年，重要趋势是印刷机向大幅面发展，无论单张纸胶印机、报纸印刷机和热固性卷筒纸胶印机。

2. 数字化工作流程

用标准的 JDF 格式进行数字化印件管理提高了效率，缩短了印刷准备时间，减少出错机会，少出废品，减少了生产期间的停机时间。

3. 工艺可靠性和稳定性

高的工艺稳定性将减少浪费和停机时间。

4. 直接电机驱动（无轴驱动技术）

使用普通直流电机，需要驱动、齿轮、皮带、链轮，造成效率降低。直接驱动可以减少电力成本的 20%～50%。直接驱动冷却系统可以回收电机的热排放，用于外围设备的冷却。

5. 自动化操作

全自动化启动顺序确保低浪费率，滚筒转几周就能得到成品。

6. 印刷品质量在线检测与控制

当以最优交货品质提供放大的经济和生态效益时，浪费总量被最小化。

7. 墨辊

胶辊等的正确选择可以减少热量聚集和节能。劣质胶辊增加能量消耗并降低品质。

8. 胶皮布

印刷单元对润湿液用量和油墨消耗量有影响（温室气体排放）。新的胶皮布技术消除了橡胶和棉纤维，制造过程中，减少溶剂和能量消耗。

9. 辅助系统

从冷却水，压缩空气，冷却单元和空气供应，节能很有效。水冷系统从印刷车间到室外的交换器可以回收废弃热量总量的 50%。它比冷却系统的能效更高，由于避免了风扇和空气湿度调节器，其成本更低。

10. 单张纸胶印机

技术改进了工艺稳定性和减少废品率，包括，集成润湿冷却和油墨单元温度控制；空气供应系统采取变频吹风，对于给定操作只提供需要量。

三、印刷设备降耗

绿色印刷除了要求印刷行业不断改进印刷工艺，在印刷材料方面选用对环境更加友好的油墨、版材等，对胶印机也提出了新的要求。

环保体现在印刷耗材的使用上。一方面要尽量减少耗材的使用。例如罗兰公司经过优化设计的喷粉装置与其他喷粉装置相比，喷粉效率大幅提高，而喷粉的使用量却大幅降低，在保护车间生产环境的同时降低了生产成本；另一方面，要在资源的循环利用上综合考虑。例如，罗兰公司的清洗系统通过清洗剂的循环使用，提高了清洗效果，减少了清洗剂的使用量；墨辊冷却装置中的冷却水可以循环使用，其中的热量可以用于印刷品的干燥等；润湿液循环技术集成了润湿液的冷却、过滤以及各种成分的自动检测与补充技术等。

绿色胶印机还必须要高效。现代胶印机为满足包装印刷的需求，在实现多色印刷的同时，还实现了 UV 印刷、联机上光、多重干燥等，以使胶印机的效率得以提高。一台胶印机在单位时间内完成的生产任务越多，产量越大，其单位时间或单位印量所消耗的资源就越少，也就越环保。

通过技术措施降低废品率，也是提高胶印机生产效率的有效途径。罗兰公司胶印机的各种高品质检测工具大大降低了废品率，降低了生产成本。如联线自动供墨导控装置、联线质量检测装置、联线分拣装置、联线监控系统等，使胶印机始终处于最理想的工作状态。

胶印机在技术创新的过程中，必须不断满足绿色环保要求。例如，罗兰公司将传统的胶质水斗辊改为陶瓷水斗辊，并对传统润版装置的水辊排列方式进行了改进，可以实现无醇印刷；通过对橡胶辊的优化改进，提升了润湿液的传递效率，从而提高了生产效率。

四、提升印刷设备效率

1. 提高机器的综合效率

切纸机是印刷厂必不可少的设备，从开料到印刷完毕裁切成品都要用到。印刷品本来就有污染——如造纸、油墨等。如果开料裁切不准，不仅会影响印刷质量，也会影响到折页等后道工序，造成废品。到裁切成品这道工序时，前面的污染都已经产生，一旦切废，不但造成前面所有的工作白费，还增加了废品，加重了污染。所以，提高切纸机的安全性、裁切精度、工作效率和节能，保证一切成功，降低废品率，就会降低纸张、油墨等材料和能源的消耗，同时，减少调试辅助时间，提高机器的综合效率。

2. 提高一次走纸功效

德国高宝公司的大幅面印刷机在印刷行业占据龙头地位。节能减排是大势所趋，不仅是政府的提倡，也是全社会的责任，德国高宝公司提出了节能减排的三个可行性途径。

第一，提高设备使用效率。这是容易被忽略的一点。提到节能减排，往往想到材料的选择。因为设备的更换需要较大的成本。而这恰恰是最为重要的。因为设备的性能好了，生产效率高了，生产相同的产品需要更短的时间。换言之，单位时间创造的财富会增多，利润自然也提升。同时，每单位的能耗少了，不仅实现了节能减排目标，还降低了成本。

第二，胶印联机作业。这也是一个很有效的办法。高宝一直付诸于行动，目前有连机模切机、连机打孔机、连机冷烫机等，一系列的工序进行整合，节约了过程转换手续，合并了一些加工过程，达到良好的节能减排目标。

第三，无水胶印。这是从材料角度提倡环保，践行节能减排。高宝在十年前，就已开始提倡这一技术。达到了良好的效果，并为同行树立了榜样。虽然无水印版、无水油墨单价高，但同时可以省去酒精等运用传统胶印技术需要的材料，这样总体算下来，还是比之前的印刷方式更为经济，并且达到很好的节能减排效果。

3. 高效干燥系统

干燥系统是凹版印刷设备主要的能源消耗单元和有机污染物的主要产生、排放源之一。凹版印刷机干燥系统效能是整机设备性能评价指标的核心因子。目前，国内绝大多数的印刷生产商和用户都是根据实践经验来确定干燥系统的运行工艺参数，并没有一定的理论基础，往往使得实际供风量远大于实际需求量；另外，进风和排风阀门都是手动粗略调节，大量可循环使用的热废气被排放到空气中，不仅造成能源浪费，而且热废气中的甲苯等有毒致癌物质，严重影响生活空气质量，并在一定程度上破坏了生态环境。

从国内外文献上极少看到专门针对凹版印刷设备干燥系统工作机理的研究。究其原因，是这部分的机理研究比较复杂，必须理论研究与设备试验相结合。印刷设备产品的试验数据都是各生产厂家的机密。因此，国内大部分凹版印刷设备生产厂家在设计干燥系统时，对其中的关键参数如热风循环系统结构（包括干燥箱结构优化、干燥箱喷嘴的热传递特性、供热管道结构优化、蒸汽量控制、辅助热能设备）、干燥系统热容量（包括初期升温热容量、热风循环热容量、干燥系统热风流）基本依据经验。

高温是许多印刷生产过程所必需的。冷却产品所产生的热量、空气中的热量和气体也可以进行回收。最有效的热量回收应该在温度最高时进行。从运行过程中回收的热量可以直接应用到其他地方。特别是在有印刷机周边设备操作的情况下，用于生产的能源大部分都可以重新使用。

五、印刷装备的再制造

绿色印刷是整个印刷业及相关产业发展的首要目标，印刷设备绿色化是必要物质条件。绿色印刷是一个系统工程，涉及印刷设备、器材和各种原辅材料，印刷企业生产环境和技术工艺。大量印刷设备年久达不到绿色环保要求，而处于微利的印刷企业不可能全部将所有设备更新为绿色装备。旧印刷装备的绿色化是达到行业绿色印刷目标的迫切问题和现实选择。

在印刷设备的升级换代方面，传统印刷业也应该避免设备浪费。一方面是考虑到资源利用问题，另一方面也影响到企业的成本投入。需要增加投入的时候还可以在原有基础上进行绿色升级，而不是说把原有机器浪费掉，这也同样避免了设备因升级换代而造成的资源浪费问题。

印刷装备的数字化、绿色化是我国实现绿色印刷的现实途径。很多高端印刷设备产品的价格均在 500 万元以上甚至几千万元。对于拥有资金相对紧缺的中小型印刷企业来说，购买二手设备是最实际的选择。对于成立较长时间的企业，再制造旧设备的环保性能的提升也是必须面对的问题。目前印刷行业 50%以上仍采用胶印方式，各种类型多色胶印机保有量在 5 万台以上。企业不可能更新全部设备以达到绿色印刷要求，同时企业购买新设备时选择所有的环保配置要投入大量资金。经过再制造技术改造的印刷设备由于充分利用了废旧产品的可利用剩余价值，生产成本要比新产品低 50%左右，质量、性能却与新产品接近。对现有在用设备的再制造，一方面将提升印刷设备的能效水平，另一方面提升企业的绿色印刷能力。

在德国、英国等国家有专门从事印刷装备的再制造的企业，这些企业拥有完善的检测和加工设备，对再制造后的印刷装备的技术状态和外观质量严格地划分为四个等级，经过再制造后的再生印刷装备的技术状态和外观质量均可达到1～2级水平。同时通过数字化机绿色化将提升印刷装备的环保性能。

六、无水胶印设备

无水胶印得到推广的最大原因是无水胶印机的开发。该专用机在2～4只滚筒内通冷却水以使印刷机保持恒温。保持印刷机恒温有几种方法，但根据以往的经验，串墨辊通水冷却方式效果最好。

1. 冷却装置的能力

印刷机的串墨辊通水冷却，需要专用的冷却装置。冷却能力是顺利进行无水胶印，以及确保高品位印刷的关键。冷却能力分冷却水的冷却能力和泵的能力，目前认为泵的能力特别重要。因为通温度过低的冷却水时，辊筒上会结露水，还不如用 20℃左右稍高水温大流量冷却水进行热交换，更能保持印刷机的恒温。因此，输送水泵的能力就非常重要。胶印轮转印刷因印刷速度快，产生的热量大，冷却水输送水量约300 L/min。另外，冬季等气温低的期间可使用加热器、计时器等设备。

2. 温度控制（非接触式温度计）

在无水胶印中，版面、辊筒表面的温度管理非常重要。要很好地控制这些温度，需要使用能简单测定版面温度的非接触式温度计，应定期对设备温度进行记录。这些数据有助于了解因季节变化而引起的变化、设备异常、起脏原因等。重点控制如下温度：①版面、辊筒的温度要特别注意控制；除了中间部分的温度外，记录操作侧、驱动侧辊筒两侧温度，因为两侧温度比中间高，容易脏。②气温对转移到版面的墨膜影响很大，因此需要对室温进行控制。③控制好纸面温度，特别是冬天，刚搬进车间或堆积状态下的纸张中间部分温度较低，立即使用容易造成着墨不良。

3. 无水胶印的准备事项

（1）无水胶印版材

TORAY 无水印版，没有像 PS 版那样的烤版效果，所以制版时应控制合理的曝光时间。制版工艺中必须进行除脏，一般的PS版，印刷前在印刷现场进行除脏，但无水胶印版中某些图文的印版在印刷前进行除脏很困难，影响工作效率，因此在晒版工艺阶段进行除脏作业。

无水胶印版表面由硅胶覆盖，容易擦伤，所以安装到印刷机上时要特别小心。清洗版面时，为防止版面受损，尽可能用柔软的揩布。

（2）印刷

①清洗。

☞ 辊筒清洗液可以使用原来的辊筒清洗液，但是如果清洗液挥发慢，会残留在辊筒上，造成油墨变软，容易引起印刷起脏。所以进行一般清洗后，再用TORAY版清洗液彻底清洗干净。

☞ 版清洗液应使用无水胶印版清洗液，该清洗液不伤版，挥发快。

☞ 橡皮布清洗液可以使用原来的清洗液，但是与辊筒用清洗液一样，橡皮布上残留清洗液是造成起脏的原因。

☞ 自动橡皮布清洗装置可以与以往一样使用。

②控制墨量。

控制开墨斗里流出来的油墨流量，不至于让墨量过大，可以缩短准备时间，提高工作效率。因无润湿液，油墨的转移量控制得稍微少一点，墨量太大是造成起脏的原因。

③合理使用过版纸和印刷用纸。

正式印刷前的套准使用干净的过版纸，套准后清洗橡皮布，然后不用过版纸而直接使用印刷纸张进行印刷。因为无水胶印的印前调整时间短，如果使用过版纸的话，会推迟正式印刷开始时间。

④印刷机的调整。

在无水胶印中，印刷机调整的好坏，会马上在印刷品上表现出来，所以应仔细调整设备。要顺利进行无水印刷，关键是使用较软的油墨并让使用条件保持稳定。

⑤关于印压。

无水胶印时印版滚筒/胶皮滚筒（P/B）之间的印压，调整到厂家标准的3%～5%。

⑥关于橡皮布。

无水胶印时使用气垫橡皮布，使用纸作衬垫。

4. 从有水印刷转换为无水印刷

从有水印刷转换为无水胶印时，经常发生黏附在辊筒上的油墨干燥皮膜掉落附着在版面上，从而造成很多环状白斑的故障。因此在切换时先用无水油墨在辊筒上展开空转，然后仔细清洗干净。程度严重时需要更换辊筒。

进行无水印刷，需要比一般有水印刷更注重辊筒的清洗。与其在印刷过程中为解决环状白斑而花费大量时间，或印刷出质量有问题的产品，不如在日常多用心清洗设备，更能保证印刷的顺利进行。

在无水胶印过程中，万一产生环状白斑，应先停止印刷，否则难以消除这个故障。去脏的铲刀头部应换成硅胶材质，因为普通铲刀会损伤版面，应使用 TORAY 指定的硅胶铲刀头。

5. 在新设备上进行无水胶印

新设备或新更换辊筒后进行无水印刷时，因新辊内增塑剂的影响，容易起脏。

最近的新设备胶辊的硬度设计一般较软，需要特别注意。如果印刷机为无水胶印专用设备，则可使用硬度较高的胶辊。新设备开始运行 3～6 天的时间里，在印完后在辊筒上涂敷调整撤淡剂（该调整撤淡剂为机上不干型），到第二天早上，洗去撤淡剂后开始印刷，这样可以比通常更快地进行稳定的印刷。

第四节 绿色印刷产品

ISO 14001：2004《环境管理体系 要求及使用指南》是一个宏观的标准，适用范围广，不同的行业，甚至是不同的企业，所执行的内容也不同。印刷企业在认识 ISO 14001 标准之前，首先必须认清自身的环境因素。如显影液、清洗液等废液和噪声这样普遍的“三废”排放污染在印刷厂非常严重；而油墨作为印刷企业的必需耗材，是最为严重的污染源，凹印油墨、胶印油墨的溶剂挥发及有害物质的加入等对环境和人体都会造成伤害；又如书刊印刷中的覆膜、热熔胶，包装印刷厂大量使用的黏结剂等也是印刷行业特有的污染源。“绿色环保”的含义，它还包括节能，节约能源等于间接地减少了为生成能量而造成的污染。因此，按照 ISO 14001 标准的要求，包装印刷厂能够找到污染源，并制订计划、采取措施控制污染源和减少耗能。由于各国发展状况不同，绿色印刷产品技术法规和标准并没有全球一体化，各国根据自身国家情况制订不同产品技术法规和标准，因此，企业生产加工出口的产品进入不同国家市场必须符合不同市场国家技术法规和标准的要求，这是进入国际市场最基本的条件。

绿色印刷品指使用再生纸作为印刷载体，使用高质量环保油墨，减少环保成本，印刷品生产过程和采用的原辅材料符合环保。

1．“墨香”与印刷品的挥发性物质

“图书飘着墨香，让人有一种陶醉在其中的感觉”，这句话曾经无数次出现在爱书的作者及读者对图书的情感抒怀中。然而“墨香源自何处？”印刷品散发的不一定是“香”，而是从印刷品挥发出的残留有机物。

印刷成品的味道和对人体健康的影响一直是人们关注的焦点问题，其中，主要影响因素来源于一些具有刺激性气味的挥发性有机化合物。这些化合物主要来源于：油墨、覆膜胶、上光油等印刷过程所使用的化学品。有机化合物属于有毒有害物质，如苯、乙醇、异丙醇、丙酮、丁酮、乙酸乙酯、乙酸异丙酯等 16 种有机化合物，应该进行控制。

绿色印刷品中对增塑剂含量进行控制。增塑剂即邻苯二甲酸酯（Phthalate Esters，PEs），是一类脂溶性人工合成有机化合物，其作为塑料、橡胶、涂料等多种化工产品的重要助剂，也是全球性重要的环境污染物之一。

考虑到印刷企业不直接使用增塑剂，属于被动接受方，因此不考虑印刷企业进行原辅料中增塑剂含量控制，而通过印刷企业对原材料供应商的控制要求加以实现。根据对印刷所用主要原辅材料的分析，其中涉及增塑剂的材料包括油墨、上光油、橡皮布、胶粘剂。

平版印刷（胶印）油墨属于印刷和印刷产品中重要环境污染源。油墨不但在印刷过程中污染环境，危害人身健康，在印刷产品上的有机残留物还会继续污染环境，而且这些有机残留物及所含有的铅、汞、砷、铬等有害物质还会继续危害印刷品使用者的身体健康。为此绿色印刷产品所使用的油墨必须达到 HJ/T 370—2008 标准要求。

上光油主要作用：作为一种无色透明保护漆，其硬度和耐磨等性能比色漆好，起保护作用；作为一种手感漆，其光度和亮度很好。

目前市场上的上光油主要有以下三种：

——UV 上光油：UV 上光油主要由齐聚物、活性稀释剂、光引发剂及其他助剂组成。

——水性上光油：水性上光油由 45%的合成树脂和 55%的水两部分组成。

——溶剂型上光油：含 50%的溶剂，例如甲苯、乙酯、丁酯等。

溶剂型上光油属于危险品，在生产、使用过程受到极大限制，因部分溶剂为甲苯、乙苯等苯类溶剂，其中大量的溶剂挥发对环境造成极大危害。

2．绿色印刷品的纸张

绿色纸张是指资源消耗少、环境友好型的、可持续发展的纸张。其核心体现在生

产过程的清洁化、终端产品和过程产品生命周期延长化、废物的资源化等先进生产理念在纸张的广泛贯彻实施，以清洁生产、循环经济和生态工业为其主要特征。

我国纸及纸板的生产量和消费量均居世界第一位，人均消费量也处于较高水平。按照建设节约型社会的要求，将积极倡导纸及纸板产品的合理消费，培育“节约用纸、适度消费、循环利用、绿色低碳”的纸张消费观，改变目前过度追求高白度等指标的纸产品消费倾向，以节约资源，减少污染。

3. 绿色印刷品中的残留重金属量

锑（Sb）、砷（As）、钡（Ba）、铅（Pb）、镉（Cd）、三价铬（Cr^{3+}）、汞（Hg）和硒（Se）是 8 种可迁移化学元素。我国标准与国际标准、欧美标准关于儿童玩具中的含量规定一致。我国目前正在积极跟踪研究，并将适时完善我国的玩具相关标准。表 4-1 为国内外标准的可溶性元素限值比较对照表。

表 4-1 关于可溶性元素的国内外标准限量值比较 单位：mg/kg

标准 \ 元素		锑（Sb）	砷（As）	钡（Ba）	铅（Pb）	镉（Cd）	三价铬（Cr^{3+}）	汞（Hg）	硒（Se）
EN71-3		60	25	1 000	90	75	60	60	500
BS EN 14372：2004		15	10	100	25	20	10	10	100
ASTM F963		60	25	1 000	90	75	60	60	500
Canada Hazardous Products Act. R.S.C.H.-3		1 000	1 000	1 000	—	1 000	—	—	1 000
GB 6675—2003		60	25	1 000	90	75	60	60	500
ISO 8124-3：1997		60	25	1 000	90	75	60	60	500
QSOP0006-3600 RevO	表面涂层	60	25	500	90	75	60	—	300
	小件金属	60	25	500	90	75	60	60	300
	塑料及其他材料	60	25	500	90	75	60	60	300
HJ 2503—2011		60	25	500	90	75	60	60	300

第五章 绿色印刷的环境效应

第一节 印刷过程的污染控制

一、利用环保技术处理废气、废物

对印刷过程中产生的各种废弃物进行专门收集，对其中的纸张等有价的物品进行回收利用，对胶片、塑料薄膜等难降解危害环境的物质，由垃圾回收站统一回收进行资源化处理或卫生填埋。

在现阶段，由于工艺等原因，还不得不使用各种带有污染性的印刷材料，如油性油墨、油性覆膜、油性上光等，它们在使用过程中产生的有害、有毒气体，可以通过抽风吸附、回收、装置催化燃烧等方法进行处理，降低工作环境中有害气体的浓度。

印刷企业的管理部门应建立机制，加强对防治废弃物的管理和指导，做到从源头上减少废弃物，同时做好废弃物的回收处理工作，建立废弃物联合处理体系。环境保护部联合发改委于 2008 年 6 月 17 日发布的《国家危险废物名录》。在新名录中印刷行业有七类十种废物被列入其中，新版的名录还给每种废物一个明确的属性代码，其中印刷行业的废物属性代码均为“T”，代表毒性（Toxicity），将作为环保主管部门对印刷企业进行环保监察的执法依据。按照《中华人民共和国固体废物污染环境防治法》的相关规定，“国务院环境保护行政主管部门应当会同国务院有关部门制定国家危险废物名录”，“产生危险废物的单位必须按国家相关规定处置危险废物，不得擅自倾倒、堆放”。在印刷行业，通常情况下企业在生产过程中产生的废弃物直接丢弃是不被允许的，废弃物处理费一般由印刷企业承担。

印刷工业的废弃物主要有：废纸、废墨、废油墨罐、废抹布、废版、废气、废化学液等，它们来自印前、印制和印后阶段的各部分操作，这些废弃物不仅污染了人类的生存环境，同时也浪费了资源和金钱。

随着环保意识的不断增强，印刷工业废弃物的处理问题越来越受到重视。我国大部分印刷厂都集中在经济相对发达的城市，废弃物的清理及处理成本很高，废弃物对城市造成了严重污染，因此各地环保局要求印刷工业必须减废，必须处理，这给印刷工业造成两难的局面。要解决好废弃物的处理问题，首先必须在源头上减少废弃物，然后根据印刷工业废弃物的特点，做好回收处理工作。另外可建立废弃物联合处理体系，利用各厂商间彼此所拥有的资金和资源，或共同出资兴建或使用废弃物处理厂，解决环保减废问题。

1. 减少废弃物用量

要想使损失减到最小，最有效的方式就是避免在第一时间里产生废料。减少废弃物可帮助企业减少营业成本、维持环境质量、减少废料处置费用、改进工作场所的卫生和安全，减少长期责任、展示企业的良好形象。

在实施减废的计划前，印刷企业的管理部门应建立相应的机制，加强减废的管理和指导。做到尽可能使用无污染或低污染的工业生产技术，改进印刷方法、工艺流程，改变原材料及印刷品结构，以避免废弃物产生，达到最终减少污染的目的。

2. 印刷材料的管理

改进企业原材料的管理，达到合理的存货控制和高效率的分配利用，保持存储和工作区域干净有序，保证所有容器贴上适当的标签；在交付前仔细检验材料，如发现材料不合要求立刻退给供应商；准确记录原材料用量，以便能测量每次的减少量；在每个容器上标上购买日期，并且采取“先购进的先用”这一策略，防止旧的材料没被用完时，新的就被打开了；实施定期检查和维护，阶段性地检查容器和设备的泄漏情况；保持所有容器密封，以防止蒸发、溢出，或物料的干燥；保留废液，使分离后重新利用，或送往回收部门；保护没有危害的材料，使不受污染；过期的材料可与当地一些仍有使用需求的部门协商互助。

3. 印前设计和图文处理

在装潢设计和创意时，尽量利用承印材料本身的色彩、纹理和色泽，避免过度印刷；在满足装潢要求的情况下尽量减少烫印、覆膜等工艺的使用，并尽量减少包装材料。利用计算机直接制版技术，通过电脑将图像栅格处理器（RIP）后的图文信息直接输出到印版上，去掉中间环节的胶片，减少制版中胶片输出、显影、定影和晒版等步骤，可以大大减少含银、对苯二酚等对人体和环境危害较大的废液的排放，以及紫外光对人体的伤害。

4. 印刷车间主要废弃物控制

废料的产生是不可避免的，但可以通过有效途径减少废料的数量以及所产生的污染，油墨、清洗剂、抹布这几种废料含有大量的有机溶剂，不仅污染环境，还会危害人体健康，因此对这三种难处理的废弃物要谨慎对待。

（1）油墨

使用能减少污染和节约能源的油墨，为了减少有机溶剂的挥发，采用不含溶剂或溶剂含量低的油墨，如在平版胶印中用大豆油墨替换溶剂型油墨，在凹版印刷和柔性版印刷中则使用水性油墨。

（2）清洗剂

用毒性低的油墨清洗剂代替汽油等溶剂，使用油墨清洗剂只为清洗油墨和油，其他清洁工作则可使用肥皂或洗涤剂。用挤压式或喷雾式等开口较小的瓶子做容器，以限制抹布中的清洗剂量，因为少量的清洗剂就可以擦掉很多油墨。使用自动清洗设备时，在胶辊下面放置盘子来收集废清洗剂和油墨。

（3）抹布

重复使用抹布，即用肮脏的抹布作为第一次擦洗，然后再使用干净的抹布作为第二次擦洗，尽可能使用可回收的抹布而不是一次性的抹布。如果采用一次性擦洗，在处理之前要尽可能地分离出清洗剂，采用绞或离心过滤。使用后的抹布和失效的清洗剂应分开放在密封的容器里。

5. 印刷废弃物的回收再利用

好的开始是成功的一半，以上的预防工作大大减轻了废弃物的产生，但实际生产中还是不可避免地产生了废气、废物，这就需对印刷过程中产生的各种废弃物进行专门收集，然后针对这些废弃物的特点，进行回收处理。如对胶片、塑料薄膜等难降解、危害环境的物质，由垃圾回收站统一回收，进行资源化处理或卫生填埋。现阶段由于工艺等原因，还不得不使用各种带有污染性的印刷材料，如油性油墨、油性覆膜、油性上光等，它们在使用过程中产生的有害、有毒气体，可以通过抽风吸附、吸收、催化燃烧等方法进行处理，降低工作环境中有害气体的浓度，以减轻有害气体对环境的污染和人体的伤害。其他废料如空容器、润滑液等也须汇集起来加以回收利用。

我国的印刷企业大多都属于中小企业，且不少坐落于市区内，一方面对于处理污染以及防治的意愿及能力明显不足。另一方面废弃物量少，自身处理的能力相对较弱，而在印刷工业减废中应用废弃物联合处理体系则可以解决这些需求。

废弃物联合处理体系可以分为两种。一种为共同处理体系，由产生同类废弃物的印刷工厂共同投资设立处理厂（场），负责处理企业产生的印刷工业废弃物。另一种为联合处理体系，由产生同类废弃物的印刷企业联合社会上具有废弃物处理能力的企业，共同投资处理厂（场），专门负责处理印刷工业废弃物。

通过建立废弃物联合处理体系，才能真正解决好危害性大且难处理的废弃物问题。如废油墨和油墨罐的回收和处置、废显影液和废水的排放及回收处理、溶剂的回收与处置，以及机器擦拭抹布及油墨废抹布的清理与销毁。我国现正在大力推行可持续发展战略，因此在印刷业推动废弃物联合处理体系势在必行。

在票据印刷方面，根据票据印刷行业的行业习惯和行业的管理方式，标准主要针对以下环境影响实施标准制定：企业对周围所造成的环境影响；生产过程对工人、消费者的环境影响；生产所用的原材料、辅料的回收和再生；生产所用的原材料、辅料中有毒有害物质的控制；企业环境保护的措施、制度和管理规章；国家所提倡的新工艺和新技术；国家明令禁止的落后的工艺和技术；最终产品的环境行为控制。

二、VOC 及含有 VOC 的印刷耗材

挥发到臭氧中的 VOC，与灰尘中细微尘埃粒子和其他物质结合，会形成灰雾。接近含臭氧的地球大气层，会刺激人体肺部，对动、植物等各种生物健康带来负面影响。

印刷企业控制 VOC 的做法一般有 3 种：一是采用环保物料进行源头控制，二是采用各种空气净化设备进行过程控制，三是印刷成品检测及产品控制。

印刷业要减少大气污染，必须从物料这个源头进行控制。印刷过程的 VOC 污染主要来自各种物料，如油墨、覆膜胶、上光油等。例如用于包装印刷的凹印一般采用有挥发性的溶剂型油墨，这种油墨会产生 VOC，造成空气污染。在《食品安全法》颁布后，食品包装和药品包装越来越多地采用柔印的方式，因为柔印采用水性油墨，较少挥发，减少污染。另外，印后覆膜环节采用的覆膜胶也多是溶剂型的，也会造成空气污染。虽然现在有企业推广无胶覆膜，但其印刷质量还有待提高。

绿色环保印刷也需要客户和终端消费者的支持，因为绿色产品采用了环保物料和工艺，其成本必然高于普通产品。

第二节　印刷对人体健康的影响

印刷企业首先要关注职工的健康，关注他们的工作环境及每天接触到的各种材料；另外，印刷业是为各产业服务的“穿衣戴帽”的行业，如同衣食住行，与人民群众的

日常生活紧密相连。

作为读者每个人每天都要接触大量的印刷产品，特别是少年儿童接触的出版物以及食品、药品的包装等。所以，实行绿色印刷是保护广大人民健康的大事情。随着印刷包装市场的快速复苏和迅速发展，我国已逐渐成为全球印刷中心，带动了印刷及各类包装企业对印前、印中、印后、包装设计、品质管理、市场销售等各类印刷人才的急剧增加。其明确的定位，专业的服务，各类印刷包装方面的设计制作人才、技术操作人才、生产管理人才正面临着较大的缺口。就印刷企业自身发展而言，传统印刷企业在生产加工中所产生的废气、废液和噪声等污染，不仅对周边地区的环境和生产一线职工的健康带来难以弥补的损害，而且剥夺了印刷企业参与国际竞争的资格；同时，老旧印刷设备的高能耗、低产能也造成了大量浪费。

印刷油墨由颜料、连接料、溶剂、辅助剂组成。其中有机溶剂和重金属元素对人体损害严重。油墨中的颜料有无机和有机两种，两者均不溶于水和其他介质，并具鲜明色泽及稳定性。有些无机颜料含铅、铬、铜、汞等重金属元素，具一定毒性，不能用于印刷食品包装和儿童玩具；部分有机颜料含合联苯胺，有致癌成分，应严禁使用。

有机溶剂可溶解许多天然树脂和合成树脂，是各种油墨的重要成分，但部分有机溶剂却会损害人体及皮下脂肪，长期接触会令皮肤干裂、粗糙，如果渗入皮肤或血管，会随血液危及人的血球及造血机能；被吸进气管、支气管、肺部或经血管、淋巴管传到其他器官，甚至可能引起机体慢性中毒。

复合包装材料在印刷中要使用大量油墨、有机溶剂和黏合剂等，这些辅料跟食品虽无直接接触，但在食品包装和贮存过程中，某些有毒物质会迁移到食品里，危害人们健康。

印刷油墨中常使用乙醇、异丙醇、丁醇、丙醇、丁酮、醋酸乙酯、醋酸丁酯、甲苯、二甲苯等有机溶剂。这些溶剂，虽然通过干燥可除去绝大部分，但是残留的溶剂却会迁移到食品中危害人体。在凹印油墨中使用的溶剂一般有丁酮、二甲苯、甲苯、丁醇等。特别是丁酮，残留的气味很浓。由于油墨中的颜料颗粒很小，吸附力强，虽然在印刷时已加热干燥，但因时间短、速度快，往往干燥得不彻底，特别是上墨面积较大、墨层较厚的印刷品，其残留溶剂较多。这些残留溶剂被带到复合工序中，经复合后更难跑掉，会慢慢迁移渗透，因此必须将溶剂残留控制到最低限度。

第三节　绿色印刷的节能降耗

长期以来，我国的印刷业特别是包装印刷业都在高消耗、高污染下粗放式发展。

但随着人类生存的生态系统的脆弱，环境的恶化，资源高度缺乏，在资源存量和环境承载力两个方面，都已不堪重负。继续走传统经济发展之路，只能减缓我国实现现代化的进程，阻碍包装印刷业健康持续的发展。

发展经济与保护环境是不可避免的矛盾，要从根本上解决这一矛盾，就必须尽快在发展方式上实现由传统经济到循环经济的转变，从消费方式上实现可持续消费。在立足于印刷业快速发展的同时，应注意行业结构、效益和质量的统筹。

目前，环境保护是世界各国所关注的话题，不但涉及各大工业，就连零售行业、服务行业以致个人生活习惯等也难免因此而受影响。可以想象得到，在未来 10 年内，保护环境会是所有行业发展的大前提，可预测到，为了使印刷行业更环保，供应商、制造商也会陆续推出这方面的新技术，这不单是指耗材产品，在设备上或配件上也将不断有新产品推出。因此，面对未来环保的要求，迎接未来环保带来的技术转变、工艺流程转变及针对环保而产生的管理方式的转变，将是印刷行业未来的发展方向。

大力发展绿色印刷、绿色包装，是发展循环经济的本质要求，是建立资源节约型社会、促进人与自然和谐发展的有力举措。印刷界都要从战略的高度去认识，用全局的视野去把握绿色印刷与发展循环经济的重要性和紧迫性，进一步增强自觉性和责任感。

一、能量消耗分布

高昂的能源成本和日益严重的环境污染正迫使企业优化工艺流程和更经济有效地利用资源。不过在许多情况下，印刷企业甚至不知道如何节能？哪儿是能源消耗最大的？

1. 热量形式的能源

（1）热是能源

高温是许多工业生产过程所必需的。冷却产品所产生的热量、空气中的热量和气体也可以进行回收。最有效的热量回收应该在温度最高时进行。从运行过程中回收的热量可以直接应用到其他地方，特别是用在印刷机辅助设备的使用上，用于生产的热源大部分都可以回收重新使用。这就给印刷企业带来重新使用消耗能源的可能性。

（2）热量和水：环保热能回收是重点内容

根据需要操作的设备，如润湿液冷却装置、干燥系统和电机冷却系统，都有助于确保稳定、高质量的生产。同时，具有稳定的空气温度和相对湿度的印刷车间环境也是必不可少的。有了风冷系统，排出的热量加热了印刷车间，这对小气候有负面的影响。

水冷系统更适合热回收，与风冷相比较，水冷具有较高的比热容量，它存储了大量的热能，有较高的密度。除此之外，水冷式空调系统还能避免产生空气湍流，而空气湍流会扬起灰尘和喷粉，不利于员工的健康。另一个优点是与风冷式设备相比，由于不需要不断进行空气交换，因而运营成本更低。风扇的电力成本和空气加湿器的费用也省下来了，冬天也不必加热室外的空气。结果质量持续提高，能源成本不断降低，而且给环境带来的损害也减少了。

德国罗兰公司开发了 Ecologic 生态经济，致力于由环保产生经济效益。热量回收适用于散发热量而需要冷却的系统，罗兰公司为平张和轮转印刷机提供高效、符合环境保护要求的选配项。具体方案包括：

①通过干燥装置中的热反馈重新使用加热的排气（高达 70%），提高了系统的效率，减少了能源消耗。

②频率调制的吹风装置为每个耗气的装置只提供完成特定操作所必需的风量。

③空压机低转速因而输出功率高，使用寿命长，延长了保养周期。因空气压缩所产生的热量可以回收和重复使用。

④根据输出进行调节大大减少了冷却装置和冷却泵所需要的能源。润湿液的温度保持不变，印刷工艺稳定，润湿液回路中的异丙醇蒸发量降低。

⑤通过连接到外围设备的联合冷却回路，可以回收电机所排出的热量。全功率输出时热固型印刷系统的能源消耗只有其他机型的一半。

2. 干燥装置的能耗

干燥装置能够回收在干燥过程中溶剂所含有的能量，是世界上最经济、最环保的热固型印刷系统干燥装置。通常，干燥装置排放的废气能够提供排风处理和干燥所需要的足够能量，无需增加煤气用量。在一般的生产操作中，这种干燥装置的天然气用量只有其他系统的一半。采用罗兰公司技术，燃烧的温度大约比燃烧室温度高 100℃。因此，氮和一氧化碳值降低 50%，并且不会对干燥装置的寿命产生任何负面的影响，也相应减少了二氧化碳排放量。

二、印刷装备环保性能测试及分析

根据 VDMA8873-1 标准，海德堡公司对环保型和普通胶印机进行了环保性能测试，结果见表 5-1。

表 5-1 海德堡环保型胶印机与同类标准配置胶印机的环保性能比较

比较	带有全套环保装备的速霸 XL105-6 胶印机	标准配置的速霸 XL105-6 胶印机
残余油墨	0.2 t/a，减少 90%	2 t/a
废张	94 t/a，减少 67%	283 t/a
异丙醇	2 700 L/a，减少 63%	7 200 L/a
挥发性溶剂	2 430 L/a，减少 63%	6 500 L/a
废水	1 600 L/a，减少 50%	3 200 L/a
粉尘排放	35 kg/a，减少 42%	60 kg/a
喷粉消耗	540 kg/a，减少 40%	900 kg/a
能耗减少	44 万 kW·h/a，减少 21%	56 万 kW·h/a
	总计节省 21 万欧元	

注：以当前德国纸张、能源等的价格计算。

德国高宝公司在其客户的一台利必达 106-8 SW2 LTTL 八色加双上光印刷机上装置了 120 多个传感器测量点，用于测量这台设备的能量损耗。这台设备在每日 24h，每周 5 日工作的情况下运转了 1 个月，得出以下真实的能量损耗数据。

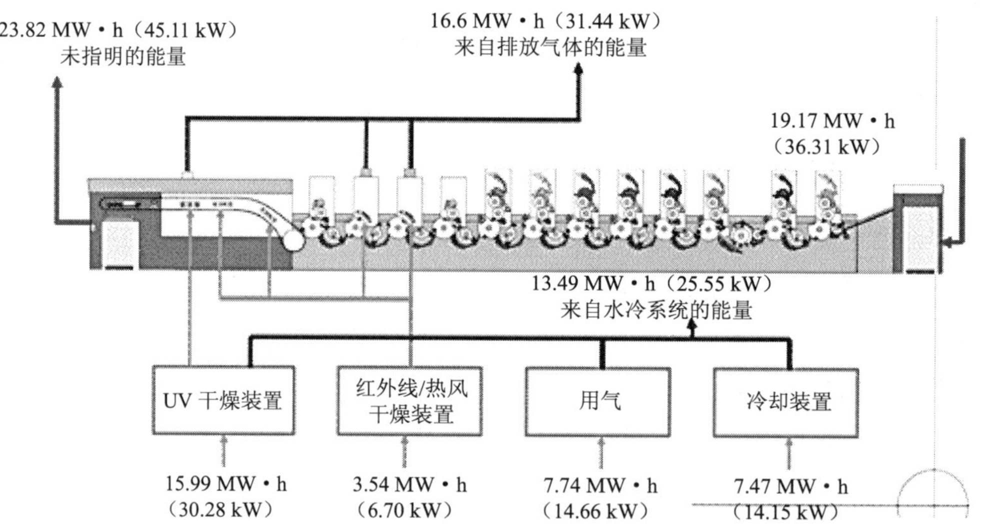

图 5-1 单张纸胶印机能量分布（来自 KBA）

从图 5-1 中可以看出，一台印刷机的能耗主要有几个部分：印刷机本身运转的能耗（19.17 MW·h）、干燥冷却能耗（34.74 MW·h）、排放气体能耗（16.6 MW·h）及其他能耗（23.82 MW·h），如喷粉等收纸部分的能耗。按照 1 MW 在其额定电压下，1 h 消耗 1 000 kW·h 的电能来计算，以上的数据就变成了：在测试的一个月中，印刷机运转耗能 19 170 kW·h，UV 干燥耗能 15 990 kW·h，水冷系统耗能 13 490 kW·h，收纸部分耗能 23 820 kW·h。中国工业电为 0.8 元/（kW·h），则一个月下来，一台带 UV 干燥的印刷机所消耗的基本电费就超过 6 万元。见表 5-2。

表 5-2　VariDryblue 干燥装置和普通干燥装置在同等条件下的一组数据对比表

		高宝 VariDry 干燥装置	普通干燥装置
计划生产能力	每年工作天数/d	251	251
	每天班次/次	3	3
	每班的工作小时数/h	7.4	7.4
	每年的生产小时数/h	5 015	5 015
测量结果	测量出的能量消耗/（kW·h）	33	70
	能量消耗/（kW·h/a）	165 495	351 050
	能量成本/[元/（kW·h）]	0.8	0.8
	每年能量成本/元	132 396	280 840
	二氧化碳排放/（t/a）	102.10	216.6
可实现节省	节能/（kW·h/a）	188 554	
	节能/%	53	
	成本节省/（元/a）	148 444	
	二氧化碳排放减少/（t/a）	114.5	

从表 5-2 可以看出，仅仅一年，VariDry 便可以为企业节省近 15 万元的成本支出。

罗兰公司将重点放在减少浪费、减少能源消耗和减少排放等方面，具体表现在：由各种系统记录了各种排放物和相关费用等方面的数据，对消耗量和环境参数进行监测等。罗兰公司采用有效采用环保技术的 ROLAND 700 HiPrint LV 六色胶印机，在每天生产 20 个活件，每个活件 8 500 张，每年 3 800 万张的情况下，可节省的能源及减排情况见图 5-2。

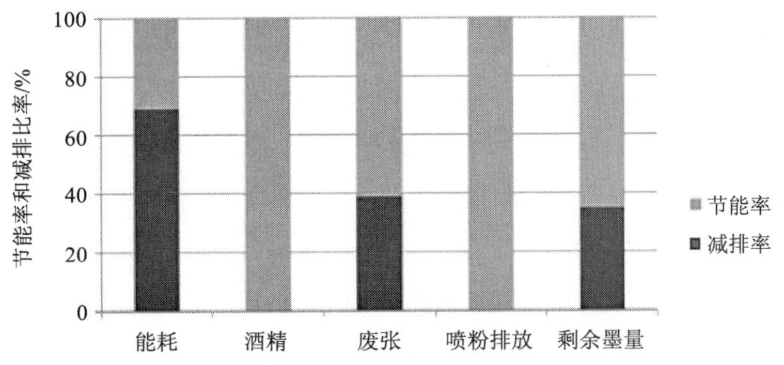

图 5-2　罗兰胶印机节能及减排情况

目前，印刷业的劳资双方面对着悬而未决的问题，诸如工作时间长、工资上涨幅度追不上通胀等问题对企业生产力不无影响，企业管理者更需面对成本上涨、利润下降等难题。设备自动化、生产标准化和流程数码化是大势所趋，有利于印刷企业应对现实中的难题。影响绿色印刷推广的因素分析如表 5-3 所示。

表 5-3 影响绿色印刷推广的因素分析

阻碍印刷公司更加环保的因素		印刷公司采用的环保方案	
成本	54%	再生印版	95%
缺乏用户需求	36%	再生的纸张	95%
其他	26%	使用大豆油墨或其他植物油油墨	71%
缺乏资源	17%	再生墨罐	70%
不确定性	5%	无醇印刷	55%
不知道如何启动	3%	能量控制系统	26%
		可再生能源	25%

注：来源于 PIRA 国际公司《动态全球市场的绿色印刷：如何采用绿色印刷，2009》。

流程效率是企业未来成功的关键。印刷企业需要有效地提升产能和生产效率，同时，辅以追求生产灵活性、减少出错概率、提高人员素质等措施，才能更好地适应印刷市场上活件难度日趋提升、交货期缩短、短版印刷大量涌现等新形势，在订单处理、完稿、排版、打样和制版等方面提升效率，以及大幅缩短印刷准备时间、大幅降低纸张损耗、快速实现稳定的色彩等。

第四节 绿色印刷的效益分析

绿色印刷是全球印刷业未来发展的主流，也是我国印刷业发展的主攻方向，实施绿色印刷更是对产业的发展、企业的增效具有重要意义。实施绿色印刷，印刷理念方面应该改进。

每一个员工与绿色印刷生产都是密切相关。对个人来说绿色生产不是大不可及，在日常的生产过程，节约一度电、一滴水、一块原材料、一块抹布，减少一次场地、设备、产品的污染，均是绿色生产的一部分，均能起到减少环境污染、减少碳排放、保护好我们的生存空间的作用。树立起绿色生产的意识，应养成良好的生活工作习惯，为公司、为行业、为国家和生存的地球能够清洁健康发展承担起绿色的责任。

一、绿色印刷的印刷成本

绿色印刷在教材印制企业中推行会增加企业的成本，但是基于国家对绿色印刷要求以及对环保是世界大发展趋势的认识，出版社和印刷厂都责无旁贷去执行绿色印刷。据有关企业统计：油墨是印刷企业原辅料的重要组成部分，环保油墨与普通油墨，其成本相差能达到20%～30%。质优价廉是客户永远的追求。在现有工艺对等的情况下，要保证双方的利益，无论是印刷企业还是客户都只能在原辅料上有所取舍。

但是印刷厂面对“微利”二字也着实苦不堪言，并且教材印刷与精品书刊印制也有不同，附加值较低。例如精品画册印制，品质高，技术含量就高，附加值也很高，上涨的成本就比教材印刷易于消化。那么如何消化教材印刷上涨成本？要消化因为“绿色”上涨的教材印制成本需要产业链共同协调。目前并没有得到因为印刷企业印制教材采用绿色印制方式而工价上涨的消息。各种原材料绿色化引发的上涨成本并不小。目前由新闻出版总署牵头，出版社、印刷厂、材料供应商等上下游各个环节一起进行印刷成本核算，绿色印制后，成本上涨了多少，与之前比较差价有多少，工价该如何调整，如何分摊上涨的成本？国家将考虑给予教材印刷企业一定的补贴。

二、绿色印刷的门槛效应

未来教材印刷绿色环保是必然趋势，也要求教材印刷企业必须通过绿色印刷的认证才能具备“上岗”资格。因此，出版社在选择印厂印制教材时就会选择积极通过绿色印刷认证的企业来进行印制，以保障教材印刷的质量。国家提倡教材实行循环用书政策，这就要求教材印刷企业只有提高质量才可以保证教材循环使用。

目前上海正在推行中小学教材印制采用柔版印刷方式，柔版印刷方式大大降低了污染。要求涉足教材印制的柔性版印制企业对书刊印后环节给予重视。因为柔性版印刷方式通常用于标签印制，其印后加工设备和书刊印后设备有很大不同，需要引进骑马钉和胶钉设备，才能适应教材印刷的印后加工需求。而引进设备需要资金投入，将实力不强、抗风险能力低的企业通过优胜劣汰的市场规律淘汰出局。

统一供版便于绿色印刷控制。教材印刷的特殊之处在于，全国统一由人民教育出版社做版，供给全国近30个省（区、市）的对应机构，然后对应机构选择印刷厂进行印刷。这大大区别于其他出版物的印刷方式，不仅在教材的内容上保证了统一和准确，其统一供型从源头上开始把关的特点，更利于进行绿色印刷的控制。

目前，教材印制质量经常出现的问题，主要集中在由于装订不牢固引起的散本以及侧胶开裂的两大印后问题上。而出版社在选择印厂时，重视承印企业的印制水平以及企业实力。此外，还要考证企业是否达到绿色印刷的认证要求，是否选择了环保型的黏合剂、环保的印制油墨、无公害的覆膜产品以及环保印版清洗液等原材料。对印厂绿色印刷的要求，有助于提高教材的印制水平。因此企业是否绿色达标已经成为考核教材印制质量的重要标准之一。

三、传统印刷的生态成本

获得绿色印刷认证只是满足印刷国家环境保护标准的第一步。绿色印刷并不仅仅是企业认证，更关键的是产品的绿色认证。因此，获绿色印刷认证的印刷企业离真正实现绿色印刷还有很长的路要走。

国家推行绿色印刷是一项利国利民的好事，但对于商业印刷企业而言，生存是处于首位，追求利润是其生产的终极目的，在环境与利润、社会效益与经济效益面前，印刷企业应掌握平衡。北京地区首批获得绿色印刷认证的有北京新华印刷有限公司、北京华联印刷有限公司、人民教育出版社印刷厂、北京盛通印刷股份有限公司、北京利丰雅高长城印刷有限公司、北京中科印刷有限公司等企业。

四、印刷企业自身的绿色投入与节约效益

北京华联印刷有限公司（以下简称华联印刷）在 2011 年 11 月 1 日获得绿色印刷认证之后，成功申报了北京地区绿色印刷示范工程项目。该项目是相关部门针对绿色印刷推出的一项工程，通过国家的资金支持，鼓励企业进行技术改造、更新，实现节能减排。当时申请项目的企业中，在规定时间内完成全部申请所需材料的只有两家，华联就是其中之一。为保证项目实施，华联印刷将在未来 3 年投入 7 000 万元进行相关方面的改造，目前已经花费了近 5 000 万元。华联印刷新购的八色商业轮转印刷机、中央自动供墨系统等新设备的投入、使用，提高了工作效率，减少浪费，提高了企业效益也降低了能耗。

各申请认证的企业为了绿色环保，在基础建设、生产环节、原辅料使用等方面都进行了改造、改进，中央供墨系统、CTP 制版技术、轮转机二次燃烧余热回收以及喷粉回收装置等设备的引入，的确投入不少资金，但相对也节省了企业的很多支出，也有效地控制了生产环节中的污染和浪费。其商业轮转印机都实现了中央供墨，二次燃烧余热回收装置也普遍加装，华联印刷在平版印机上也配套了中央供墨系统；中科印刷在取得认证后专门引入了 CTP 设备，CTP 设备在各企业印前的使用量越来越大，人

工拼晒版工艺基本已压缩到最低；在喷粉回收环节，北京盛通印刷股份有限公司还打算将来学习日本企业，将植物类喷粉进行回收，作为饲料再次利用，这些都有效控制了生产环节的污染与浪费。

五、树立绿色印刷观念

认证的印刷企业还在着力加大对员工节能环保意识的培养，在抓大时，对小处也不放松，对水、电、耗材等方面的节约也做出了具体安排，能省则省。北京新华印刷有限公司2010年年底刚搬迁至位于北京经济技术开发区的新厂区。在厂房设计时，该公司就注意了环保的要求，在照明、通风等方面都做了安排，确保节能减废，保护员工健康。在环保意识上起步较早的华联印刷，还将在近期对厂区内的照明设施进行改造，采用更加节能的LED灯具；在其厂区二楼，还专门有个展示厅，陈列着该公司利用生产过程中产生的边角料，设计制作的系列精美艺术品，既减少浪费，又能作为独特礼品赠送客户，一举多得。北京中科印刷有限公司正在建设企业生活区的太阳能热水系统，并加强了对办公耗材和水电等能源使用的控制考核。

六、绿色印刷对企业和客户经济分析

在印刷环保标准出台后不久，印刷行业对印刷材料主要关注两类问题：所需材料市场是否具备；企业是否有使用此类材料的经济承受能力。

认证的印刷企业，其生产环节使用的纸张、油墨、胶、膜、润湿液、清洁液、植物类喷粉等，基本上符合国家的标保要求。对于印刷企业来说，判断原材料供应商的资历、资质是否是绿色，鉴定难度相对较大。而且从企业的角度来看，多年来印刷工价未见提高，劳动力成本不断提高；印刷企业产能过剩，竞争激烈，压力巨大；无论是绿色印刷认证还是企业设备改造，都需要投入人力、物力、财力，除了大环境不佳、长期投入的影响外，对印刷企业而言最直接的是，使用价格昂贵的绿色环保原辅料所增加的成本，对于以追求利润为终极目标的商业印刷企业来说，无疑是巨大的压力。

1．绿色制版效益分析

采用CTP直接制版，减少了利用胶片制版（PS版）中间环节。如果全国10万多家印刷厂全部使用CTP制版，全年能节约至少540万t水资源。可解决干旱区约440万人口全年饮水问题。每年可降低二氧化碳排放至少360万t。若使用免处理CTP印版，每年至少节约用水1 260万t。至少降低二氧化碳排放810万t。每年节约制版胶片和化学药剂消耗费用达 10 亿多元。

2. 使用无酒精润湿液效益分析

目前全国各类印刷企业每年润湿液消耗量约为 16 万 t，总产值达 50 亿元。使用无酒精润湿液可以节约酒精用量 160 万 t，按通常生产 1 t 乙醇要耗用 3.2～3.5 t 粮食计算，可以节约粮食 480 多万 t，缓解与人争粮问题，以及减少制造过程中多环节的污染排放。每年可减排二氧化碳约 6 700 万 t（生产 1 t 酒精约产生 42 t 二氧化碳），减排工业污水，相当于 3 000 万城市人口产生的生活污水，减少多环节治污费用 50 亿元。在废弃化学品方面，以普通的大型胶印厂为例，它每年大约会产生 6.5 万 L 废弃溶剂和 8.5 万 L 废弃显影液。负责任的印刷企业在把废弃化学品排放出去之前应该先确保它们的安全性。

3. 中央供墨系统效益分析

中华商务联合印刷有限公司在中央管道供墨系统上做出了很大努力，该公司在单张纸胶印机上装置了中央供墨系统。虽然在清洁生产装置上需要投入资金，但是从热能回收、改用高效能装置等方面节省了不少费用，两年内节省 50 万个金属油墨罐。据统计，一家大型印刷企业每年大约会浪费 9 000 罐的油墨和光油，它们原本可以作为低级染料或与混凝土一起作为建筑材料使用，而现在却被送到了垃圾填埋场，而油墨罐也同样可以在处理后被回收利用。塑料墨盒比墨罐浪费的油墨要少一些，一家大型平版印刷厂每年大约会产生 80 万个废旧墨盒。它们是一种有害垃圾，要被送到特殊的垃圾填埋场里。随着印刷企业环保意识的增长，他们也要为这些废物的回收付出更高的代价。

采用中央管道供墨系统能降低油墨损耗，经验证，中央管道供墨系统可减少油墨损失 70%～80%，其次减少了 VOC 的排放，油墨中含 20%～30%的 VOC，因此，VOC 排放亦相应减少 15%～30%，极大地保护了环境。

第五节　印刷产业链的碳足迹

碳足迹（Carbon Footprint，CF），是指企业机构、活动、产品或个人通过交通运输、生产和消费以及各类生产过程等引起的温室气体排放的集合。它描述了人们的能源意识和行为对自然界产生的影响，倡导人们从自我做起。目前，已有部分企业开始践行减少碳足迹的环保理念。

欧洲产业部门与欧洲造纸工业联合会（CEPI），国际印刷及印刷类产业联合会（Intergraf），欧洲公共邮政经营者协会（PostEurop）和期刊出版者协会（PPA）等协会积极响应，开展了碳足迹计算方法及工具的开发。2010 年，由 CEPI、欧洲出版商联合会（FAEP）、国际期刊联盟（FIPP）、Intergraf、印刷城联盟（PrintCity）、德国机械设备制造业联合会（VDMA）和世界报业和新闻出版协会（WAN-IFRA）主办，召开了欧洲印刷产业碳足迹标准战略研讨会（Strategic Workshop of European Graphic Industry Value Chain on Carbon Footprint Standardisation）。

实施绿色印刷，不仅仅是印刷过程及产品，涉及整个印刷产业链（Graphics Industry Value Chain）。印刷产业链的碳足迹是绿色印刷对环境影响评价的有效手段。PrintCity Alliance（印刷城联盟）成立于 1988 年，成员包括 KURZ，manroland，M-real，MKX，Müller Martini，Sappi，Sun Chemical，Trelleborg，UPM 等。2010 年，PrintCity 联盟发布了《印刷产业链的碳足迹及能耗》白皮书。

一、碳足迹与印刷产业链

“碳足迹”作为最直观的环保新指标，是对企业理解和落实循环经济提出的更高实践标准，而低碳经济则是这种指标的具体落实。只有当企业和员工能同时自觉承担环境义务，进行自我约束和控制，才能真正实现其对消费者、对国家，以及整个人类生存环境的承诺。

碳足迹，它标示一个人或者团体的“碳耗用量”。“碳”，就是石油、煤炭、木材等由碳元素构成的自然资源。“碳”耗用越多，导致地球暖化的元凶“二氧化碳”产生得越多，“碳足迹”就越大；反之“碳足迹”就小。其基本理念为：日常消费——二氧化碳排放——碳补偿。

碳足迹通常也被称为“碳耗用量”，指的是一种新开发的，用于测量机构或个人因每日消耗能源而产生的二氧化碳排放对环境影响的指标。作为对抗气候变化的重要武器，企业和个人通过确定自己的“碳足迹”，了解“碳排量”，进而去控制和约束个人和企业的行为以达到减少碳排量的目的。但问题在于，相对于个人对自我行为的约束，组织结构复杂、机构庞大的企业如何寻求一条更系统、更有效的方法去实现这一目标？

对于印刷产业链，需要根据印刷供应/主流工艺的分布图，识别 CO_2 和能量消耗的多重来源。最有效的途径是建立跨整个产业链工作机制并进行测量。应考虑的首要问题是印刷业者/消费者/供应商能够控制哪些参数。

印刷产业链由印刷行为主体、工艺流程、工艺载体和供应链组成，如图 5-3 所示。

印刷前由印刷决策者根据内容供应商（委托单位）的要求，由出版商进行策划、设计，或采购出版内容。印刷商负责印刷生产的印前、印刷和印后的整个工艺流程。印刷的载体包括印刷设备、其他生产设备、承印物、油墨及化学制剂、印版、能源、厂房及办公建筑物等。分别由各自的供应商提供服务。印刷成品由运输公司由印刷厂运到批发商处，再由批发商给零售商到消费者手中。未售出的印刷品和消费者用完的印刷品由废品回收商回收，送至造纸厂进行再利用。

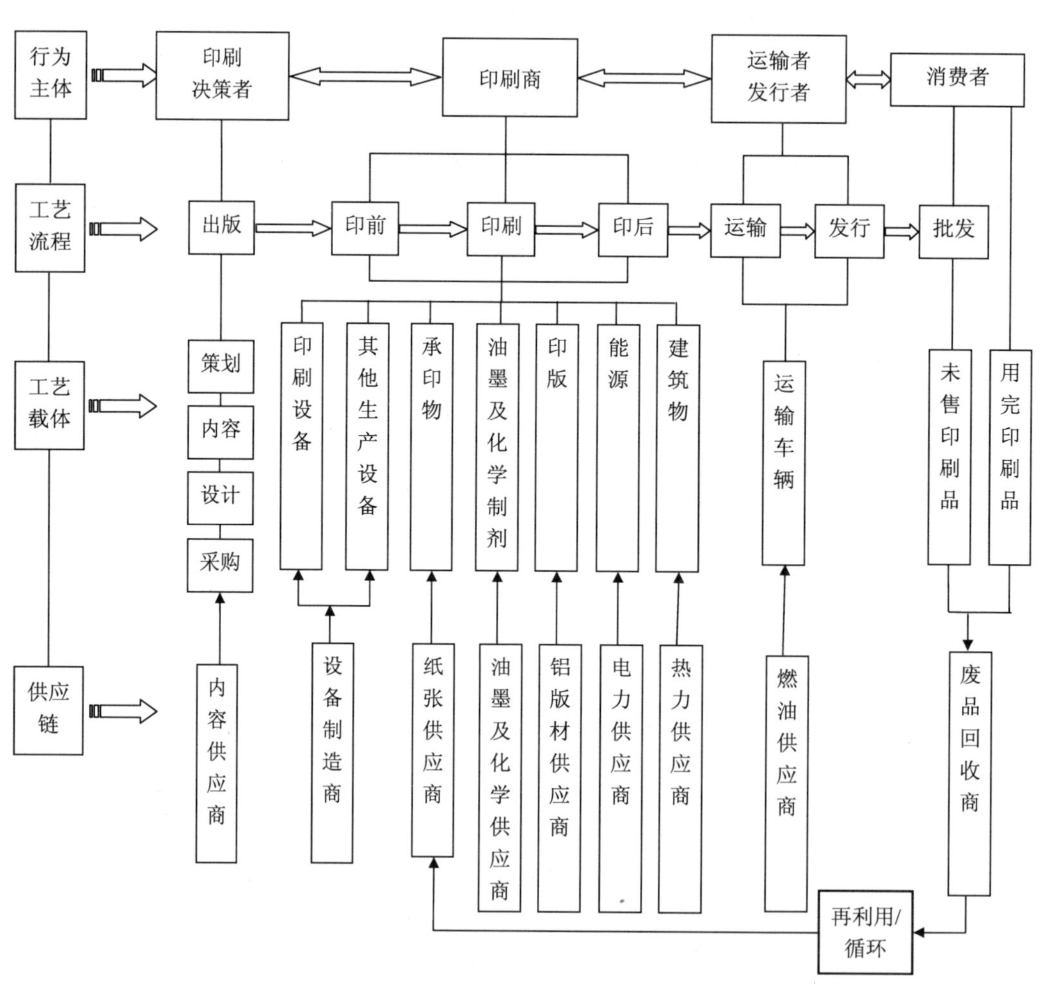

图 5-3 印刷产业链

典型印刷企业设备能源消耗顺序如图 5-4 所示。应选择有助于减少印刷、出版和包装业对环境影响的方案。最重要因素是经常与印刷商和纸张供应商评估工艺、材料和设计准则。

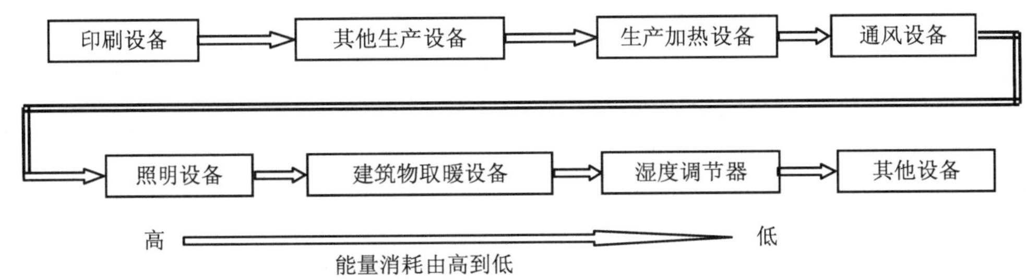

图 5-4 典型印刷企业设备能源消耗顺序

1. 建筑物（厂房和办公用房）

建筑物能源消耗是直接用于生产的一半或1/3。有效的节能措施包括：消除过度消费，例如过度加热、未使用区域照明，通风、热损失和空气泄漏。改进措施：新型照明技术可以节能约50%；太阳能是一种建筑物普遍采用的清洁能源；建筑物隔热层的设计等。

2. 内部运输

最小化工作流程距离和使用最实际的操作流程可以改善内部运输效率。滚装和升降叉车将降低能源消耗。

3. 生产装备

选择最佳生命周期成本的技术，包括所有的辅助系统、考虑回收用于加热及冷却的多余热量；优化的生产装备运行。

4. 标准操作流程和预防性维护

确保必需的操作能源效率。测量方法分为直接和间接方式。直接测量包括原材料的替代（或供应商及工艺）。间接测量可涉及这些行动，正面影响雇员的行为，例如当不需要时关灯及设备；随着供应商或客户改进工艺，优化逻辑图。预防性维护包括设备正确润滑和调节，空气过滤器不阻塞，等等。

二、碳足迹计算方法

1. 碳足迹的计算方法

第一种，利用生命周期评估（LCA）法，该方法更准确也更具体；

第二种，通过所使用的能源矿物燃料排放量计算，该方法较一般。

碳足迹计算器。所有的一切都有自己的碳足迹，可以以不同的方式去实测每一项，但它不仅仅只针对二氧化碳（虽然它相对其他温室气体是最常见的），其他温室气体包括（但不仅限于）：甲烷、臭氧、氧化亚氮、六氟化硫、氢氟碳化合物、全氟和氯氟烃等。鉴于此，多数碳足迹计算包括所有适用的气体，因为这些都有助于认识和了解温室效应与地球变暖。

2. 印刷产业链碳足迹

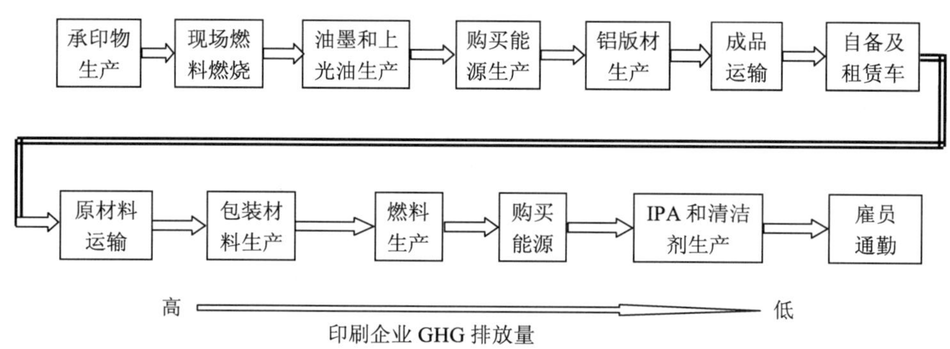

图 5-5 印刷企业 GHG 排放

印刷企业的碳足迹如图 5-5 所示。碳足迹来源如下：

（1）承印物

承印物是印刷品的最大成本因素。所购买承印物（例如纸张和塑料）的生产排放完全由其制造商负责。纸张是 CO_2 当量排放的单一目标源。

（2）现场燃料燃烧

从现场燃料的燃烧直接排放，包括天然气、燃油、LPG、煤、热固性油墨。如用于凹印机干燥燃气方式、燃油方式等。

（3）油墨和上光油的生产

油墨和上光油的生产排放完全由其制造商负责。获得印刷品目标密度所需的油墨量对印刷中能量及油墨的使用量有重要影响，同时与纸张类型密切相关。色彩去除（Under Color Removal，UCR）和色彩附加（Under Color Addition，UCA）的使用能减少油墨消耗。

2004 年，美国印刷技术协会（GATF）进行了热固性油墨的比较试验，表明传统调幅加网 175lpi 与 25 μm 调频加网技术混合，比使用 100lpi 的调幅加网减少油墨用量15%。密度计的使用或闭环色彩控制也能减少油墨使用量。

（4）购买能量的生产

购买能源的场地消耗的排放（间接排放），包括电力、蒸汽、地区供暖、压缩空气、冷却水。

（5）铝版材和凹印滚筒的生产

所购买铝版材的排放完全由制造商负责。减少铝版材（和其他影像载体）能源和碳完全由制造商负责。最小化版处理工艺使用 CTP（消除了软片）和低（免）处理版材能减少能源、化学制剂和残留废物。

（6）成品的运输

成品到初级客户的第一个交货点的运输排放。进一步运输到销售点或最终用户要由客户计算，包括出版商。

（7）公司运输工具

公司自备或租赁的汽车燃料燃烧（直接排放）。购买或租赁汽车基于降低 CO_2 或燃料消耗。合理的路线规划将最小化行驶距离。通过互联网，远程电信会议将消除旅行；采用数字虚拟打印可以消除与客户间的物理交流，以及材料、工艺和打样材料的供应等。

（8）原材料的运输

从材料产地到印刷企业的承印材料的运输排放应包含在内。例如化学制剂、印刷版材、包装材料，由于量小不明显，通常不考虑，除非（如卷筒纸）印刷厂大量使用的场合。

（9）包装材料的生产

购买的包装材料（例如纸箱、PE 塑料）生产的排放完全由制造商负责，承印物从产地到印刷企业的运输排放应该计算在内。

（10）燃料的生产（产业链上游）

用于燃料的场地燃烧和运输的排放。

（11）购买能源（产业链上游和输送损失）

购买能源的生产和运输燃料的排放。购买能源的传输损失。

（12）异丙醇（IPA）生产和清洁剂

购买 IPA 生产和清洁剂完全由制造商负责。其他原材料，如印刷显影剂、润湿剂、树胶和橡皮布，由于量少可以忽略。

（13）雇员上下班通勤

工人从家到工厂的通勤应考虑在内。工人的交通和排放依赖于公司和员工的地理位置。对于有些公司，它是排放的重要来源，应考虑到计算模型中。随着城市规划和各种产业聚集区的发展，许多印刷企业由市区搬到了郊外，而企业员工仍然大部分住在市内。为了保证员工按时上下班，企业不得不每天发多路班车接送员工上下班，不仅付出大量经济成本，而且也会付出大量环境成本，如尾气排放、城市拥堵等。

3. 印刷产业链碳足迹计算

碳足迹追溯活动结果的“足迹”。碳足迹计算的目标是测量商业、生产场所、产品或服务的 GHG 排放值。首要原因之一是按步骤减少 GHG 排放和化石燃料能源使用，其次，作为碳补偿和交流的基础。

在欧洲，碳足迹计算器已经由产业协会占统治地位研制成熟。这导致聚焦于 GHG 的识别以便在生产场所、产品中减少，而补偿处于次要位置。一般地，他们遵从标准，相对开放。各种各样的服务是有效的，包括培训、测量、咨询、补偿、认证和基准。某些印刷业者用非产业单位开发的商业碳计算器，这导致主要聚焦于排放补偿，或许不符合标准，或过于透明。一些印刷工业已经开发了自己专用的系统。

在欧洲，不同的计算模型有不同的分数。计算机 CO_2 的系统需要适用于国际途径并且对于大企业和小企业同样易于使用。所有计算系统在各自模型中都应该提供一个相对于 CO_2 等价数据源的参照。

欧洲使用的一些碳足迹计算系统。

（1）气候计算共同体（ClimateCalc Consortium）

ClimateCalc Consortium 共同体由丹麦印刷联盟（printing federations from Denmark，GA）、荷兰（KVGO）、比利时（FEBELGRA）和法国（UNIC）组成。2011 年，发布了一个通用的国际化计算软件。可持续详细制定关于印刷生产的 Intergraf 建议。软件提供了一致和透明的企业和特定印刷品对气候影响的计算工具。

（2）Bilan Carbone® ADEME

UNIC 法国印刷业者协会，自 2008 年起使用 Bilan Carbone®用于印刷计算。用户包括印刷业者，杂志及书刊出版者，银行和保险公司。关键成功因素是开放交换，供应商可以通过寻找协作解决方案减少排放。主要的工具是一个原代码开放的软件，用简单 Excel 文件考虑使用的碳排放因子，允许变化排放因子和原材料及相关排放因子的组合。用于计算 GHG 直接排放和相关排放。

（3）BPIF

英国在碳足迹方面积极主动，主要由于 Carbon Trust 促进的公众/私人的框架的紧密合作。BPIF 计算器将排名结果展示到对减排有重要影响的碳集中部分。印刷业者可以从碳中性公司（Carbon Neutral Company）选择剩余的碳补偿。计算方法包含在 GHG 协议和 PAS2050 中。基本数据源自发货单和能源计算。场地的碳足迹 GHG 排放测量包括能源消耗，材料消耗，商务旅行，废品及处理，运输。产品碳足迹 GHG 排放也包括其自身处理。

（4）BVDM

德国印刷协会对气候倡议的目标是促进印刷和媒体产业对印刷产业链 CO_2 排放的重视。倡议有三个阶段：①CO_2 分析避免在印刷厂，以便给参与减少能源消费的机会；②CO_2 计算从印刷工开始采用基于网络的计算器；③通过 Gold 标准认证进行排放补偿，声明参照可持续减排的最高标准，并由 WWF 背书。至 2010 年，基于网络的计算器已经被约 170 个印刷商使用，规定的工艺都有效，从单张纸胶印，热固性，冷固性，凹印，包装和数字印刷，结果符合 DIN/ISO 14040 和 14044。

（5）林业碳评估工具（Forestry Industry Carbon Assessment Tool，FICAT）

FICAT 是一套易于理解的由林业研发，在空气和环流改善美国国家环境委员会（NCASI）的资助下完成，计算每吨的 GHG。

印刷工业的特性可以描述为：多重工艺和承印材料，某些工艺具有多个油墨干燥系统。单一印件采用多重工艺和承印材料并不罕见。因此，CO_2 当量标准化可以用于获得一致的结果。CO_2 当量仅是选择印刷工艺的参数之一，主要准则仍然是印量、页码数、承印物和成本。

三、减少碳足迹的方法

1．主动减少碳排放

（1）换节能灯泡

11 W 节能灯就相当约 80 W 白炽灯的照明度，使用寿命更比白炽灯长 6～8 倍，不仅大大减少用电量，还节约了更多资源，省钱又环保。

（2）空调设置

空调的温度设在夏天 26℃左右，冬天 18～20℃，对人体健康比较有利，同时还可大大节约能源。

（3）选车

购买小排量或混合动力机动车，减少二氧化碳排放。

（4）合乘

汽车共享，和朋友、同事、邻居同乘，既减少交通流量，又节省汽油，减少污染，减小碳足迹。

（5）尽量采购本地原料

选择本地产品，免去运输环节，更为绿色。

2．碳补偿或碳抵消

通过植树（或其他吸收二氧化碳的行为），对自己曾经产生的碳足迹进行一定程度的抵消或补偿。

3．能效监测和能源审计

现在目前国内有些企业盲目更新设备，换节能设备。如果不进行能效检测，不进行能源审计，将无法发现设备是否符合环保要求。

4．印刷行业减少碳足迹的方法

对于印刷行业，工艺优化应该始于工作流程和工艺控制，降低废物的质量标准的使用。

印刷商和出版商能影响排放控制参数的方式：

（1）使用轻量纸/纸板

纸张重量，能源消耗和 GHG 排放与印刷及交货量几乎成正比关系。近 10 年，报纸、杂志和包装使用轻量纸、纸板已经成为一种趋势。

（2）减少规格尺寸

某些出版物和广告目录使用小规格以便降低成本，并且减少油墨、化学制剂和运输量而降低 GHG 排放。

（3）改进分发效率

最小化出版物退回份数，很多出版物大约 30%没有卖出去，需要回收。

（4）优化印量

减少印刷和邮寄量，从而降低成本和对环境的影响。

（5）减少生产废物

通过生产工艺优化，连续减少印刷和印后废品。

（6）最小化储存和处理

通常能减少 1%～3%的纸张浪费。

（7）提倡消费者再利用，改进循环使用率

印刷新技术可以大幅降低能源消耗和碳排放。然而，实业的投资回收周期相当长，意味着节能降耗将是长周期的改善过程。印刷设备的投资评估应考虑操作环境，例如热固性印刷冬季可以免费加热，不像其他工艺需要加热；数字印刷机一般需要空调环境，但对其他印后工艺则不一定是必需条件。印刷设备的生命周期需经严格计算。数字印刷机与 IT 产品计算机类似，一般寿命在 5 年左右，而印刷设备和印后设备可以长达 30 年。因此，首要任务是减少设备印刷生产期间的能源消耗和碳排放，因为它比设备本身制造期间的消耗高得多。有很多方面可以改善生产能效，例如提供环保的数字化工作流程等生产系统、附属设备、操作环境和集成环保工艺等等。

第三篇　绿色印刷认证

第六章 绿色印刷和中国环境标志

第一节 中国环境标志计划概述

环境标志是一种标在产品或其包装上的标签，是产品“证明性商标”，它表明该产品不仅质量合格，而且在生产、使用和处理处置过程中符合特定的环境保护要求，与同类产品相比，具有低毒少害、节约资源等环境优势。

实施环境标志认证，实质上是对产品从设计、生产、使用到废弃处理处置全过程（也称“从摇篮到坟墓”）的环境行为进行控制。即：设计时，考虑资源与能源的保护与利用；生产中采用无废少废技术和清洁生产工艺使用过程，要有益于公众健康，而不是有损于公众健康；直至废弃阶段，应考虑产品的易于回收和处置。它重视资源的回收利用和产品的环境性能，不但要求尽可能地把污染消除在生产阶段，而且也最大限度地减少产品在使用和处理处置过程中对环境的危害程度。它由国家指定的机构或民间组织依据环境标志产品标准（也称技术要求）及有关规定，对产品的环境性能及生产过程进行确认，并以标志图形的形式告知消费者哪些产品符合环境保护要求，对生态环境更为有利。

发放环境标志的最终目的是保护环境，它通过两个具体步骤得以实现：一是通过环境标志向消费者传递一个信息，告诉消费者哪些产品有益于环境，并引导消费者购买、使用这类产品；二是通过消费者的选择和市场竞争，引导企业自觉调整产品结构，采用清洁生产工艺，使企业遵守法律、法规，生产对环境有益的产品。

一、中国环境标志计划的建立与发展

近几十年，环境与贸易问题不断深化并直接影响国际贸易，在这种情况下，环境标志制度应运而生。德国是最早实施环境标志的国家，于 1977 年提出蓝色天使计划；之后，1988 年加拿大推出环境选择计划；1989 年日本开始实施生态标签制度；同年，

北欧诸国发起白天鹅环保标章；随后，亚洲、澳洲等多个国家和地区也相继建立了环境标志制度。

借鉴世界其他国家十几年的经验，结合我国国情，中国启动了自己的环境标志计划。

1993 年 3 月 31 日，国家环境保护局发布了“关于在我国开展环境标志工作的通知”的文件，这标志着中国环境标志计划的正式开始。

1993 年 8 月 25 日，国家环境保护局正式公布了中国环境标志图形。中国环境标志图形由中心的青山、绿水、太阳及周围的 10 个环组成。图形的中心结构青山绿水和太阳表示人类赖以生存的环境，外围的 10 个环紧密结合，环环紧扣，表示公众参与，共同保护环境；同时在中文中，圆环的“环”字和“环境”的“环”字相同，其寓意为“全民联系起来，共同保护人类赖以生存的环境”。

1994 年 5 月 17 日，中国环境标志计划的管理机构“中国环境标志产品认证委员会”正式成立，5 月 30 日，国家环境保护局批准并颁布了“首批 7 类环境标志标准”，它包括了对 7 类产品的认证技术要求。在 1994 年 7 月至 11 月间，共有 2 家企业的 3 种产品通过了中国环境标志产品认证委员会认证，这标志着中国环境标志计划正式开始运行。截至 2011 年底，颁布实施的环境标志标准有 86 项。与各国环境标志组织相比，中国环境标志在标准数量、认证企业以及涉及产品的型号数量等各方面据国际前列。

2004 年以来，中国环境标志与国际标准全面接轨，形成了完全意义上的国际认证。目前，中国环境标志机构已与多个国家和地区的环境标志机构签订了合作互认协议，与德国、日本和韩国分别制定了共同标准。在环境标志国际互认的大趋势下，美国、加拿大、德国等 20 多个国家的环境标志机构组成了的全球环境标志网（GEN），瑞典、加拿大、丹麦等 6 个国家的环境标志机构组成了全球环境产品声明网（GED）。通过与国际环境标志组织的积极协调，中国环境标志已加入 GEN、GED，成为环境标志国际大家庭中的一员，成为促进中国产品走向世界，促进我国对外贸易发展的有力工具。

2005 年，国家环保总局决定，将环境标志标准纳入国家环境保护标准的大体系，环境标志标准的权威性、规范性得到进一步加强。

2006 年 10 月，国家环保总局与财政部联合发文《关于环境标志产品政府采购实施意见》，同时发出中国第一张政府绿色采购清单——环境标志产品政府采购清单，要求政府采购要优先选择环境标志产品。

特别是近几年来，国务院在《国务院关于加快发展循环经济的若干意见》（国发[2005]22 号）、《国务院关于落实科学发展观加强环境保护的决定》（国发[2005]39 号）、国务院关于《节能减排综合性工作方案的通知》（国发[2007]15 号）和《国务院关于加强环境保护重点工作的意见》（国发[2011]35 号）都强调：要鼓励使用环境标志产品，大力倡导环境友好的消费模式。这是对环境标志十几年来工作成果的肯定，中国环境标志工作已成为环境保护部贯彻执行我国建设环境友好型社会、实现节能减排目标的有效措施。

中国环境标志计划主体是具有中国特色的第三方认证制度。其特点是：第一，中国环境标志计划是以政府参与为主，通过在政府、企业和消费者之间架起这座绿色桥梁，传递有关环境保护的信息，逐步向市场化过渡；第二，对环境标志产品实施第三方认证，既不属于制造方又不属于使用方，公正客观，在技术和管理上保持高度的权威性和公正性；第三，认证制度采取自愿认证的方式，符合市场机制的要求，通过市场因素来体现环境标志产品的优势；第四，认证工作与国际惯例接轨，便于开展国际互认工作。

二、中国环境标志计划的实施

环境标志的实施分为两个阶段：一是环境标志产品类别确定及其相应环境标志产品的标准的制定；二是环境标志产品的评审和环境标志证书的发放。以下分别作具体介绍。

1．环境标志标准是环境标志产品认证的技术依据

对环境标志产品类别的确定及其相应环境标志产品标准的制定是实施环境标志的重要环节，同时也是实施环境标志的技术难点。这是由于实施环境标志的产品在功能、性能及环境行为等方面千差万别，对于不同的产品需要建立产品生命周期内的环境影响分析评价方法，调查产品现状，制定产品标准，环境标志标准的标准值制定得是否合适是环境标志计划成功实施的核心问题，更是进行环境标志认证的最直接、最主要的技术依据。

环境标志产品的技术要求（标准）制定工作在环境标志计划实施体系中已确立了龙头导向地位，并直接关系到环境标志认证的顺利实施和认证工作的宏观严肃性，是环境标志认证环节中的关键步骤。

早在 1994 年 5 月，中国环境标志产品认证委员会成立之初，就颁布了七项环境标志标准，即《低氟氯化碳家用制冷器具》、《无氟氯化碳气溶胶制品》、《无铅车用汽油》、《水性涂料》、《卫生纸》、《真丝绸类》和《无汞镉铅充电电池》。七项环境标志标准为中国开展环境标志认证奠定了基础，为我国环境标志产品的认证提供了科学依据，并基本构筑出了中国环境标志标准的主体框架。

在走过 18 年不断探索、发展的道路之后，我国环境标志标准已初步形成了一套适应我国国情，具有中国特色的编制模式。由政府颁布、双优特性、全过程管理、环境行为明确、定量检验和国际接轨六个基本要点支撑起的总体框架，将是今后相当长一段时间内我国环境标志标准的制定方针。

（1）政府颁布

第一批中国环境标志标准就确定了“政府颁布”这一特性，借助政府机构的威信以区别于其他认证机构，提高环境标志的权威性。作为政府职能介入环境标志认证的重要手段就是由原国家环保总局颁布每一项环境标志标准，以避免技术要求中的企业行为过重，使每项技术要求都能客观公正地评价每类产品的环境行为。

（2）双优特性

环境标志标准规定获得环境标志的产品必须是质量合格、环境行为优越的产品。由于环境标志一向以所倡导的“绿色消费”为核心内容，即在保证消费者利益的前提下以及在相同的质量要求下，引导广大消费者购买对环境有益的环保产品。在技术要求制定工作的不断发展与完善过程中，产品质量必须符合相应的质量标准已被作为环境标志标准的基本要求之一，而环境行为优则体现在技术指标中，二者相辅相成，共同决定了环境标志产品具有双优特性这一基本特征。

（3）全过程环境管理

国际标准化组织 ISO 14000 系列标准的核心问题就是以生命周期评价为基础，对产品实行环境标志认证的同时，对生产产品的企业实行保障措施认证。首先针对产品本身而言，从其出生到走向坟墓的综合生命周期评价，是环境标志产品制定技术要求的根本依据。结合中国国情，环境标志标准已先后在若干项标准中规定了对产品的原材料、包装及其本身的回收利用的条款。其次，企业排污必须达标作为技术要求中的另一项基本要求已被确立。生产环保产品的企业本身对环境造成伤害显然是自相矛盾的现象。根据我国企业整体水平，将清洁生产的概念引入企业，提高其对保障措施的认识，并逐步实现对产品的全过程进行环境监控，是环境标志通过市场引导企业绿色理念的根本手段。

（4）环境行为明确

在每一种产品的环境行为中，除选料、包装等附属环境行为外，还应在技术要求中包括针对其产品本身的主要环境行为，如低毒、节能、降噪、可降解等。在保障质量的基础上大幅度削减对环境的负荷，是环境标志产品的发展方向。有些产品本身的质量指标就属于其环境行为的表现方面，例如，噪声本身就属于家电空调的性能指标之一，低噪声空调既是产品质量提高的表现，又是环境行为优越的要求。因此，环境标志标准将环境标志产品具有明确的环境行为作为区别一般产品的硬性指标。

（5）定量检验

认证区别于传统的评奖、评优，就在于客观或主观地评定产品的行为。而环境标志作为认证体系的一种，其客观性体现于对产品环境行为的定量评定，而实现定量评定的唯一科学手段就是检验。技术要求对每一项技术指标均有定量控制，相应地，对于每一标准值均有配套的、科学的检验方法。每一种申请环境标志的产品，都要按技术要求中规定的检验方法进行其环境行为的定量检测，在技术要求中附以相应的检测方法是环境标志标准走向成熟的重要标志之一，也为环境标志认证工作的客观性、科学性提供了有力的保障。

（6）国际接轨

国际环境标志产品认证的总体趋势，是在未来时机成熟的时候，实现国际范围的环境标志互认。但是现在看来，阻碍各国环境标志互认的最大障碍是技术要求中技术指标体系的差异，这是由不同国家、地区，不同的产品结构和生产力水平造成的。对我国而言，环境标志标准的指标体系一方面要考虑适应中国国情，另一方面又要瞄准国际先进水平，尽量缩小差距。早日实现与其他国家在环境标志上的互认，是环境标志鼓励企业生产环保产品的又一手段，也必将给已获得环境标志的企业带来更大的利益。因此，技术要求的标准体系与国际接轨，是环境标志认证的最终归宿。

综上所述，以政府颁布、双优为基础特征，以对产品环境行为实施全过程监控为手段，以明确的环境行为为主旨，以定量检验为保障，最终实现与国际接轨，就形成了中国环境标志标准的整体框架。

2. 中国环境标志产品认证方法

环境标志产品认证，是对产品环境特性的认证。与产品质量认证不同的是，产品质量认证是对产品质量及企业质量体系是否符合某种质量标准的认定；而环境标志产品则是对产品的环境行为及企业的环境管理系统是否符合某种环境标准的认定。同时，作为市场经济手段，环境标志的最大吸引力是自愿性。因此，环境标志产品认证是自愿性认证。

（1）环境标志认证规则

中国环境标志的认证规则主要包括以下内容。

①环境标志标准。

由环境保护部颁布，是产品应该遵守的主要技术依据，重点规定了申请环境标志的产品所必须达到的环境指标及相应的检验方法。

②环境标志产品保障措施指南。

由认证机构颁布，是告诉企业，为保证申请认证的产品和企业能够持续有效地符合环境标志标准，应如何建立保障措施。

③企业环境标志产品保障措施。

企业按照环境标志产品保障措施指南而建立的保障措施，是企业达到环境标志相关要求的行为依据。

④相关的法律法规。

主要是企业环境行为所要遵守的国家或地方强制要求（如污染物排放标准、环境影响评价、“三同时”等）。

（2）环境标志认证的主要类型

中国环境标志产品认证主要包括三个类型：初次认证、年度监督及再认证。

①初次认证。

中国环境标志产品初次认证包括企业申请、签订合同、文件审查、现场检查、产品检验、综合评价、技术评定、颁发证书、签订环境标志使用合同。

②年度监督。

年度监督的周期为每年至少 1 次，其方法是对获证企业及产品满足认证准则的情况进行验证，验证合格允许继续使用环境标志。

③再认证。

中国环境标志认证的有效期为 3 年，认证期满后，企业如果需要继续使用环境标志，就必须重新申请再认证。再认证的程序和内容同初次认证。

环境标志产品作为同类产品中环境性能优越的产品，它有一个适当的比例。比例过小会将许多产品关在环境标志的门外，挫伤企业的积极性；比例过大又体现不出环境标志产品的先进性和导向作用。控制发放比例的目的是希望环境标志的市场吸收力将不被减弱，并引导同类产品向环境标志产品发展，其意义是十分重要的。根据国际惯例，我国的环境标志产品占同类产品中的比例宜定在 20%左右，并以此来指导制定标准技术指标的难易程度。

目前，绿色消费浪潮正遍及全球，人们日益渴望健康无污染的产品。环境标志对绿色消费起了直接引导作用，贴有环境标志的产品，更易获得消费者的青睐，从而构建竞争优势。环境标志既对我国的对外贸易起到了积极的推动作用，也有利于依照国际贸易惯例保护我国的环境利益。

三、中国环境标志所取得的成就

自 1994 年正式出台中国环境标志计划起，中国环境标志已经走过了 18 年的发展历程。在中国社会进一步开放、经济迅速发展、人民生活水平日益提高的 18 年中，中国环境标志度过了蹒跚学步的时代，不断地成熟与完善起来。

1．我国基本建立了与国际接轨的环境标志产品认证体系

通过18年的努力，在环境保护部的领导下，我国基本建立了与国际接轨的环境标志产品认证体系。我国在最短的时间内即等同转化了ISO 14020系列标准，包括ISO 14020、14021、14024等，并于2000年和2001年相继实施。目前，我国环境标志认证的方式、程序等均与国际通行做法相一致，并与其他国家的认证组织广泛接触，建立了联系。我国开展认证的环境标志产品种类、发布的环境标志产品认证技术要求，充分结合国际的发展趋势和先进标准，部分技术要求等同采用欧共体标准或其他国家标准，为国际互认创造了条件。

2．环境标志产品的种类和数量逐年扩大

18年来，中国环境标志从无到有，不断发展壮大，环境标志产品的种类和数量逐年扩大。目前，共有1 800多家企业的3万多个型号的产品获得了中国环境标志产品认证，环境标志产品的年产值近2 000多亿元人民币。

3．环境标志认证工作极大地推动了环保重点工作的开展

从配合《蒙特利尔议定书》履约开始，环境标志认证企业在实现自身经济目标的同时，配合国家环境保护的总目标，在防止水源地富营养化、综合治理“白色污染”、发展生态纺织品、保障居室空气质量等一系列环境保护重点工作中起到了重要的先驱作用。

4．环境标志工作积极地促进了我国环境与经济的协调发展

环境标志工作在我国的成功开展，有效地改善了企业的环境行为，对保证产品质量、引导绿色消费、发展绿色经济、促进我国环境与经济的协调发展，起到了很好的推动作用。同时，中国环境标志在国内外产生了重要影响，大力推进了我国国际贸易，逐步成为消费和贸易的绿色通行证。

5．环境标志工作有效推动了政府绿色采购制度的实施

从2006年10月至2012年1月，环境保护部与财政部联合发布了9批《环境标志产品政府采购清单》，产品种类由最初的14大类产品增加到24大类产品，企业数也由81家增加到553家，并由800多个型号的产品增长到23 933种型号。数据显示，2009年，全国环保产品采购金额为144.9亿元，占同类产品政府采购的74%。整个“十一

五”时期，全国节能环保产品政府采购金额高达 2 726 亿元，约占同类所有产品政府采购金额的 65%。

第二节　绿色印刷和中国环境标志

一、绿色印刷环境标志的启动

环境保护部和新闻出版总署从 2009 年开始逐步实施绿色印刷推动工作。其目标是为了加快实施绿色印刷战略，促进我国印刷产业发展方式转变，实现新闻出版强国目标，推动我国生态文明、资源节约型、环境友好型社会建设。

2010 年 9 月 14 日，环境保护部与新闻出版总署签署了“实施绿色印刷战略合作协议”。两部门商定，本着“全面推进、重点突破、创新机制、加强监管”的原则，积极探索推进绿色印刷工作的合作机制，共同推动绿色印刷的发展。在协议中明确提出：“研究制订绿色印刷行动方案，制定发布印刷环境标志标准，完善绿色印刷评价体系，在印刷企业中推广执行绿色印刷标准，优先开展中小学教材的绿色印刷工作，并逐步向政府采购产品印刷、食品药品包装印刷等领域推广，同时加强对印刷企业实施绿色印刷的政策扶持，淘汰落后印刷工艺、技术和产能，推动我国印刷业加快绿色转型和升级。”

一是研究制定绿色印刷战略，推动印刷行业绿色发展。这主要是指引导印刷企业使用低毒少毒的原辅材料，采用清洁生产工艺与设备，使生产过程与最终产品的绿色化。

二是制定印刷环境标志标准，完善绿色印刷评价体系。新闻出版总署和环境保护部共同研究制定印刷环境标志标准，并由环境保护部颁布；建立环境标志产品认证框架下印刷产品检测及企业审核等机制，在印刷企业实施中国环境标志产品认证，完善绿色印刷评价体系。

三是开展绿色印刷试点工作，推广绿色印刷环保理念。新闻出版总署和环境保护部积极开展绿色印刷的试点工作，共同组织开展印刷环境标志标准的培训与推广。优先开展中小学教材的绿色印刷工作，并逐步向政府采购产品印刷，食品、药品等包装印刷领域推广。在印刷全产业链中宣传推广绿色理念，共同表彰优秀的绿色印刷企业。

四是发挥绿色印刷政策导向，引导印刷企业转型升级。新闻出版总署和环境保护部联合制定发布推行绿色印刷的有关文件，加强对印刷企业实施绿色转型升级的政策扶持；并会同有关部委在相关领域内实施绿色印刷，加强监管，淘汰落后印刷工艺、技术和产能。

五是建立沟通协商合作机制，推动绿色印刷持续发展。新闻出版总署和环境保护部同意组成实施绿色印刷战略工作领导小组，由部级分管领导担任组长，由环境保护部科技标准司和新闻出版总署印刷发行管理司承担具体工作。领导小组不定期会晤，统筹协调与组织合作事宜。

根据合作协议，环境标志标准是绿色印刷的技术门槛，而环境标志认证则是绿色印刷的评价手段，通过环境标志认证的产品即为绿色印刷产品。合作协议的签署标志着我国推进绿色印刷实施工作的正式启动。

二、绿色印刷环境标志计划的实施

根据环境保护部和新闻出版总署的要求，计划重点开展全行业绿色印刷框架构筑工作，陆续制定发布相关标准。通过建立绿色印刷环保体系，使印刷产品的环保指标达到国际先进水平，引导我国印刷产业加快转型和升级。

在我国，实施绿色印刷还是一个新鲜事物，因此不但要借鉴发达国家的经验和做法，而且要结合我国的实际，制定符合我国国情的标准、检测方法，以及与之相配套的措施。

从各国的实践经验看，实施绿色印刷必须在政府的主导下进行，由政府出台标准及具体实施办法。为此，结合我国的国情以及印刷行业的现状，现阶段实施绿色印刷应先做好相应的绿色印刷标准制定工作，同时开展绿色印刷认证和绿色印刷产品的检测工作，阶段性地完善各类印刷品的绿色标准，稳步推进绿色印刷环境标志产品认证的适用范围，以此促进印刷产业的结构调整和技术升级，在较短时间内使我国的绿色印刷达到和接近发达国家水平。简言之，就是绿色印刷标准先行，绿色印刷环境标志产品认证和绿色印刷产品检测同步推进。

2011 年 10 月 8 日，新闻出版总署和环境保护部联合发布了《关于实施绿色印刷的公告》，标志着我国实施绿色印刷进入新阶段。《公告》明确了实施绿色印刷的指导思想、范围目标、组织管理、绿色印刷标准、绿色印刷认证、工作安排及配套保障措施等，对推进绿色印刷实施作出了全面部署。

1. 绿色印刷标准的制定

2009 年 6—7 月，绿色印刷标准启动会召开，成立标准编制组，确定标准制定方向、适用范围、参考依据。自 2009 年下半年起，中国印刷技术协会和环境保护部环境发展中心等有关部门先后到广东、上海、江苏、北京等地进行调研，了解企业目前的状况。同时对发达国家实施绿色印刷的资料进行收集，向我国印刷出口企业了解国外对印刷产品的环保要求。在收集到第一手资料后，开始起草适于我国情况的标准。在制定过程中，标准编制组特别聘请了我国几位资深的印刷专家参与标准的起草工作。

我国制定绿色印刷标准的框架为：以印刷产品的环保标准作为出发点和落脚点，制定印刷品环保标准，包括印刷成品重金属的含量，对材料、辅料、加工工艺的要求，以及印前、印中、印后各环节中材料处理、废水（包括各种化学药水、洗车水）、废物（擦车布、预涂感光版）、废气的排放，成品回收等，规定检查机构的资质和检验的方法。

出于环境因素的考虑，印刷产品所用的材料应尽可能减轻环境负担，采购材料时也要选择这样的材料，即使是在客户指定材料的情况下，印刷企业提出使用对环境负荷较小的材料的建议也是必需的。因此，绿色印刷标准中不仅包含对材料本身的限制要求，还应将材料生产者的管理也纳入印刷材料绿色采购管理的范畴。印刷企业在选择材料生产商时就应该站在消费者的立场，主动选择那些在生产经营活动中实施环境保护措施的材料供应商，与致力于环境减负、材料回收利用、实施环保标签认定的供应商合作，甚至委托他们进行低环境负荷材料的开发，这不仅有利于印刷企业选择符合绿色标准的材料，更能够引导整个印刷产业共同来关心环境问题。

除了原辅材料的控制，印刷产品生产过程中的工序是决定产品是否绿色的另一关键。印刷生产是一个复杂的系统工程，完整的工序涵盖了从企业接单到交货的全过程，在加工工序的所有阶段均要致力于减轻环境负荷。

只有当印刷产品的原材料、工序等各个方面都达到一定的要求，才能符合环境对印刷产品设定的标准，才能称其为“绿色印刷产品”。

2011 年 3 月 2 日，环境保护部颁布我国首个绿色印刷标准《环境标志产品技术要求　印刷　第一部分：平版印刷》（HJ 2503—2011）。在此标准中明确提出，印刷产品质量除了应符合有关国家和行业标准以外，印刷产品的生产从原材料采购开始就必须达到具体的环保指标。标准将印刷过程分为印前、印中、印后加工三个主要工序，并分别对单张纸平印与卷筒纸平印进行了说明，对印刷方式、印刷辅助设备、废弃物回收等进行了详细规范，涵盖了目前印刷行业较为先进的印刷方式与设备设置，如果印刷企业能够严格按照此要求进行生产，即能基本保证印刷产品的生产过程是有利于资源节约与减轻环境负担的。

为配合标准的实施，2011 年环境保护部和新闻出版总署组织环境保护部环境发展中心和中国印刷技术协会在全国范围内先后开展了 10 余场数千名名企业代表参加的绿色印刷标准宣贯会。

目前，环境保护部正在着手进行后续部分“凹版印刷”“柔性版印刷”“丝网印刷”“数字印刷”等绿色印刷标准的制定工作。

2. 绿色印刷环境标志产品认证

2011 年 11 月 1 日，新闻出版总署印刷发行管理司和环境保护部科技标准司在北京联合召开了绿色印刷推进会。会议首次发布了《绿色印刷手册》。《手册》全面阐述了实施绿色印刷的目的、意义、战略规划、有关要求，并介绍了绿色印刷认证程序及方法，是各地政府管理部门、印刷企业以及社会各界了解绿色印刷、推进绿色印刷实施的重要指南，在宣传绿色印刷理念、普及绿色印刷知识、指导绿色印刷开展等方面将起到积极作用。会议还为全国首批获得绿色印刷环境标志产品认证的 60 家印刷企业颁发了认证证书，并现场展示了该批企业生产的各类绿色印刷产品，在随后的“印刷环保工程体系建设研讨会”“绿色印刷现场交流会”“北京首批获得认证企业专题采访”等活动中，释放出大量的积极信号，有力地促进印刷行业迈向“绿色”未来。

2012 年 4 月 6 日，新闻出版总署、教育部、环境保护部共同发布了《关于中小学教科书实施绿色印刷的通知》，明确了中小学教科书实施绿色印刷的指导思想、工作范围和目标、组织机构、实施步骤、分工要求以及监督处罚等方面内容。《通知》在我国发展绿色印刷的关键时期发布，进一步明确了中小学教科书实施绿色印刷的相关问题，将有助于免除青少年儿童和印刷从业人员日常接触到的印刷产品中有毒有害物质，保护广大青少年儿童和印刷从业人员的身体健康，减少出版、印制教科书过程中的污染物排放，淘汰达不到标准的教科书印刷企业，加快印刷业发展方式转变、促进印刷业产业升级，推动生态文明、环境友好型社会建设。

开展绿色印刷环境标志产品认证，是国家实施绿色印刷的重要手段和路径，这也是国际上许多国家通行的做法。印刷企业取得绿色印刷环境标志产品认证，标志着企业在环境保护方面已经达到目前国家实施的环境标准规定的先进水平，是值得社会和政府信赖的印刷产品生产者。

对于这些通过绿色印刷环境标志产品认证的企业，一方面政府在采购印刷产品时，如中小学教材、政府文印、票据票证等方面可以采取强制手段实施绿色印刷要求，强令这些产品必须在有绿色印刷认证资质的企业印制；另一方面，新闻出版总署计划与国务院有关部委联合发文，对中小学教科书的绿色印刷提出要求，并将与财政部沟通，把已经得到认证的企业列入政府采购名单。这对取得绿色印刷环境标志产品认证的企业来讲，是一个极好的发展机遇。同时，也体现了这些企业勇于承担社会责任，惠及当代，造福子孙后代的历史使命感。

3．绿色印刷产品的检测

随着我国绿色印刷标准及其环境标志产品认证工作的开展，完善绿色印刷产品监督检测方法和程序，健全检测机构职能成为推动绿色印刷工作的又一个重要方面。

根据国际惯例，任何一项标准体系是否能够成功在行业或企业建立并实施，最终有赖于第三方检测机构的认定，这就要求第三方检测机构必须具有绝对的权威，一般而言需要国家政府部门的支持，由国家或政府部门直接担任这个角色，或者由国家、政府委托的组织去担任这个角色。

目前我国有 10 万多家印刷企业，分布在全国各地，这一数量庞大的企业群体要建立起标准化的环保体系是一个巨大工程，需要与之相适应的检测机构的配合。根据我国目前的情况，为了全面推动绿色印刷检测体系的建立，应当尽快培养专业检测机构的能力，由政府部门对具备标准检测资质的机构进行资质认可，获得认可的机构即可开展绿色印刷环境标志产品的检测工作，这对于快速推动绿色印刷标准体系的全面建立将起到至关重要的作用。

同时，各级新闻出版管理部门将在今后持续加强印刷产品质量监督检测，在做好中小学教材和重点出版物印装质量抽检工作的基础上，逐步扩大质检范围，及时公布检测结果。加强各级印刷产品质量监督检测机构建设，完备专家队伍，将印刷产品质量监督检测机构建设与绿色印刷环境标志产品检测机构建设有机地结合起来，建立印刷企业质量管理评价以及绿色印刷检测制度，落实机构和人员，加大检测力度，逐步淘汰质量管理不合格、绿色印刷不达标的印刷企业。

三、绿色印刷环境标志的战略规划

通过在印刷行业实施绿色印刷战略，到“十二五”期末，基本建立绿色印刷环保体系，力争使绿色印刷企业数量占到我国印刷企业总数的 30%，印刷产品的环保指标达到国际先进水平，淘汰一批落后的印刷工艺、技术和产能，促进印刷行业实现节能减排，引导我国印刷产业加快转型和升级。

由于我国的印刷业涉及面广，基础设施相对比较落后，因此，在我国实施绿色印刷必定是一项长期的、细致的工作任务。新闻出版总署和环境保护部发布的《关于实施绿色印刷的公告》，部署了“十二五”期间实施绿色印刷的工作进程，确立了我国“十二五”期间实施绿色印刷的阶段性目标。具体如下：

1．2011 年，启动并试点绿色印刷工作，在印刷全行业动员和部署实施绿色印刷

标准先行，项目引领。各地要深入学习和宣传国家环境保护标准《环境标志产品技术要求　印刷　第一部分：平版印刷》（HJ 2503—2011），通过标准的学习和宣传，使广大从业人员了解掌握绿色印刷的基本要求。同时，加强当前对企业实施绿色印刷重点工程的扶持。新闻出版总署确定在 2010 年启动“数字印刷和印刷数字化”工程和“绿色环保印刷体系建设工程”，作为带动我国印刷产业战略转型升级的突破口，国家发展与改革委员会于 2010 年 10 月对首次申报的“数字印刷和印刷数字化工程”“绿色环保印刷体系建设工程”两大工程共计 10 个项目给予了 5 420 万元的资金扶持。从 2011 年开始，加大此专项中对企业实施绿色印刷重点工程项目的支持力度，按照“印刷产业发展专项项目申报指南”的要求，做好今后一段时期内绿色印刷重点工程项目的申报、扶持工作。通过重点工程项目的引领，加快实施绿色印刷的步伐。

有条件的地区和企业要针对青少年儿童紧密接触的印刷品，特别是在中小学教科书的印刷上率先进行绿色印刷试点；鼓励骨干印刷企业积极申请绿色印刷认证。

2．2012—2013 年，深化拓展绿色印刷工作，在印刷全行业构筑绿色印刷框架

陆续制定和发布相关绿色印刷标准，逐步在票据票证、食品药品包装等领域推广绿色印刷；建立绿色印刷示范企业，出台绿色印刷的相关扶持政策；基本实现中小学教科书绿色印刷全覆盖，加快推进绿色印刷政府采购。

逐步建立绿色印刷标准、认证以及检测体系，陆续出台票据印刷绿色标准、凹版印刷绿色标准，积极推动相关企业申请绿色印刷环境标志产品认证，尽快实现我国票据印刷领域的绿色全覆盖，同时加大力度推动凹版绿色印刷，首先在膨化食品包装印刷、软饮料包装印刷、药品包装印刷等领域强制执行凹版绿色印刷标准。

典型示范、典型引路、树立标杆。行业龙头企业是产业经济的重要支撑，也是行业转型升级的排头兵。选择一批行业龙头企业作为绿色印刷示范企业，培育和壮大这些企业具有高度成长性的创新项目，努力实现对原有产业模式的替代，从而对整个行业的转型升级方式和方向提供指引与借鉴。通过打造一批绿色印刷示范企业，发挥典型示范的作用，率先研发、实践新技术与新成果，积累经验、发现问题，从而助推绿色印刷在更多企业中的普及。对建立的绿色印刷示范企业，在国家文化产业发展专项资金、产业政策、管理措施、评选奖励、进口设备等方面给予扶持和倾斜。

以中小学教科书、政府采购产品和食品药品包装为重点，大力推进绿色印刷工作。在中小学教科书方面，有步骤地实施绿色印刷，在新修订《出版管理条例》时将中小学教科书列为政府采购产品，根据政府采购法，中小学教科书必须实行政府采购，必

须由得到绿色认证的印刷企业进行加工生产，从而实现中小学教科书绿色印刷全覆盖。

3．2014—2015 年，全面推进绿色印刷工作，在印刷全行业建立绿色印刷体系

完善绿色印刷标准；绿色印刷基本覆盖印刷产品类别，力争使绿色印刷企业数量占到我国印刷企业总数的 30%；淘汰一批落后的印刷工艺、技术和产能，促进印刷行业实现节能减排，引导我国印刷产业加快转型和升级。

完成全部绿色印刷标准的制定、发布工作。

对印刷企业加大印刷环保工程建设的指导力度。在总结已成熟的印刷环保工程系统设计与研究的经验基础上，将印刷企业的节能减排技术进行系统集成，编制《绿色印刷指导手册》，有针对性地优化企业印刷环保工程系统的设计方案、应用规范，从而更好地加强分类指导，确保完成绿色印刷工作的进度。

在建设绿色印刷示范企业的基础上，全面有序地推进绿色印刷。通过印刷环保工程系统设计以及典型示范工作，促进绿色印刷有序推广。

到“十二五”期末，基本建立绿色印刷环保体系。

配合上述目标，新闻出版总署和环境保护部将从以下四个方面进行配套保障。

一是宣传引导。新闻出版总署和环境保护部决定每年 11 月第一周为“绿色印刷宣传周”。要求各地区要结合自身实际，大力宣传我国实施绿色印刷战略、推进绿色印刷的措施和成效，开展多种形式的宣传教育活动，普及绿色印刷知识，提高全社会的绿色印刷意识。引导印刷企业及印刷设备、原辅材料生产企业积极履行社会责任，大力推动节能环保体系建设。统筹协调组织好“绿色印刷在中国”等系列活动。

二是教育培训。结合绿色印刷标准实施，对相关行政主管部门、行业协会和企业人员开展多层次、多形式的教育培训工作，提高政府行政管理人员的监督管理能力，提高行业协会工作人员的指导协调能力，提高检测机构和企业内部人员的技术保障能力，增强全行业从业人员的绿色印刷意识。

三是政策扶持。新闻出版总署和环境保护部将与有关部门和地区研究出台绿色印刷的扶持政策，鼓励有关企业、科研机构和高等院校建立产学研相结合的实施绿色印刷的新模式，对实施绿色印刷取得突出业绩的部门和企业进行奖励。各地要结合自身实际，研究出台对绿色印刷的扶持政策。

四是监督检查。各级新闻出版和环境保护行政主管部门要高度重视实施绿色印刷工作，抓好工作落实；相关检测机构要根据有关标准做好绿色印刷质量检测工作。新闻出版总署和环境保护部将对各地实施绿色印刷工作的情况进行督促检查，建立健全责任制和责任追究制，逐步完善绿色印刷管理的长效机制。

第三节　工作成果

自2010年环境保护部与新闻出版总署签署《实施绿色印刷战略合作协议》以来，绿色印刷在我国推行了一年多的时间，绿色发展的理念已经在印刷行业内广泛认可并对其未来发展达成了共识。在两部委的积极推动下，绿色印刷从部门行动上升为国家战略。2011年10月17日，国务院印发《关于加强环境保护重点工作的意见》，要求鼓励使用环境标志、环保认证和绿色印刷产品。2011年12月16日，国务院办公厅又专门以文件形式将绿色印刷实施的部门分工落实给新闻出版总署。

除了新闻出版总署和环境保护部外，越来越多的部委也参与到绿色印刷的实施工作中来。2012年4月6日，新闻出版总署、教育部、环境保护部三部委联合印发《关于中小学教科书实施绿色印刷的通知》。通知规定，从今年秋季学期开始，各地可从中小学国家课程或地方课程中选取部分课程教科书试点实施绿色印刷，数量应占到本地中小学教科书使用总量的30%以上，有条件的地区可以扩大比例。此外，新闻出版总署也在积极与财政部协商，争取财政支持。

在这一年多的时间里，新闻出版总署和环境保护部认真贯彻国家环保战略，积极搭建工作机制，全面部署工作进程，分步推动标准制定，深入开展宣传引导，大力推动绿色印刷实施，取得了重要的阶段性成果。

一、宣传培训工作的开展，使绿色印刷理念深入人心

2011年，为配合我国首个绿色印刷标准《环境标志产品技术要求　印刷　第一部分：平版印刷》（HJ 2503—2011）的颁布和实施，环境保护部和新闻出版总署组织环境保护部环境发展中心和中国印刷技术协会在全国范围内先后在北京（北方区）、成都（西南区）、武汉（华中区）、南京（华东区）及广州（华南区）开展了5场大规模的绿色印刷标准宣贯会，各省、自治区、直辖市印刷管理部门代表、各地印刷协会代表以及各地印刷企业代表等参加了宣贯会。这几次宣贯会有力地促进了各地印刷企业对绿色印刷理念及绿色印刷技术标准的了解，为企业开展绿色印刷工作以及申请绿色印刷认证提供了良好的交流平台，为我国绿色印刷战略的实施打响了头炮。

根据新闻出版总署和环境保护部联合发布的《关于实施绿色印刷的公告》，每年11月的第一周为“绿色印刷宣传周”。在2011年的首个绿色印刷宣传周上，两部委在北京联合召开了绿色印刷推进会，发布了《绿色印刷手册》，并举行了多场绿色印刷实施

经验交流会和绿色印刷发展研讨会。同时，全国多个地区也开展了丰富多彩的绿色印刷宣传活动，宣传绿色印刷理念，展示绿色印刷成果。

通过这一系列的宣传培训活动，绿色印刷知识在全民中得到很好的普及，绿色印刷理念在企业中得到很好的贯彻，节能环保体系在印刷行业中逐步得以建设。

二、平版印刷标准的颁布，让绿色印刷有据可依

2011 年 3 月 2 日，环境保护部颁布我国首个绿色印刷标准《环境标志产品技术要求　印刷　第一部分：平版印刷》（HJ 2503—2011）。该标准主要针对和解决的问题包括：

——辅助材料的污染问题。印刷所用辅助材料包括润湿液、上光油、洗车水、显定影液等，这些物质中还有大量的 VOC、重金属等污染物，对环境和人体健康的影响都很大。

——油墨的环境问题。油墨的环境问题开始慢慢被大家重视，由于国内缺乏有效的环保法规，所以在选择使用油墨产品时没有判别依据，造成食品包装印刷品的有害物残留。

——印刷材质的选择。纸张作为最常用的印刷承印物，消耗量巨大，造成对树木和森林的大量砍伐和破坏。此外，纸张的亮白度对人体视力有着直接影响。

标准颁布后，在以下方面起到较大作用：

1．使用环保型油墨

油墨不但在印刷过程中污染环境，危害人身健康，在印刷产品上的有机残留物还会继续污染环境，而且这些有机残留物及所含有的铅、汞、砷、铬等有害物质还会继续危害印刷品使用者的身体健康。HJ 2503—2011 标准要求所有印刷环境标志产品的油墨必须达到《环境标志产品技术要求　胶印油墨》（HJ/T 370）的标准要求，包括不得添加邻苯二甲酸二异壬酯（DINP）、邻苯二甲酸二正辛酯（DNOP）、邻苯二甲酸二（2-乙基己基）酯（DEHP）、邻苯二甲酸二异癸酯（DIDP）、邻苯二甲酸丁基苄基酯（BBP）、邻苯二甲酸二丁酯（DBP），不得人为添加铅、镉、汞、砷等重金属及其化合物等，此外，对于油墨中有害物质的限值也做出了相应规定。标准的实施，有效减少了挥发性有机物及重金属的排放，对保护环境及人体健康，都起到了积极推动作用。

2．减少润湿液中醇类的添加量

润湿液是保证印版空白部分形成亲水盐层的必要条件，目前多色胶印机上采用的

是醇类润版系统。由于挥发后产生的醇蒸汽有毒，会对人体健康造成有害的影响，HJ 2503—2011 标准对异丙醇在工作场地的阈值进行了规定。通过 HJ 2503—2011 标准的实施可减少异丙醇的使用，最终在印刷业实现完全替代。

3．推动 CTP 系统的应用

目前我国印刷业制版多半还是通过照排机出胶片制成 PS 版来上机印刷。胶片是银盐感光材料，里面含有银离子，而定影后的废定影液里也含有大量的银离子，这些物质直接进入环境中，对水体环境造成危害，而显影、定影冲洗废液含有大量有机物，属于危险废弃物，国家禁止直接排放，而在国内企业的环境管理方面存在一定的缺陷，部分企业不够重视，通过环境标志逐步强化环境管理，实现企业环境进步。采用计算机直接制版，减少了利用胶片制版（PS 版）中间环节。

通过环境标志印刷标准的制定在设计、制造、使用、废弃四个生命周期阶段过程中，不但强调设计与生产的过程控制，同时也对印刷产品在使用及废弃阶段提出明确的量化要求。提高我国印刷业的科技水平，推动我国印刷业产业结构调整与转型升级，做大、做强成为优秀的大中型环保型印刷企业，淘汰污染严重的“小作坊”式的低劣质企业，促进实现我国由“印刷大国”向“印刷强国”的转变目标。

三、绿色认证的开展，直接推动了绿色印刷战略的实施以及印刷行业的产业调整

目前我国印刷行业有企业 10 万余家，从业人员 370 多万，年产值 7 700 多亿元。从统计数据看，我国已迈入世界印刷大国行列。但我国还不是印刷强国，印刷企业“大而不强、小而不精”，低水平重复建设严重，尚未形成世界级优势企业。印刷业多年来一直面临“小、散、滥”的问题，由于缺乏退出机制，小企业很难被淘汰出局。在这种局面下，通过实施绿色印刷来调整产业结构、推动产业转型升级成为必然选择。具体来说，就是通过制定绿色印刷标准，实施绿色印刷认证，引导具备一定条件的企业，通过技术升级达到合格的标准、跻身强企之列，对那些不知上进的企业，通过不断扩大绿色印刷的品种，将其淘汰出局。

可喜的是，自 2011 年 3 月，我国首个绿色印刷标准实施以来，各地印刷企业反响强烈，积极申请绿色印刷认证。截至 2012 年 4 月 1 日，已有 103 家印刷企业通过绿色印刷环境标志产品认证。

我国实施绿色印刷的条件已经基本成熟，但需承认的是，在未来的发展之路，推广绿色印刷中还需要继续转变观念、加强宣传、完善绿色印刷标准的建立。

第七章 绿色印刷认证

绿色印刷认证是以环境标志为平台进行实施的，2011 年 3 月 2 日，环境保护部颁布我国首个绿色印刷标准《环境标志产品技术要求 印刷 第一部分：平版印刷》（HJ 2503—2011），标志着绿色印刷认证正式开始实施。

第一节 环境标志产品认证及认证流程

一、产品认证概述

产品认证是第三方对产品与规定要求的符合性进行评价和证明的合格评定活动，在我国产品认证分为强制性认证和自愿性认证两种形式。产品认证历经百年的发展过程，在当今经济全球化和贸易自由化的时代，世界各国纷纷将产品认证作为规范市场行为、促进经济贸易发展和保护消费者合法权益的有效手段。在受到法律法规管制的领域，各国政府为了安全、健康、环境保护、防止欺诈或市场公平等原因，制定并实施了涉及产品、过程和服务的法律法规，把获得认证作为市场准入和政府采购的必要条件。在自愿性领域，许多行业为了达到起码的技术水平、实现可比性和确保公平竞争，也已开展了认证活动，使产品认证在经济、贸易、环境保护、人类健康、公共安全和社会生活等许多领域中发挥着越来越重要的作用。

环境标志产品认证属于产品认证范畴中自愿性认证领域，它是对产品（包括产品、服务、过程）的环境特性的认证，是依据特定的规定要求——《环境标志产品技术要求》对产品进行评价，是第三方对产品与规定要求的符合性进行评价和证明的合格评定活动。目前，中国环境标志产品已在六大领域开展了 91 类产品的认证，平版印刷只是其中之一，根据环境标志标准规划陆续会有商业票据、凹版印刷等标准出台。

二、环境标志产品认证遵循的原则及认证流程

环境标志产品认证既然属于产品认证范畴内，因此它也应遵循一般产品认证的原则，制定有相应的环境标志产品认证制度，按照产品认证规则、产品认证标准、产品认证程序实施认证。中国环境标志产品的认证模式通常为：型式检验+工厂检查+证后监督，即通过包括工厂的保证能力检查、产品抽样、送样、检验、检验结果评价以及综合评定和获证后的监督等一系列活动，就产品满足规定要求、产品的环境行为及企业的环境管理系统符合某种环境标准给予公正的第三方的书面保证——“中国环境标志产品认证证书”。认证准则主要包括：环境标志标准、环境标志产品保障措施指南、企业环境标志产品保障措施文件、相关的法律法规。其认证程序一般包括认证申请受理、检查准备和实施、合格评定和认证决定、证后监督等主要流程，其认证流程如图 7-1 所示。

1．中国环境标志产品认证准则包括的主要内容

（1）环境标志标准

这是由环境保护部颁布，依据产品本身的环境特性所制定，是环境标志产品应该遵守的主要技术依据，它规定了环境标志产品应达到的环境指标及相应的检验方法。

（2）环境标志产品保障措施指南

这是保证申请认证的产品和企业能够持续有效的符合环境标志标准要求，是评价企业满足标准要求、法律法规和企业自身要求的能力的依据。保障措施指南是针对保障措施的特性所规定的要求，它不对产品做具体要求，而是对产品要求的补充。

（3）企业环境标志产品保障措施

任何一个企业要想有效地保证该企业及产品的环境行为持续满足环境标准的要求，都必须根据本企业的具体情况，按照环境标志产品保障措施指南建立保障措施。它是企业为达到环境标志相关要求，实现产品环境特性和满足相应的环境法规，实现企业的绿色生产，所必须建立和健全的。

（4）相关的法律法规

守法是一个企业最基本要求，环境标志认证企业也应做到这一基本要求，关注企业环境行为（如污染物排放、环评、“三同时”等）所要遵守的国家或地方的强制要求。

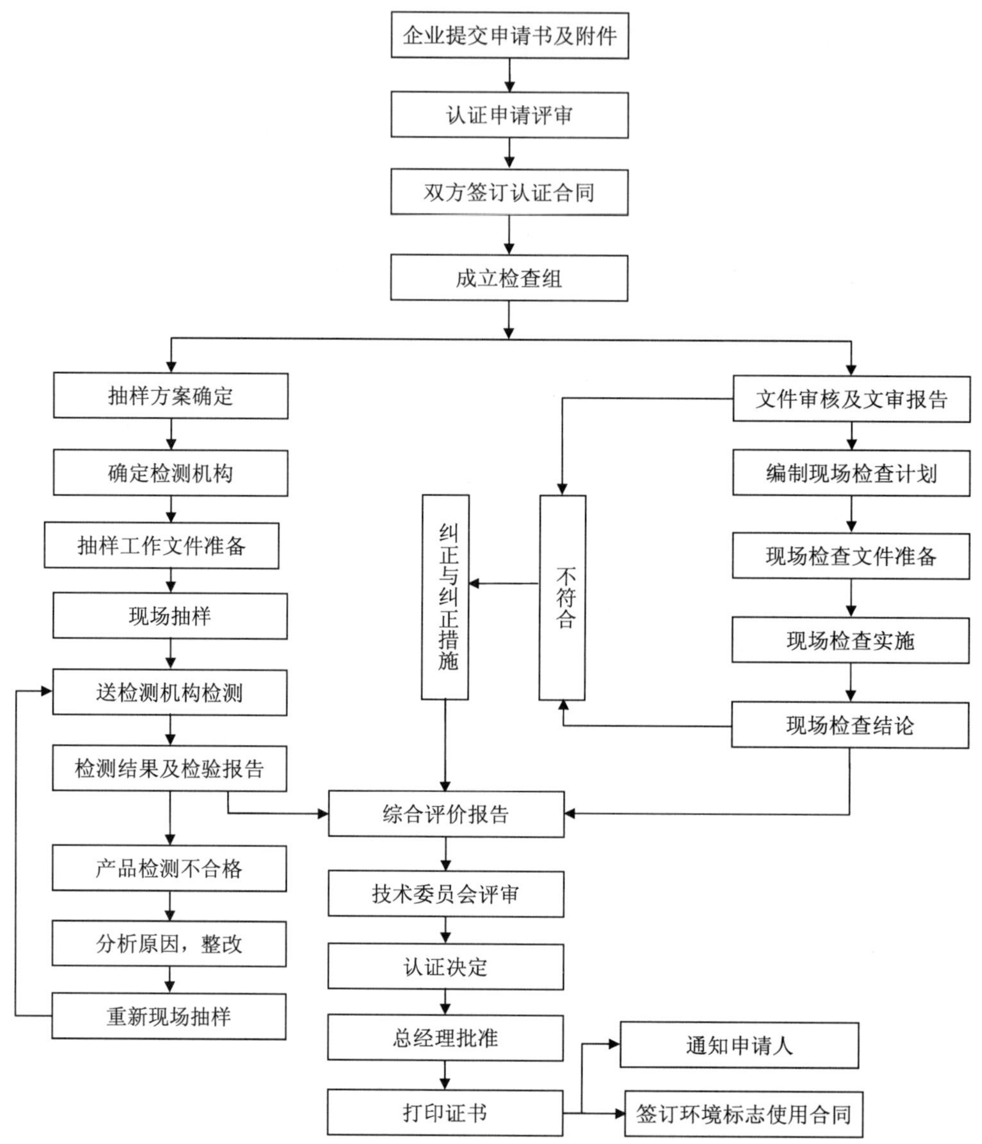

图 7-1　环境标志产品认证流程

2．环境标志认证的主要类型及认证程序

中国环境标志产品认证主要包括：初次认证、增项认证、年度监督及再认证 4 个类型。

（1）初次认证

中国环境标志产品初次认证包括企业申请、签订合同、文件审查、现场检查、产品检验、综合评价、技术评定、颁发证书、签订使用环境标志合同。

这里主要介绍初次认证最主要的过程：现场检查和产品检验。

①现场检查。

检查的主要目的是检查环境标志产品认证企业是否具备满足特定的环境标志产品认证方案所要求的能力。通过对申请企业保障措施的评价，确认被认证产品是建立在申请企业能够稳定生产出合格的批量产品能力基础之上。因此，对申请企业的环境标志产品保障措施进行检查评价，是对该企业的产品授予环境标志的一个必不可少的前提条件。检查的重点是对申请认证产品相关的现场管理和生产活动实施控制的有效性和一致性，这就要求对关键过程进行识别控制，并从中识别主要控制的因素。

②产品检验。

产品检测是产品认证评价的一项重要活动，通过对抽取的有代表性样品的检测，证实产品与认证标准的符合性，即产品检验是对申请环境标志产品的环境特性指标的测试，其依据是该类环境标志标准，检验所需样品数由认证机构确定。取样由现场检查员从生产者的最终产品中随机抽取具有代表性样品，封样后送指定的国家认可的检测机构进行测试。

现场检查及产品检验通过之后方能推荐认证。

（2）增项认证

增项认证是在同一产品类别中为了满足获证企业产品持续增加及产品变化而带来的认证需求，增项认证必须是在原有证书的基本之上，再扩大产品范围的认证。它涉及单元内增加产品型号和增加新的产品认证单元两种情况。其方法是根据增项内容不同，采用现场检查和（或）产品抽样，对获证企业及产品满足认证准则的情况进行验证。

（3）年度监督

监督是指在对产品认证之后，通过对获证方的产品检测和相关的保障措施的检查，确保获得认证的企业及产品的环境行为持续有效地符合环境标志认证规则的要求，是对获证方所进行的控制管理活动，是确保认证有效性的控制活动。

年度监督的周期为每 12 个月至少 1 次，其方法是对获证企业及产品满足认证准则的情况进行验证，验证合格允许继续使用环境标志。

（4）再认证

中国环境标志认证的有效期为 3 年，认证期满后，企业如果需要继续使用环境标志，就必须重新申请再认证。再认证的程序和内容同初次认证。

对于环境标志产品认证来说，与其他产品认证不同点在于，除对申请认证的产品提出规定要求外，还对申请者、制造商、产品生产厂的环境守法情况提出要求，由于环境标志产品认证证书是授予企业的，它不只是要求申请认证产品生产过程中污染物排放要满足国家或地方污染物排放标准，而是要求申请者、制造商、产品生产厂作为一个整体必须是守法达标的，其污染物排放必须符合国家或地方污染物排放标准。这就要求企业做到除申请认证的产品生产过程中污染物排放符合要求，企业生产的其他产品在生产过程中也必须做到达标排放，才有可能获得认证。

3．环境标志产品认证收费

中国环境标志产品认证收费依据国家计委、物价局、财政部和国家认证认可监督管理委员会的有关规定制定。

初次认证：初次认证为企业第一次申请认证，其费用包括认证申请费、检查费和产品检验费、审定与注册费（含证书费）、年金（含标志使用费）。

年度监督：企业在获得认证证书后，根据产品认证实施规则规定的复查内容，认证机构和产品检测机构分别在对获得认证证书的企业进行监督检查和产品检测时收取监督检查费，其费用包括检查费、产品检验费和年金（含标志使用费）。

增项认证：企业在已获得同类别环境标志产品认证证书的基础上，增加新的认证单元或增加认证产品型号，其费用包括认证申请费、检查费和产品检验费、审定与注册费（含证书费）。

各项费用收费标准如下：

（1）申请费

认证机构在受理环境标志产品认证申请时向申请认证企业收取申请费 2 000 元，企业每提出一次申请，则收取一次申请费用。

（2）检查费

认证机构按照认证产品的工厂审查要求，向申请认证企业收取工厂审查费，检查费包括对申请认证企业进行文件审查、现场检查和最终综合评价报告时间，不包括路途时间。

工厂审查基本费用为：每一检查工作人日收取的基本费用为 3 000 元/（人・日），其具体收费为：

①初次检查费＝基本费×初次检查人日数；

②增项检查费＝基本费×增项检查人日数；

③年度监督检查费＝基本费×监督检查人日数；

④复评检查费＝基本费×复评检查人日数。

初次检查人日数：检查所需的人员天数（人数×天数），根据申请方的组织规模、检查范围、产品认证单元和复杂程度以及组织接受检查的准备情况而定；

增项检查人日数：增项认证产品为单一认证单元，检查人·日数按 3 人日计，每增加一个产品认证单元，检查人·日数增加 1 个人日数，最多增加不超过 6 个人日；

多现场检查人日数：若遇多现场时，检查应覆盖所有申请认证的产品生产现场，每增加一个城市，加收 2 个人日，最多加收 10 个人日；

监督检查人日数不低于初次检查人日数的 1/3；

复评检查人日数不低于初次检查人日数的 2/3。

（3）产品检验费

初次检验、年度监督检验和复评检验依据国家规定的有关产品质量委托检验收费标准收取。具体收费由指定环境标志产品检测机构按照产品认证标准和技术要求，对申请认证的产品进行检测并出具检测报告时，向申请认证企业收取产品检测费。

（4）审定与注册费（含证书费）

认证机构在对符合认证要求的产品进行评定并颁发环境标志产品认证证书时，向申请认证企业收取批准与注册费。批准与注册费（含证书费）收费标准为 3 000 元，每增印一张证书副本加收 50 元。

（5）年金（含标志使用费）

对同一申请企业获得的证书，统一按每一企业 5 000 元收取年金。

（6）差旅费

按惯例，审核人员往返交通费用由申请认证的企业负担，一般采用实报实销的方式解决。

综上所述，环境标志产品认证收费可概括为两个部分，一是固定费用，由申请费、注册费和年金组成，共计 10 000 元；二是不确定费用为检查费用，根据各企业具体申请范围和规模确定。上述收费标准在国家有关收费政策调整时，认证机构将会按照相关规定进行调整，并及时向申请认证方通报费用变动情况。

三、绿色印刷与环境标志的关系

印刷从诞生之日起就对环境造成破坏，现代印刷工艺也未因技术的改进而改变对环境造成的危害，而随着国家对环保问题的重视和国民环保意识的增强，“绿色印刷”的呼声也随之高涨。所谓“绿色印刷”，主要是指不破坏生态环境，不威胁人体健康，节约资源消耗的印刷方式。20 世纪 80 年代后期，在以日本、美国、德国等为代表的西方发达国家先后出现了绿色印刷，后经 20 余年的发展，现已从概念讨论阶段进入到实际应用阶段，无论从理念还是到技术标准、设备工艺、原辅材料以及软件应用等方面都有了极大的发展并日趋成熟。在欧美发达国家，绿色印刷既是其科技发展水平的体现，同时也是替代产生环境污染和高能耗的传统印刷方式的有效手段。

在我国绿色印刷还刚刚起步，大力发展绿色产业是我国产业结构战略性调整的必由之路，政府有关部门也积极从实际出发，本着对社会负责，对产业发展负责的态度，制定和探讨符合客观的方针和政策，推动绿色印刷的逐步实现。在行业内大家也在以一种积极的态度探讨着我国如何走出一条有我们自己特色的绿色印刷之路。

如何实现绿色印刷，不仅关系到印刷业自身的长远利益，更关系到全社会的协调发展。面对消费者日益增长的环境意识，生产者、出版商和不具备权威性的第三方，因为各自的利益而做的纯粹为了吸引消费者注意的绿色广告，混淆了视听，扰乱了市场，使消费者无所适从，而科学的绿色消费和绿色产品需要统一的科学标准，来把住绿色通道的入口，以建立有序发展的绿色消费环境，环境保护部应市场需要，适时出台了绿色印刷标准——《环境标志产品技术要求　印刷　第一部分：平版印刷》（HJ 2503—2011），新闻总署利用这一抓手，在行业也积极推动绿色印刷实施，与环境保护部共同出台了相关产业政策，环境标志产品认证机构则在二部委的积极推动下适时开展了绿色印刷环境标志产品认证以满足行业、消费者对绿色印刷评判需求，引导企业走向绿色印刷道路。

四、绿色印刷认证流程

绿色印刷认证流程遵循中国环境标志产品认证程序，从认证申请到最后批准需要九个阶段，申请方申请—申请评审、签订认证合同—组成检查组进行文件审核—现场检查—产品检测—综合评价—认证决定—认证批准—签订标志使用合同，其认证流程如图 7-1 所示。首先，由申请方向指定的环境标志认证机构提交环境标志产品认证申请书，其次，指定的环境标志产品认证机构根据环境标志产品认证实施细则中认证单元的划分对申请材料进行初步审查，确认其基本符合申请要求后，与申请方签订环境标志产品认证合同，安排现场检查，并依据环境标志产品认证准则及环境标志产品认证实施细则对申请方进行现场检查及抽样送检，指定的环境标志产品检测机构对抽样产品依据相应的环境标志产品技术要求进行检测并将检测结果提交委托检测的环境标志产品认证机构，环境标志产品认证机构根据现场检查、产品检测结果进行综合评价，评价合格后向申请方颁发环境标志产品认证证书。指定的环境标志产品认证机构对获证后的产品进行定期监督。

第二节　绿色印刷认证实施

绿色印刷是一项系统工程，它需要多管齐下共同努力推进绿色印刷的进程。除政府有关部门制定的政策外，还需要各方包括政府、协会、认证机构、新闻媒体等对绿色印刷的宣传，以及印刷企业领导、员工对绿色印刷全面认识和对企业的绿色印刷的认证来推动绿色印刷的逐步实现。

一、印刷企业如何做好前期准备工作

绿色印刷认证工作是一项严谨而系统的工程，不可能一蹴而就。企业应当从自身的实际出发，把认证工作当成一个助手和工具，以实现企业“产品质量和环境行为双优”为目标，扎扎实实地抓好每一个生产环节、每一个管理环节，使这个工具发挥出它真正的作用。为此企业应做好以下工作：

1. 绿色印刷的宣贯

组织绿色印刷认证的宣传、动员和准备工作。取得企业高、中层领导的统一认识、支持和参与是绿色印刷认证准备阶段的重要工作。环境标志产品认证是一件综合性很强的工作，认证过程需要调动企业各部门和全体员工积极参与，涉及各部门之间的配合，需要投入一定的人力、物力和财力，需要领导的发动和督促，随着环境标志认证进程的发展，在不同阶段工作的重点也会发生变化，主要参与认证的部门和人员也需要及时调整，因此，高层领导的支持和参与是保证认证工作顺利进行不可缺少的前提条件。同时高层领导的支持和参与直接决定了企业制定的保障措施，既满足环境标志绿色印刷认证要求也符合实际需要，且是可行并容易实施的。

为此，必须积极向企业领导宣讲环境标志绿色印刷的政策、可能带来的经济效益、环境效益、社会效益，及在提高无形资产和推动技术进步等方面的作用，取得企业领导的支持和重视。这既是顺利实施绿色印刷认证工作的保证，也是绿色印刷认证做到切合实际、实施起来容易取得成效的关键。从实践来看，越是领导支持的企业，认证工作的进展越是顺利。此外，除了高层领导的支持外，企业中层各部门负责人和关键岗位人员对实施绿色印刷的认识和必要性的理解也是决定是否能够顺利推行绿色印刷的关键所在。实施绿色印刷除在资金方面的投入外，关键是需要投入相当大的精力，要改变干部和职工多年养成的许多思维和工作习惯，要将原有体系中不协调、不平衡

的地方找出来，寻求协调与平衡，这需要付出相当的勇气和精力，尤其对高层主管和具体负责人员。在具体实施过程中要依靠这些人员的积极支持、主动行动和配合，如果他们对实施绿色印刷没有一个正确的认识和理解，也很难在具体工作中推行下去，因此在对这部分人员进行宣讲时，还应着重加强技术层面的内容。

2. 实施绿色印刷能给企业带来什么

“绿色”是充满希望的颜色，是世界各国普遍认同的对具有“环境友好”与“健康有益”两个核心内涵属性的事物的一种形容性、描述性称谓。绿色产品，是寄托着人类与自然和谐相处的美好愿望的产品，在日常生活中印刷品无处不在，印刷与人们息息相关，人们同样渴望绿色印刷产品。

（1）提高企业形象，增加市场竞争力

绿色营销观念的提出是适应21世纪的消费需求而产生的一种新型营销理念，是指企业在生产经营过程中，将企业自身利益、消费者利益和环境保护利益三者统一起来，以此为中心，对产品和服务进行构思、设计、销售和制造。20世纪90年代以来，风靡全球的绿色革命为企业带来了勃勃生机，2009年12月的哥本哈根气候大会更是把这种趋势推向了高潮。树立绿色营销观念，开发绿色产品，开拓绿色市场，已成为21世纪企业营销发展的新趋势，也给企业创造了新的机遇。目前市场竞争的手段已不再是产品价格和单纯的产品质量竞争，而是新的理念与创意的竞争。实施绿色印刷可以达到节约资源、减少污染物的排放和降低有害物质对人体健康的危害，使企业在市场竞争中立于不败之地。

（2）获得国际贸易“通行证”，消除国际贸易壁垒

许多国家为了保护自身利益，设置了种种贸易壁垒，包括关税壁垒和非关税壁垒，目前关税壁垒的作用逐渐减弱，非关税壁垒的作用则日趋增强。非关税壁垒主要是产品标准和绿色贸易壁垒，所以获得环境标志认证是消除贸易壁垒的主要途径之一，也成为出口印刷企业获得海外客户订单的“通行证”。

（3）获得政府采购、招标项目入场券

目前，我国正在逐步与国际接轨，推行政府采购，暗箱操作将退出市场经济的舞台，市场竞争将更趋公平化、透明化。2012年4月6日由新闻出版总署、教育部、环境保护部共同发布的《关于中小学教科书实施绿色印刷的通知》（以下简称《通知》），对中小学教科书实施绿色印刷的工作范围进行了严格的规定，指出中小学教科书实施绿色印刷的范围包括全国义务教育阶段国家课程和地方课程的所有教科书，中小学教科书必须委托获得绿色印刷环境标志产品认证的印刷企业印制。《通知》要求从2012年秋季学期起，各地使用的绿色印刷中小学教科书数量应占到本地中小学教科书使用

总量的 30%；再经过 1～2 年，基本实现全国中小学教科书绿色印刷全覆盖。从而使企业通过环境标志认证成为政府采购的门槛之一。

3．实施绿色印刷需企业投入及承担的风险

企业经营风险时刻都存在的，实施绿色印刷也不例外，有时候不能仅仅因账面上成本增加、短期销售额未增加，就不敢尝试。正确的做法是通过更深层的政策研究、市场走向分析，从长远利益出发，综合考虑，才能对企业存在风险环节做出判断，避免更进一步的损失。下面就实施绿色印刷可能存在的风险作一分析。

（1）原辅材料问题

由于我国绿色印刷刚刚起步，其配套的原辅材料和生产设备还未普及，尤其是环保型原辅材料的种类及产品还较少，不能完全满足绿色印刷生产的需要，目前大量使用的低成本的原辅材料还不能满足环境标志标准对原辅材料的要求，从而造成企业无法购买到低价环保的原辅材料。

（2）绿色印刷成本提高

由于绿色印刷使用的设备和要求较为先进，一些企业现有设备不能满足要求，如果对设备进行更新则需要大量的资金投入；另外，我国在油墨、润湿液等行业中也未完全普及环保型原材料生产，只是一些规模较大的企业生产的一些高端产品能够满足标准要求，目前在印刷企业中还有大量非环保型原辅材料，未能找到物美价廉的产品替代，也使绿色印刷的成本较一般印刷品成本高。

（3）消费不足问题

虽然印刷行业年总产值超过 7 700 亿元，但很多消费者和出版商还没有建立起绿色印刷的观念，还有一些消费者由于经济条件的制约消费不起或不愿在印刷品上投入过多的费用，从而使出版商在绿色印刷方面也不想投入更多的成本，使绿色印刷消费不足，导致市场对绿色印刷不能形成规模，造成绿色印刷成本较之一般印刷品高，在市场竞争中失去优势。

4．企业自我评审

企业在提交正式申请前，应对所生产的产品进行一次自我评估，以确定哪些产品能够符合绿色印刷认证要求，以便确定申请认证的范围，减少不必要的损失。企业在进行自我评估时，应重点考虑：是否具备明确法律地位、认证申请资料是否准备齐全、环境标志产品技术要求中对原材料必须达到的要求是否获取了充分的证据。另外，绿色印刷认证特别要注意其与一般工业产品的环境标志产品认证的差异，在平版印刷标准中有部分条款采用打分形式实现，它不要求企业必须全部做到，只要满足最低分值

即可，是非强制性要求，企业可根据自身条件自我选择投入多少资源来满足标准条款的要求。企业在自我评审后根据评审的结果决定是否马上申请认证，还是经过努力后基本满足要求了再申请认证。

二、绿色印刷认证实施

绿色印刷采信环境标志产品认证结果，因此其认证流程及要求也同环境标志产品认证基本相同，执行中国环境标志产品认证模式和认证流程。其认证根据申请者及企业生产场所的不同分为境内企业认证和境外企业认证。下面以境内企业初次申请平版印刷为例介绍绿色印刷产品认证程序。

（一）认证申请及受理

认证申请是产品认证的先行步骤，为了有序开展认证，申请人必须针对每一项认证基本需求，以书面文件的形式明确提出正式的认证申请。在申请绿色印刷产品认证过程中，申请人与认证机构应在进行充分的信息交流、沟通的基础上，确认绿色印刷产品申请类别之后，再填写一份经申请人充分授权代表签署的正式的申请书及附件，提交认证机构，认证机构对其进行评审后决定是否受理。申请人从向认证机构递交产品认证申请的那一刻起，便自然地被赋予了自觉遵守认证机构相关规定、对产品质量负责和对认证机构负责的义务。

1. 申请绿色印刷产品认证的基本条件

（1）申请人具有明确法律地位，可以承担法律责任。

（2）遵守国家法律法规和其他要求，需要时，可以提供表明遵守国家法律法规和其他要求的证明文件。

（3）产品采用的印刷方式为单一的平版印刷，包括单张纸印刷和卷筒纸印刷。

（4）按《环境标志产品保障措施指南》的要求建立并实施环境标志产品保障措施，在现场检查前应稳定运行一段时间。

（5）原材料、产品及生产过程能够符合 HJ 2503—2011 标准要求。

2. 认证申请的流程

申请方填写环境标志产品认证申请书——准备申请材料——向指定的环境标志认证机构递交申请——指定环境标志产品认证机构进行申请评审——双方签订环境标志产品认证合同——申请方交纳认证费用。

其中申请者应重点完成前三个步骤及按认证合同交纳认证费用，申请评审工作主要是由指定的环境标志认证机构完成。

3. 平版印刷认证单元的划分

根据中华人民共和国新闻出版署关于实施《书刊印刷产品分类》（CY/T 1—1999）行业标准的通知，在对书刊印刷产品分类中有 4 种分类方式，即按印版特征可分为：凸版印刷产品、平版印刷产品、凹版印刷产品、孔版印刷产品、综合印刷产品、其他印刷产品；按转换模式可分为：模拟印刷产品、数字印刷产品；按印后加工形式可分：精装产品、平装产品、骑马订装产品、古线装产品、其他印后加工产品；按最终产品可分：图书、期刊、报纸、其他；按出版和印刷要求分：精细产品、一般产品。那么多的分类方式，企业在申请认证时应采用哪种方式，这就是产品认证规则制定时应考虑的，如何在认证过程中做到认证成本与认证风险的合理控制，是单元划分的问题。

根据平版印刷实施细则其认证单元划分的原则是有效地控制产品的环境风险，实现产品绿色、印刷方式绿色的功能，即以平版印刷产品技术要求相关的原辅材料、产品及印刷过程进行划分，具体分为平张纸印刷、卷筒纸印刷两种不同的印刷方式，划分为 5 个认证单元，即纸质包装、精装书、胶订书、骑马订书、卡书。

申请方在申请认证时可依据对应的平版印刷实施规则中单元划分的原则，将与产品印刷方式、产品装订方式完全相同的系列产品作为同一个认证单元来申请认证，同时，需要将各个产品之间原辅材料的差异性进行详细说明，并在申请过程中尽可能将不同认证单元的产品均安排生产，同时对同一认证单元内的应选择有代表性（能体现企业先进的生产设备、复杂的工艺水平）的产品进行生产，以备认证机构现场抽样。

4. 申请书及其附件基本内容

企业在完成自身产品类别的判断并选择对应的认证类别后，根据印刷方式可以在指定的环境标志产品认证机构申请环境标志产品认证。首先从指定的环境标志产品认证机构网站获取“环境标志产品认证申请书”，向指定的环境标志产品认证机构提出书面申请，并提交以下材料：

（1）环境标志产品认证申请书

① 申请认证的范围：

☞　拟申请认证产品的类别：按环境标志技术要求名称进行填写，如平版印刷；

☞　拟申请认证产品名称：按基本单元及单元中包含的产品品种明细填写，如胶订书刊、中小学教材，骑马订书刊、中小学教材；

☞ 拟申请认证产品规格型号：按照开本的大小填写，如大 16 开；

☞ 拟申请认证产品的每一生产场所情况，通常要求认证产品的每一个独立的生产场所都应在申请书中单独描述；

☞ 拟申请认证产品执行标准。

②申请人同意遵守认证要求的声明。

③申请人承诺提供评价拟认证产品所需的任何信息。

④申请方法人代表或经其充分授权的代表签字及单位公章。

（2）提交材料

①申请企业合法性证明材料：企业法人营业执照副本复印件、组织机构代码证复印件、印刷经营许可证；

②申请及生产企业环境守法证明材料："环境影响评价报告书（或表）"、"环境影响评价报告书（或表）批复意见"及"三同时"竣工验收报告及批复或省市级环境保护部门开具的守法证明，及由通过计量认证的环境监测部门出具的企业一年内环境监测报告，包括废水、废气、噪声监测报告；

③产品质量符合性证明：产品执行的质量标准及经国家或省级技术监督部门认可且通过计量认证的检验机构出具的一年内合格的全项产品质量检验报告；

④环境标志产品保障体系文件或环境标志产品保障措施指南要素与企业管理文件对应表；

⑤申请认证产品生产工艺流程：注明过程中的关键工序和特殊工序的简图；

⑥厂区平面图（简图）；

⑦企业组织结构图：与申请认证产品有关的；

⑧产品彩色照片。

5. 申请评审及受理

绿色印刷认证与环境标志产品认证相同，指定的环境标志产品认证机构在实施评价前，对企业提出的平版印刷环境标志产品认证申请进行评审，以识别本次认证的目的、范围和依据，识别认证的可行性和制约条件、开展认证服务的资源需求，识别申请人的工作场所和任何特殊要求，分析确认认证机构是否具备实施认证的资格及能力。其评审具体内容包括两个方面：

（1）对于申请方

重点关注其申请是否符合环境标志产品认证的基本要求，是否具有明确的法律地位及相应的生产资格，相关文件、资料是否齐全，是否符合申请条件；

（2）对于认证机构

重点评审其申请认证的产品类别、范围是否明确，如认证产品单元及产品品种、产品标准、生产场所等；本机构是否具有相应的专业能力及人员和技术资源，完成该项目认证所需要的资源和时间。

6．签订认证合同及缴费

经申请评审决定受理认证的，指定的环境标志产品认证机构与申请者要签订正式的书面合同，明确认证依据、认证范围、认证费用、双方的责任、证书使用规定、违约责任等事项。申请者根据合同要求缴纳认证费用。

（二）环境标志产品评价实施程序

对于产品认证而言，评价包括两个方面，一是对产品检测结果的评价，二是对生产过程和保障体系的评估结果的适宜性、充分性和有效性进行验证。在环境标志产品认证实施中由于检测是委托指定的检测机构完成，在此不做具体阐述，只将抽样及送样做一简单介绍。

1．检查活动的启动

认证机构在受理申请后，根据申请者申请的产品类别、产品特点和检查的类型确定检查目的、范围和准则，选择并委派进行现场检查的检查组成员及检查组长，代表认证机构进行现场检查准备及检查实施，其工作流程为：组成检查组—文件审核—确认检查时间—现场检查实施—产品现场抽样—送样—检测（委托）—综合评价。随着认证机构向检查组下达检查任务即标志着检查活动的开始。

检查组由国家注册的具有相应专业知识和能力的产品认证检查员组成，检查组根据认证机构相关文件的要求完成检查策划、文件审核、检查计划的编制和对企业的现场检查及产品抽样工作和检查报告（包括现场检查结论和综合评价报告）。

2．文件审查

检查组对申请者提交的环境标志产品认证所需要的文件资料的符合性、完整性、充分性、有效性进行审核和判定，其审核的重点是企业的合法资质、产品质量检测报告、环境影响评价报告、批复及“三同时”验收、环境监测报告、产品的保障措施以及法律法规规定的要求等。检查组在完成文件资料的审核后将审核意见以文审报告的形式提交给申请者。若文件资料不能完全符合要求时，可以根据文件不符合的内容要求申请者在现场检查之前进行补充或纠正，也可以要求申请者在检查员到达现场时提供，对于在短时间内不容易补充或纠正完成的，检查组也可以要求申请者在补充或纠正完成后，再重新确定现场检查时间。

3．现场检查活动的准备

（1）认证机构

①在完成文件审核的基础上，编制检查计划，检查计划包括检查目的、检查依据、检查内容、检查场所及时间安排。检查计划应在现场检查之前将计划以书面形式通知受检查方，请受检查方做好准备，配合现场检查工作，并对计划进行确认。

②编制检查表，结合受检查方的实际及 HJ 2503—2011 标准的要求，每名检查员要按计划地分工编制检查表，明确检查的内容和方法。

③准备现场检查必要的资料和文件，其中包括认证标准、检查用文件、记录信息表格、抽样单、封样袋、封样标签等。

（2）申请者及受检查方的准备

①工作及生产安排准备。

申请者与受检查方应根据现场检查计划，组织安排相应的产品生产及人员迎审，除管理者代表及负责绿色印刷认证的主责部门外，受检查方主要领导和接受审核的各部门负责人、具体工作人员在此期间也应安排好各自的工作，在岗位上等待检查（在此期间尽量不要安排外出），生产部门应安排好认证产品的生产，在检查期间积极配合检查组的工作，使检查工作能够在规定的时间内完成。

②文件准备。

生产过程和与认证相关的保障措施（或质量体系）的运行记录是反映工厂生产和保障措施（或质量体系）运行情况的客观证据。为了确保生产过程和保障措施（或质量体系）评审的有效性，申请人及受检查方应该在认证机构实施工厂检查时提供方便，使认证机构便于获得生产过程和相关保障措施（或质量体系）的实施过程中所产生的全部记录，以便认证机构对产品的生产过程和工厂的保障措施（或质量体系）运行的有效性及其是否满足产品认证方案的相关要求，作出客观和公正的评价。基于此，受检查方在检查组到来之前应准备好相应文件，包括但不限于：企业环境标志产品保障措施文件（或质量体系、环境管理体系手册及程序文件）及支持性文件（如操作规程、作业指导书、检验标准等）、符合性证据、保障措施运行记录等。

③后勤保障。

检查组在企业检查时，需要企业提供必要的办公场所及办公设备如：复印机、打印机等，企业也应就此做好安排。

4．现场检查活动的实施

（1）现场检查流程

环境标志产品认证现场检查分为三个步骤，第一，首次会议；第二，现场检查及产品抽样；第三是末次会议。

首次会议：由检查组长主持，首先双方介绍参加会议的人员，之后由检查组长介绍此次检查的目的、检查范围、检查依据，介绍检查的方式、方法、检查内容和检查结果的表述及结论，确认检查时间安排及其他需说明的情况。企业代表介绍企业印刷服务的研发、生产过程控制，以及企业主要污染物排放情况及环保设施运行情况，之后双方进行交流，检查组就企业填写的申请书及所提供材料不明确的、申请方对环境标志认证有什么不清楚的、有什么问题等在首会上澄清，以便之后检查的方便。

现场检查：检查组通过现场观察、交谈、提问、查阅文件和记录等不同的检查方式、方法获取受检查方符合检查准则的证据，并在检查结束之前对检查情况进行汇总，评审检查证据，确认与检查准则的符合情况，提出检查评价意见，包括检查结论及检查中发现的与检查准则的符合或不符合。检查员应记录每一个符合与不符合的检查发现和支持证据。

产品抽样：检查组根据风险最大原则，在每一认证单元中抽取 48 h 内生产中风险最大的代表样品送检。

末次会议：由检查组长主持，通报现场检查的结论，并就现场检查情况、不符合报告进行说明，给出不符合整改的时限和方式。对产品检测及送样，介绍若获证后标识的使用及年度监督等情况。

（2）现场检查关注重点

现场检查的主要依据是《环境标志产品技术要求　印刷　第一部分：平版印刷》（HJ 2 503—2011）和《环境标志产品保障措施指南》。现场检查的范围应覆盖申请认证的所有产品的所有加工场所。现场检查的基本原则是以环境标志标准为核心，以环境标志产品保障措施指南为工具，对产品实现过程实施检查。其检查的主要内容包括：产品、生产所用原辅材料、生产过程的符合性以及企业对与申请认证产品相关的现场管理和生产活动实施控制的有效性和一致性，包括企业的管理要求、产品的环境行为要求、生产企业生产过程中的环境管理要求，以及产品质量的符合性和提交材料的真实性。绿色印刷产品现场检查的重点为：

①资源配置与管理是否可满足要求。检查为达到产品符合规定技术要求的厂房设计与必需的设备，如打样机、晒版机、照排机、冲版机、CTP 系统、显影机、单/双/四/多胶印机、特种印刷设备、装订联动线、上光机、覆膜机等应满足工艺要求，并按

工艺流程合理布局。检查照明、通风、除尘、污水处理等控制、定期测定或自动记录；生产、检验、储存必备的环境；影响产品符合要求的关键岗位人员能力的配置符合规定要求。

②产品的环境行为要求，包括产品设计和开发、对关键原材料及供应商控制、生产过程的控制、检验方法及管理、产品一致性控制等。

- ☞ 产品设计和开发。印刷企业的产品是印刷服务，环境标志产品保障的核心是产品环境指标设计，因此在环境标志产品保障措施建立时其产品的设计开发不能删减。首先应建立设计开发管理程序，规定由合同/订单转化为生产任务单（施工单/加工单）时应将原辅料/工艺/设备等内容融入其中，并重点关注设计输入/输出/评审/验证/确认/变更管理；其次应制定环境标志产品设计标准，使印刷活动和产品满足 HJ 2503—2011 标准平版印刷的要求，其基本内容应包括印刷设备选择、原辅材料要求、工艺要求、印刷质量要求，同时还应注意照明、通风及门窗要求。
- ☞ 对关键原材料及供应商控制的有效性、一致性。应有对关键原辅材料供应商选择、评审、动态管理的有效控制；对关键原辅材料供应商的变更加以控制；对关键原辅材料制定有采购及验收标准和规程，且标准应能满足 HJ 2503—2011 标准对原辅材料的要求；每批进货按照验收规程及标准进行检验或验证，合格后入库。
- ☞ 生产过程的控制，包括工艺（或过程）方法、准则和参数的控制，应有详细的工艺标准规范，明确规定操作人员能力或资格要求及设备、原辅材料、工艺步骤方法、检测手段、评判标准并对上述技术资料的适宜性、有效性及其更改进行控制，除此之外，还应关注 HJ 2503—2011 标准中需要建立的一些文件制度。生产过程必须按工程单（任务单）、标准、规范、工艺指令及文件制度进行操作，并保留相应的过程记录，以确保批量生产稳定。为防止不合格产品流入下一个过程，避免成批不合格产品发生，在产品制造过程中对首件产品、半成品，完工检验、出厂产品进行检验/确认/验证控制以及产品包装、储存控制。除此之外还应关注生产企业不合格品的识别、评审、处置、纠正控制，对于返工后的产品必须重新进行检验。
- ☞ 检验方法及管理。企业应有验证产品满足规定要求的形成文件的检验规程，如首检、巡检、抽检、终检程序。检验程序中应包括检验/检查项目、内容、方法、检验批构成、抽样方案、频次、判断准则等，并应将检验过程进行记录并保留。
- ☞ 产品一致性检查。产品一致性检查是产品认证的特点之一，认证机构在初次工厂检查和监督工厂检查时，均要进行产品一致性检查。产品一致性检查包括两方面：

第一，对批量生产产品与提交认证机构合格的产品的一致性进行控制，以使认证产品持续符合规定的要求。

申请方及受检查方应具有：

- 认证产品从设计过程到结果确保其一致性的措施；
- 认证产品采购过程，保证采购进货材料、外协件的一致性和稳定性的措施；
- 认证产品生产过程确保稳定地符合规定要求的生产设备、工艺过程和关键过程参数控制的一致性的措施；
- 认证产品检验和交付过程的一致性（包括包装、贮存）的措施；
- 认证产品支持过程，如：职责、资源（包括设备及人员）、辅助过程等一致性和稳定性的措施。

认证机构在生产现场对申请认证的产品（或获证产品）进行一致性检查时，重点核查内容包括（且不限于此）：

- 认证产品的装订方式（如胶订、骑马订）、产品品种（如书刊、中小学教材、包装等）与提交认证机构检验报告上所标示的应一致；
- 认证产品的印刷方式及主要设备（包括印前、印中、印后）、生产工艺、原辅材料应与提交认证机构时的产品生产相一致；
- 关键原辅材料应符合相关产品质量及 HJ 2503—2011 标准的要求且使用的原辅材料的品名、规格及供应商应与提交认证机构时产品生产所用的原辅材料一致；
- 认证产品的单件包装标签和外包装箱上所标明的信息应符合《中国环境标志使用管理办法》及《关于中小学教科书实施绿色印刷的通知》的规定；
- 认证产品所用原辅材料、润湿液配比、印刷方式及生产工艺等应与认证资料相一致。

第二，产品一致性控制也包括对关键原辅材料、工艺、印刷设备（包括印前、印中、印后）、印刷方式等的变更控制。认证机构应要求申请者建立产品关键原辅材料、工艺过程、印刷设备、印刷方式等影响产品符合规定要求因素的变更控制程序。应要求获证方对认证产品的任何重要变更，如何影响与相关标准的符合性或提交认证机构检验产品的一致性的情况，在实施前向认证机构申报并获得批准后方可执行。又如当设计、工艺发生变更时会引起产品质量、产品环境性能、使用等变化时要在实施前报认证机构批准。

③企业生产过程中的环境管理

生产者应遵守国家和地方的环境保护法律法规要求，这就要求申请方及受检查方对其应遵守的环境保护法律法规进行识别，对生产活动过程中产生的环境影响进行分析，尤其对印刷过程中产生的危险废弃物进行识别与评价，在识别出需控制的环境因素后对其实施有效的控制及管理。

- ☞ 遵守环境法律法规要求。根据环境影响评价法在进行建设活动之前，对建设项目按照法定程序进行环境影响评价、报批和竣工验收的法律制度。凡2003年9月1日之后建立的项目均应提供环境影响评价报告书（表）、环境保护部门的批复意见和建设项目竣工验收报告及批复。不能提供上述文件的，应由地市级以上环境保护部门出具守法证明。
- ☞ 企业污染物排放达到国家或地方污染物排放标准是企业申请环境标志认证的前提条件，企业应对生产过程中废水、废气、噪声、固废进行识别与评价，并根据自身污染物排放状况实施有效控制；出具一年内有效的废水、废气、噪声监测报告。

固体废弃物可采用分类收集的方式，对于可回收的固体废弃物（如废纸、废纸边、废包装物、废塑料等）可回收利用；对于不可回收的无毒无害固体废弃物可按生活垃圾处理；对于不可回收的有毒有害固体废弃物，如：制版过程中产生的废水（显影液和定影液）因其定影废液中含有大量的银离子，而显影、定影冲洗废液中含有大量有机物，以及擦拭棉纱、废油墨桶等均属于危险废物。受检查方应制定相应的危险废弃物管理规定，并应按国家危险废弃物管理的规定单独收集、存放、运输、处置，其运输、处置找有资质的单位进行消纳处理，并查看相应的危险废弃物处置经营许可证。

- ☞ 生产者应制定污染治理设备运行管理制度及检测设备校准、维护制度，以确保污染治理设备的正确使用与正常运行。

（3）现场抽样及送检

产品检测是环境标志产品认证过程中非常重要的一环，也是判定产品是否符合认证标准 HJ 2503—2011 的重要环节，因此环境标志产品认证在产品检测环节中采用由检查组从生产企业的出厂检验合格产品中随机抽取48 h内生产的有代表性样品（风险最大原则），如封面、内文印刷要求高、色彩丰富且墨层较厚、印后表面处理工艺复杂、胶订书籍较厚（厚度应在10 mm以上）的样品。封样后送指定的检测机构进行检测，以验证申请认证产品的符合性。

其产品抽样原则：

①建立风险控制的概念，同期印刷的产品应抽取环境指标风险较大的产品；

②按认证单元抽样，每个认证单元至少抽取一个有代表性样本单位；

③抽取样本应为生产条件基本相同的同一种品种，同一规格、同一生产周期，且下生产线不超过 48 h 的样本单位。

抽样方法：随机抽取连续放置的 N 个样本单位（$N \geqslant 7$），除去 N 个样本单位中的第一个和最后一个样本单位，再从中随机抽取 5 个样本单位，抽取的样本立即分别装入洁净无污染的 12 号（450 mm×340 mm）PE 材质自封袋，自封袋上应在抽样标贴标明样品信息，包括样品名称、生产厂家、生产时间、抽样时间、抽样地点和抽样人员等。同时填好抽样信息单，被抽样单位确认样品和加盖公章；

抽样数量：每次抽取 5 个样本单位，其中 3 个样本单位密封后，加贴封条，由抽样人员带回交检测机构检测，另两个样本密封后，加贴封条，交由受检单位保留，以备复检；

对检测结果不合格的，认证机构将检验结果以书面形式——《检验结果通知单》通知企业。企业应针对检测不符合项查找原因并作出有针对性整改，整改结果报检查组长。经检查组长确认后，认证机构安排二次抽检，二次抽检的程序与一次抽检的程序相同。二次抽样过程中检查组需填写《环境标志产品检测不合格整改跟踪单》，对二次抽样的进度和整改有效性进行验证。如再次抽样不合格，则判定该样品所代表的产品认证单元中所有产品不合格，其所代表的认证单元均不能获得认证。

若申请方在接到产品检测不合格通知后，对其检测结果有异议的，可以在有效时限内向认证机构提出书面复议申请，认证机构将按复议程序组织其他两家检测机构对留存样品进行重新检测，并即时将复检结果反馈给企业。复议结果有两种情况：

- 复议合格：选定的两家检测机构均给出检测合格结论时，复议结果判定为合格，企业不必支付复议检测费用。
- 复议不合格：选定的两家检验机构只要有 1 家给出检测不合格结论时，复议结果判定为不合格，企业仍需对抽检不合格进行整改，工作流程和管理办法同上，同时支付第二次检测的费用。

（4）现场检查结论

首先检查组按认证机构程序规定的要求在检查组内评审不符合，检查组应对检查的结果进行总结，明确存在的问题，并与受检查方确认不符合，确认整改的方式和期限等，同时允许被检查方就存在的问题进行说明，之后对检查结果编制现场检查结论，对发现不符合编制不符合报告。之后在检查组与检查方召开的正式会议上宣布现场检查结论及不符合报告，提出为完全满足认证准则要求而应采取纠正和（或）纠正措施的要求。

（5）检查报告分析及不符合整改

对于环境标志产品认证检查中发现的不符合项，检查组应向受检查方提出采取纠正与纠正措施的要求，由受检查方制定纠正与纠正措施，并加以实施，检查组长负责对不符合纠正及纠正措施进行验证，确定纠正及纠正措施的有效性。验证的方式包括书面验证或现场验证。

受检查方对不符合项进行整改时，应结合检查过程中检查员检查相应内容时，所要求提供的证据和对检查准则的理解入手分析产生的原因，并根据其产生的原因进行纠正，制定相应的纠正措施。

不符合整改要求在规定期限内完成。一般不符合整改期限不超过 2 个月，严重不符合整改期限为 3 个月，观察项在下次监督检查时验证整改情况。没有充分理由逾期不整改的，认证机构将不予批准认证。

（6）综合评价

检查组长负责对整个认证项目的现场检查和检验做出评价。检查组根据申请者申报材料、文审情况、现场检查报告、产品检验报告、不符合整改情况及其他相关信息对申请认证产品及受检查方是否符合认证准则要求做出综合评定，提出是否推荐认证注册的建议，并与有关认证材料一起报技术委员会审查。

（三）认证决定与批准注册

环境标志产品认证评审一般是由技术委员会指派技术评定小组，负责资料审查、专业评定和认证决定工作并代表技术委员会行使认证决定的权力。评定小组根据推荐意见及相关信息，对认证准则的符合性、现场检查的合理性、充分性，检查报告及证据和材料的客观性、真实性和完整性进行评审，做出能否通过认证的决定。

环境标志产品技术委员会将认证决定报总经理批准，经总经理批准之后认证机构向申请者颁发《中国环境标志产品认证证书》，并准许其使用中国环境标志标识。

（四）证书及标志使用

1. 环境标志产品认证证书的管理

① 环境标志产品认证证书由指定的环境标志产品认证机构统一编号、打印，其有效期为 3 年。3 年到期后，若愿意继续保持认证资格的申请者应在有效期终止前至少 3 个月重新提出申请；若不再申请，证书到期后不得继续使用认证证书；

② 通过认证的申请者依据《中国环境标志使用管理办法》的规定，可将环境标志产品认证证书用作产品广告、展销会、订货会或推销产品时进行宣传和展示，但只能证明产品符合特定的环境标志标准——平版印刷和环境标志产品认证的规范性文件，不能作为证明和暗示产品其他方面合格的凭证；

③ 当环境标志认证证书有中、英两种文体时，若中英文对照的认证证书内容不一致或发生争议时，以中文为准。

2. 中国环境标志产品认证证书的基本内容

① 认证证书名称；

② 申请者、生产者名称和地址；

③ 批准认证产品的范围，包括：印刷方式、产品名称、主要原辅材料及供应商；

④ 环境标志产品认证所依据的环境标志标准；

⑤ 认证模式；

⑥ 颁证日期、换证日期及有效期；

⑦ 认证证书编号；

⑧ 发证机构名称及其标志；

⑨ 认证机构的印章和其授权人的签字。

3. 环境标志标识使用

环境标志标识使用遵循环境保护部于 2008 年发布的《中国环境标志使用管理办法》及新闻出版总署、教育部、环境保护部于 2012 年 4 月 6 日共同发布的《关于中小学教科书实施绿色印刷的通知》要求进行管理。

① 中国环境标志所有权归环境保护部。未经环境保护部许可，任何单位和个人不得将该标志或与该标志近似的标志作为商标注册；不得擅自使用该标志的名称或与该标志近似的标志。

② 企业可以在获得中国环境标志的产品及其包装上张贴或印制中国环境标志，在广告宣传中使用中国环境标志。

③ 企业在使用中国环境标志时，可以根据需要按等比例放大或缩小复制，但不得改变中国环境标志的形状和颜色。

④ 企业在产品外包装上或宣传广告中使用中国环境标志时，应同时注明认证证书号。

⑤ 企业不得在超出认证范围或者认证有效期的产品、包装及广告宣传中使用中国环境标志。

⑥ 中小学教科书印制时，要统一将中国环境标志印制在教科书封底左下角，与出版物条码持平。

⑦ 单色印刷的教科书印制中国环境标志单色标识，彩色印刷的教科书印制中国环境标志双色标识，中国环境标志直径约为 20 mm。

⑧ 中国环境标志下方增加“绿色印刷产品”字样，单色印刷的教科书采用黑色，彩色印刷的教科书采用与中国环境标志双色标识相同的绿色，宽度与中国环境标志直径相同。

中国环境标志印制示例，见图 7-2。

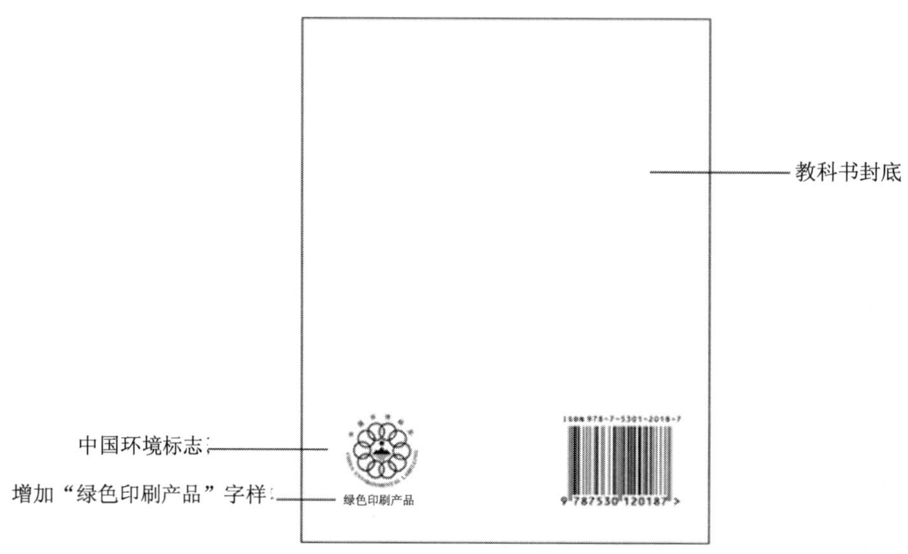

图 7-2 中国环境标志印制示例

认证机构对违反本办法使用中国环境标志的，视情况对违规的相关单位和个人采取下列措施：

——责令停止违规行为；

——公布侵权单位名单及产品名称、类别；

——采取其他相关的法律措施。

（五）证书的增项、保持及再认证

1．增项认证

环境标志产品增项认证是指在同一个产品类别中的扩大认证，包括：同一认证单元内增项、增加新的认证单元。

获环境标志产品认证的企业，根据企业产品的调整，可提出环境标志增项认证的申请。增项认证程序及需提交文件包括：

①环境标志产品增项申请。

由其申请人授权的代表签署的正式《环境标志产品增项认证申请表》，其附件包括：

☞ 已获认证产品认证证书复印件；

☞ 其与已获认证产品之间差异性说明；

☞ 产品执行的质量标准；

☞ 检验机构出具的一年内合格的全项产品质量检验报告（CMA）；

☞ 生产厂的环境影响评价报告书（表）、环评批复、“三同时”竣工验收报告及批复（新增加生产厂所）；

☞ 环境监测部门出具的一年内环境监督报告（有 CMA 章）（新增加生产厂所）。

②申请评审及签订认证合同。

根据申请者提交的增项认证申请材料进行评审签订认证合同，同时对申请者提出的免检申请一并请专业人员给出意见。

③评价。

对申请的增项认证需实施现场检查和产品检测。若新增加的产品认证单元在原生产线上生产，其主要受控生产设备、生产工艺过程、原辅材料及供应商与原获得认证产品一致，且其变更部分对满足环境标志标准指标无影响时，可考虑现场检查与年度监督一起进行。

④综合评价。

增项认证的综合评价重点应放在增项产品与已获证产品之间的差异性评价和增项产品的符合性评价上。对于增加生产场所的增项认证其综合评价报告应同初次认证要求相同，除共性的内容外，还应对新场所的保障措施建立和实施以及企业环境状况有所描述。

⑤认证决定与批准。

增项认证的认证决定同初次认证相同，均由环境标志产品技术委员会指派的评定组做出，总经理批准后颁发认证证书。

2. 年度监督

环境标志产品认证证书的有效期为 3 年。在 3 年中如何保证产品持续符合环境标志产品认证要求，对申请者及其获证产品进行监督是确保认证有效性的控制手段。认证证书有效内年度监督检查的时间间隔通常不超过 12 个月，即应在上次检查 12 个月内进行，具体监督检查程序同初次检查的程序。除此之外，在认证有效期内，当发生影响获证产品持续符合环境标志标准的情况时，或出现重大事故及投诉时可实施不定期的监督检查，并根据监督检查结果做出处理决定。

（1）年度监督的主要内容

①环境标志平版印刷标准的符合性，尤其关注纸张、油墨、上光油、橡皮布、胶

黏剂、喷粉、润湿液、覆膜胶、热熔胶、清洗布等材料的符合性；

②平版印刷产品的一致性，特别注意原辅材料及供应商变化性情况；

③对上年度发现的不符合项和观察项的验证；

④环境标志产品保障措施的保持情况；

⑤环境标志产品保障措施文件的变化之处；

⑥获证企业对证书和标识的使用和管理情况。

（2）年度监督有以下几种结论

①确认认证证书持续有效；

②部分暂停认证证书和标识的使用；

③暂停全部认证证书和标识的使用；

④部分撤销认证证书和标识的使用；

⑤撤销全部认证证书和标识的使用。

3．再认证

对 3 年到期的认证企业，应于认证到期日前至少 3 个月提出再认证申请，重新填写《初次认证和再认证申请表》，连同有关材料报认证机构。其再认证程序及要求同初次认证。

第八章　绿色印刷标准实施细则解析

第一节　概　论

绿色印刷标准是由环境保护部组织，环境保护部环境发展中心和中国印刷技术协会共同编制的多个系列标准，包括平版印刷、商业票据、凹版印刷等系列标准。2011 年 3 月环境保护部颁布我国首个绿色印刷标准《环境标志产品技术要求　印刷　第一部分：平版印刷》（HJ 2503—2011）。在此标准中明确提出，印刷产品质量除了应符合有关国家和行业标准以外，印刷产品的生产从设备选型、原材料采购开始就必须达到具体的环保指标。如果所有绿色印刷企业以一种相同的要求，从事绿色印刷产品的服务，那么绿色印刷在国家范围内就很容易被接受，它可以有利地促进国内印刷行业向节能、减排方向发展。

一、标准的结构

HJ 2503—2011 标准根据环境标志标准——《环境标志产品技术要求》的特点，首先对标准的适用范围、基本要求、技术内容、检验方法等提出要求，既考虑了印刷方式及不同印刷品本身的质量要求，又考虑了印刷品中有毒有害物质的限量及生产过程要求；其次，对印刷过程中使用的原辅材料和节能、节约资源、回收利用提出要求。该标准结构清晰，且覆盖了印刷产品的全过程。

该标准的核心内容为技术要求，它可分为两部分。第一部分为强制性要求，其中包括油墨、纸张亮度（白度）、上光油、胶黏剂、橡皮布、喷粉等原辅材料的环境要求以及印刷品中有害物质限量要求，主要包括锑（Sb）、砷（As）、钡（Ba）、铅（Pb）、镉（Cd）、铬（Cr）、汞（Hg）和硒（Se）八大元素和 16 种挥发性有机化合物。第二部分为环境选择性要求，主要涉及原辅材料和生产过程的环境要求。原辅材料主要涉及承印物、印版、橡皮布、润湿液、印版和橡皮布的清洗液、热熔胶、印后表面处理等 7 项内容；生产过程的环境要求根据印前、印中和印后三个过程针对资源节约、节能、回收利用等三个方面实施考核。

二、标准的特点

《环境标志产品技术要求　印刷　第一部分：平版印刷》（HJ 2503—2011）标准在分析平版印刷产品的生命同期不同阶段的环境特性后，主要从平版印刷产品使用的原辅材料、印刷生产过程中使用的化学物品、有害物质排放限量和生产过程中资源节约、节能、回收利用提出要求。该标准与其他环境标志产品技术要求相比具有如下特点：

1．采用打分形式对产品符合性进行评价

标准充分考虑了印刷产品服务过程的特殊性及印刷行业现状，对部分原辅材料和生产过程采用打分形式提出要求，企业可根据自身能力，进行选择，逐步完善，其分值达到 60 分即可，不要求 100%达到要求，充分地调动了企业的积极性，使企业通过努力可以逐步提高。

2．对不同的原辅材料要求采用两种不同形式

标准针对不同的原辅材料采用了不同控制要求，一部分为强制性的必须达到，如纸张亮度（白度）、油墨必须符合 HJ/T 370 标准、润湿液不得含有甲醇的要求等；另一部分为选择性要求，如橡皮布、印版、热熔胶、印后处理等，这样既能达到对原辅材料的控制，又不致使企业一下增加过多的成本。

3．对同一种原辅材料中控制指标按其重要程度有不同的要求

对同一种原材料中的具体指标采用不同的控制要求，有些指标要求是强制性，有些指标要求是可选择的，如润湿液甲醇含量为强制要求，而含醇类物质则为选择性要求，又如，热溶胶不含 6 种邻苯二甲酸酯类物质为强制性要求，而其符合 HJ/T 220 的要求则是选择性要求，充分体现了标准关注的重点和引导方向。

三、标准实施的作用和意义

由于众多印刷企业沿用着传统印刷工艺，而印刷企业在生产中所产生的废气、废液和噪声等污染源，会直接或间接地对环境产生影响，同时也会对生产一线职工的健康带来损害。HJ 2503—2011 标准倡导使用来自管理状况良好获得 FSC 认证的可持续

经营森林的原料，使用对人体健康危害较小的环保型油墨，减少印刷过程中使用的化学溶剂，倡导使用低 VOC 含量的有机溶剂，同时对生产过程中资源能源利用进行考核。通过对原辅材料和生产过程的管控，可以极大地帮助与推动我国印刷业实现节能减排与发展低碳经济的目标，改善与提高我国印刷业的环境保护水平，提高我国印刷业的科技水平，推动我国印刷业产业结构调整与转型升级，促进我国由“印刷大国”向“印刷强国”转变目标的实现。

第二节　绿色印刷标准系列解析

一、《环境标志产品技术要求　印刷　第一部分：平版印刷》解析

1．适用范围

> 本标准规定了环境标志产品平版印刷的术语、定义、基本要求、技术内容和检验方法。
>
> 本标准适用于采用平版印刷方式的印刷过程及其产品。

理解要点：

由于印刷涵盖多种技术和工艺方法，其分类也有多种形式，如可以按印刷方式分为平版印刷、凸版印刷、凹版印刷、柔性印刷和数字印刷等类别，也可以按照印刷品分为出版物、包装装潢印刷品和其他印刷品等，该标准是以印刷方式进行分类，是印刷系列标准之一，平版印刷之后还会有商业票据、凹版印刷等系列标准陆续出台。

本标准适用于采用单张纸和卷筒纸平版印刷设备和工艺方法印制的黑白和彩色印刷品，其中主要包括图书、杂志、报纸、政府文件、中小学教科书、少幼读物和纸质包装等产品及其生产过程。

2．规范性引用文件

> 本标准内容引用了下列文件中的条款。凡是不注日期的引用文件，其有效版本适用于本标准。
>
> GB 6675　　国家玩具安全技术规范
>
> GB/T 7705　　平版装潢印刷品

GB/T 9851.1	印刷技术术语　第1部分：基本术语
GB/T 9851.5	印刷技术术语　第4部分：平版印刷术语
GB/T 18359	中小学教科书用纸、印刷质量要求和检验方法
GB/T 24999	纸盒纸板亮度（白度）最高限量
CY/T 5	平版印刷品质量要求及检验方法
HJ/T 220	环境标志产品技术要求　胶黏剂
HJ/T 370	环境标志产品技术要求　胶印油墨
YC/T 207	卷烟条与盒包装纸中挥发性有机化合物的测定 顶空-气相色谱法

理解要点：

该条款列出了标准引用的规范性文件。由于标准涉及检测活动和对原辅材料的要求，所以引用的规范性文件中包括了产品检测标准及原辅材料标准。

通过对相关国家标准、行业标准的引用，确保了使用者对术语和要求理解的一致性和完整性。

3．术语和定义

GB/T 9851.1、GB/T 9851.5 确立的，以及下列术语和定义适用于本标准。

3.1　平版印刷　planographic printing

印刷的图文部分和非图文部分几乎处于同一平面的印刷方式。

3.2　上光油　coating solution

涂布在印刷品表面，增加光泽度、耐磨性和防水性的材料。

3.3　喷粉　spray powder

在印刷过程中，防止印刷品背面粘脏和加速油墨干燥的粉剂。

3.4　润湿液　fountain solution

在印刷过程中使印版非图文部分保持疏墨性水溶液。

3.5　计算机直接制版　computer to plate（CTP）

通过计算机和相应设备直接将图文记录到印版上的过程。所用印版称 CTP 版，其版材种类主要分为银盐型、光聚合型、热敏型以及免化学和免处理型。

理解要点：

本标准只对技术要求所涉及的有关术语作了定义，以便使用者易于理解标准中技术内容的含义。本标准涉及的有关技术术语和定义引自 GB/T 9851.1 和 GB/T 9851.4 印刷技术术语　第一部分：基本术语和第 4 部分：平版印刷术语。

4. 基本要求

4.1 印刷产品质量应符合 GB/T 7705 和 CY/T 5 等国家标准和行业标准要求。
4.2 生产企业的污染物排放应达到国家或地方规定的污染物排放标准要求。
4.3 生产企业应加强清洁生产。

理解要点：

①本条款规定了申请环境标志认证的基本条件。获得环境标志的产品必须是质量符合相应的质量标准、环境行为优的产品。只有达到此要求之后，才能申请环境标志产品认证；

②要求印刷产品必须是质量合格的产品，即平版印刷产品质量应符合 GB/T 7705 或 CY/T 5 国家或行业标准，中小学教材应符合 GB/T 18359 的要求；

③该标准所引用的产品质量标准未注明日期，表示其有效版本适用于本标准，即当其引用的标准修订或更新时，将适用于本标准；

④开展环境标志工作的目的之一是为了促进企业在生产中减少污染物的排放，因此要求平版印刷企业在生产过程中污染物排放必须符合国家或地方规定的污染物排放标准；

⑤本标准鼓励企业在产品生命周期全过程考虑环境因素，采用清洁生产工艺，从而最大限度地减少对人及环境的危害。

实施要求：

①各认证单元至少提供一份依据相关产品质量标准对印刷产品进行全项检验的印刷产品质量检验报告，报告应包括印刷质量、装订质量、成品外观质量和检验结论；

②所提供的质量检验报告应为申请认证一年以内，具有资质的独立的第三方出具的质量检验报告（即经过省市级技术监督部门认可且通过计量认证产品检验机构出具的，盖有 CMA 章）；

③由环境监测部门出具的盖有 CMA 章的受检查方一年内的废水、废气、噪声监测报告；

④企业与有资质的危险废物处置单位签署的危险废物处置合同/协议，以及危险废物处置单位的资质证明文件——危险废物经营许可证、危险废物运输许可证。

5. 技术要求

该条款为环境标志平版印刷标准的核心内容，它包括三个方面，①是对印刷用原辅材料要求，分为两部分，其一为强制性要求涉及纸张、油墨、上光油、橡皮布、胶黏剂、喷粉、润湿液、覆膜胶等 8 项内容，其二为建议采用的原辅材料，涉及纸张、印版、橡皮布、润湿液、印版及橡皮布清洗液、热熔胶、预涂膜、覆膜胶、上光油等材料，要求其评价结果达到 60 分以上；② 是对印刷产品中有害物质限量要求，涉及 8 种重金属，16 种有机化合物；③ 是对印刷过程的要求，包括印前、印中、印后加工三个阶段，涉及资源节约、节能、回收利用三方面内容，要求其评价结果达到 60 分以上。

5.1 印刷用原辅料要求

5.1.1 油墨、上光油、橡皮布、胶黏剂等原辅料不得添加邻苯二甲酸二异壬酯（DINP）、邻苯二甲酸二正辛酯（DNOP）、邻苯二甲酸二（2-乙基）己酯（DEHP）、邻苯二甲酸二异癸酯（DIDP）、邻苯二甲酸丁苄酯（BBP）、邻苯二甲酸二丁酯（DBP）。

理解要点：

邻苯二甲酸酯是一种增塑剂，目前常用的邻苯二甲酸酯有 10 多种，为无色油状液体，无味或气味很小，挥发性较低。邻苯二甲酸酯类化合物主要广泛用作塑料和橡胶等的增塑剂，其主要功能是软化 PVC 塑料，增强其柔韧性。有研究表明邻苯二甲酸酯的危害主要是在人体和动物体内发挥着类似雌性激素的作用，可干扰内分泌系统，使其生殖和发育受到不良影响，此外它还有致癌、致畸、致突变的作用，虽然目前对于邻苯二甲酸酯的危害性，国际上一直存在争论，但为确保婴幼儿童的安全，在欧盟 1999/815/EC、2005/84/EC 邻苯二甲酸酯增塑剂指令，美国 H.R.4040 2008《美国消费品安全改进法案》、美国加州众议院 AB1108 法令等都对其进行了限制。

印刷品在日常生活中无处不在，天天与人接触，其受众面也包括幼儿、儿童及青少年，尤其是学生接触更多，因此在印刷原辅材料油墨、上光油、橡皮布、胶黏剂中规定在生产过程中不得添加上述法规中规定的 6 种邻苯二甲酸酯类物质，以起到保护婴幼儿童及学生和普通消费者的作用。

基于上述原因，HJ 2503—2011 标准规定在油墨、上光油、橡皮布、胶黏剂 4 种原辅材料生产过程及配方中均不得添加标准所规定的 6 种邻苯二甲酸酯类物质。

实施要求：

① 油墨、上光油、橡皮布、胶黏剂 4 种原辅材料的每一供应商（特指制造商或生产厂）均要提供相对应型号产品中不含上述 6 种邻苯二甲酸酯类物质的检测报告；

② 所提供的检测报告必须是一年之内的，经过国家或省级技术监督部门认可且通过计量认证产品检验机构出具的（报告应盖 CMA 章）；

③ 所提供的检测报告必须是独立的第三方出具的。

5.1.2　纸张亮（白）度应符合 GB/T 24999 的要求，中小学教材所用纸张亮（白）度应符合 GB/T 18359 的要求。

理解要点：

适当降低纸张亮度（白度）可以降低造纸过程中浆料和填料的白度，可以降低漂白剂用量，减少或不用增白剂等化学品，故降低纸张白度可以大幅降低资源和能源消耗，减轻环境污染。同时降低纸张白度可以保护人的视力，特别是对儿童及老年人的视力更有利。为引导正确的消费观国家出台了 GB/T 24999—2010《纸和纸板　亮度（白度）最高限量》和针对学生的 GB/T 18359—2009《中小学教科书用纸、印制质量要求和检验方法》及 GB 21027—2007《学生用品的安全通用要求》。绿色印刷标准引用了国家标准 GB/T 24999、GB/T 18359 中对纸张白度的要求，但在对标准引用过程中未加注标准年号，表明上述标准的有效版本将适用于本标准。

《纸和纸板　亮度（白度）最高限量》（GB/T 24999—2010）对不同类型纸张的亮度（白度）规定了最高限量要求，而《中小学教科书用纸、印制质量要求和检验方法》（GB/T 18359—2009）中对中小学教科书不同类型纸张的白度也提出要求。表 8-1 列出了在平版印刷中常见几种类型纸张亮度（白度）最高限量值。

表 8-1　纸张亮度（白度）最高限量　　单位：%

纸张类型	GB/T 24999—2010 亮度（白度）最高限量	GB/T 18359—2009 亮度（白度）最高限量
新闻纸	55.0	
复印纸	95.0	
胶版印刷纸	90.0	75.0～85.0
胶印书刊纸	85.0	72.0～80.0
书写纸	85.0	
涂布纸和纸板	93.0	
涂布美术印刷纸		85.0～90.0
彩色胶版印刷纸		80.0～90.0

实施要求：

① 每一个合格纸张供应商均应提供其亮度（白度）符合相关标准要求且在一年内的第三方的检测报告（须有 CMA 章）；

② 对同一供应商所提供的不同类型、不同克重的纸张应分别提供第三方的检测报

告（须有 CMA 章）；

③ 对中小学教科书用纸亮度（白度）应符合 GB/T 18359 要求，其他印刷品纸张白度需符合 GB/T 24999 的要求，表 8-1 列出了目前适用的有效版的纸张亮度（白度）限量值。

5.1.3 油墨应符合 HJ/T 370 的要求。

理解要点：

油墨污染的问题主要存在于两个方面，一是重金属，二是有机溶剂。重金属主要来源于油墨生产过程中使用的颜料，这些颜料颗粒很细小，吸附能力强，其中含有铅、铬、镉、汞等重金属元素，均有一定的毒性。此外油墨中常使用乙醇、异丙醇、丁醇、丙醇、丁酮、醋酸乙酯、甲苯、二甲苯等有机溶剂，虽然这些有机溶剂干燥后绝大部分都会挥发，但是残留部分仍会对人体健康造成危害。特别是上墨面积大、墨层较厚的印刷品，其残留溶剂较多，在使用过程中释放出的有毒有害物质不仅污染空气，还危害人们的健康。

随着印刷业高速发展，印刷品与人们生活息息相关，而作为绿色印刷的主要组成部分油墨对环境及人体健康的危害也越来越明显，因此人们对油墨的环保要求也日益增加，以减少油墨中的有毒有害物质随着印刷品进入到人们的日常生活中。为此控制油墨中的有毒有害物质也就成为绿色印刷中重要的内容之一。在 HJ/T 370 标准中对胶印油墨中的苯类溶剂、重金属、挥发性有机化合物、芳香烃化合物、植物油提出了控制要求，绿色印刷使用环境标志产品标准对油墨进行控制，可以有效减少油墨对环境和人体健康的影响。

该条款要求油墨应符合 HJ/T 370 的要求，所引用标准未加年代号，表明如果该标准更新时，则油墨应符合新标准要求。

实施要求：

① 企业提供绿色印刷所使用的每一种型号的油墨均应符合 HJ/T 370 标准要求；

② 油墨制造商或生产厂可通过提供中国环境标志产品认证证书（型号须相同）复印件，证明其符合 HJ/T 370 标准要求；

③ 对未获得中国环境标志产品认证的油墨产品，应提供其产品中芳香烃化合物及植物油的含量证明材料，以及苯类溶剂、重金属、挥发性有机化合物等有害物质符合 HJ/T 370 标准的要求的相关检测报告；

④ 所提供的检测报告应为一年以内，有资质的独立的第三方出具的检验报告（盖 CMA 章）；

⑤ 其采用的检测方法应为 HJ/T 370 标准中规定的检测方法。

5.1.4 上光油应为水基或光固化上光油。

理解要点：

目前，涂布上光技术已被越来越多的印刷厂家所采用，所使用的上光油可以大致分为：油性上光油、水性上光油和 UV 上光油三类。水性上光油主要以水为溶剂，只有少量易挥发的食用乙醇为辅助溶剂，其无毒无味，印刷过程中，无有毒及可燃性气体排放，在生产、储存、使用过程中，安全可靠、无毒、对人体不会造成危害。UV 上光是利用紫外线照射来固化上光涂料的方法，有机挥发物排放量极少，因此减少了空气污染，此外，固化时不需要热能，其固化所需的能耗相对较小。根据上光油实际应用的趋势及环保要求的提高，油性上光的使用将会日益减少，而水性上光油及 UV 上光油的应用空间则十分的广阔。本标准规定使用水性或光固化上光油，不得使用溶剂基上光油。

实施要求：

① 提供上光油的检测报告或化学品安全数据说明书（也称为：物料安全数据表、MSDS 报告）；

② 现场查看产品说明书、实物及采购单等进行确认。

5.1.5 喷粉应为植物类喷粉。

理解要点：

喷粉是在胶印中必不可少的一种印刷材料，喷粉的作用是在印刷品印成后马上在表面喷上一层粉以使得印刷品间隔开一定间隙，这样可防止印刷品之间相互粘脏，提高印刷质量，并可通过供氧改善干燥过程提高效率。市面上销售的印刷喷粉主要是以纯植物性物质作为基础原料，常用的材料有面粉、玉米粉（粟粉）、植物淀粉、木薯粉等，具有较好的流动性，适用性，卫生无害，使用安全；也有企业在印刷喷粉中使用滑石粉，但使用滑石粉，不但对印刷机械有磨损，而且印刷工作人员长期的工作，健康也会有影响。本标准要求印刷中使用植物类喷粉。

实施要求：

① 提供喷粉化学品安全数据说明书（也称为：物料安全数据表、MSDS 报告）；

② 现场查看产品说明书、实物及采购单等进行确认。

5.1.6 润湿液不得含有甲醇。

理解要点：

润湿液一般分为普通润湿液、酒精润湿液、非离子表面活性剂润湿液三类。传统的润湿液中均含醇类物质，如含有甲醇、乙醇、异丙醇、丙醇、丁醇、异戊醇等。而误食少量的甲醇就可能造成双目失明，且甲醇在体内不易排出，会发生蓄积，而在体内氧化生成甲醛和甲酸也都有毒性，因此标准禁止使用含有甲醇的润湿液。

实施要求：

① 要求各型号润湿液原液中均不得含有甲醇；

② 每一型号润湿液均应提供不含甲醇，且在一年之内的第三方的检测报告（须有 CMA 章）。

5.1.7 即涂膜覆膜胶黏剂应为水基覆膜胶。

理解要点：

覆膜属于印后加工的一种主要工艺，是将黏合剂涂布到塑料薄膜上，再与纸质印刷品经加热、加压后黏合在一起，形成纸塑合一的产品，它根据所采用原材料和设备的不同，可以将覆膜工艺分为预涂膜覆膜工艺和即涂膜覆膜工艺两种。预涂膜覆膜工艺所用的薄膜是预先涂布好的，所使用的黏合剂一般有热熔型和溶剂挥发型两种。而即涂膜覆膜工艺所用的薄膜是现涂布的，所使用的黏合剂一般有溶剂型和乳液型两种，并且是随用随配的，为了保护人体健康，本标准要求在采用即涂膜工艺时覆膜胶黏剂应为水基覆膜胶。

实施要求：

① 即涂膜工艺过程必须通过现场进行确认；

② 即涂膜覆膜胶黏剂必须为水基覆膜胶；

③ 可通过提供检测报告或 MSDS 及产品说明书等。

5.2 印刷产品有害物限量应符合表 1 要求。

表 1 印刷产品有害物限量

项目	单位	限值	项目	单位	限值
锑（Sb）	mg/kg	≤60	丁酮	mg/m^2	≤0.5
砷（As）	mg/kg	≤25	乙酸乙酯	mg/m^2	≤10.0
钡（Ba）	mg/kg	≤1 000	乙酸异丙酯	mg/m^2	≤5.0
铅（Pb）	mg/kg	≤90	正丁醇	mg/m^2	≤2.5
镉（Cd）	mg/kg	≤75	丙二醇甲醚	mg/m^2	≤60.0

项目	单位	限值	项目	单位	限值
铬（Cr）	mg/kg	≤60	乙酸正丙酯	mg/m^2	≤50.0
汞（Hg）	mg/kg	≤60	4-甲基-2-戊酮	mg/m^2	≤1.0
硒（Se）	mg/kg	≤500	甲苯	mg/m^2	≤0.5
苯	mg/m^2	≤0.01	乙酸正丁酯	mg/m^2	≤5.0
乙醇	mg/m^2	≤50.0	乙苯	mg/m^2	≤0.25
异丙醇	mg/m^2	≤5.0	二甲苯	mg/m^2	≤0.25
丙酮	mg/m^2	≤1.0	环己酮	mg/m^2	≤1.0

理解要点与实施要求：

印刷成品的味道及对人体健康的影响一直属于人们关注的焦点，且也是消费者最容易感受到的，其中，主要影响因素来源于这些具有刺激性气味的化合物和部分有毒有害物质，这些物质主要来源于：油墨、上光油等印刷过程所使用的化学品，因此有必要对此进行控制。

本标准对涉及的8种重金属，16种有机化合物实施控制，要求其终产品必须达到标准规定的有害物质限量要求，并通过产品抽样检测验证其符合性。

5.3　印刷宜采用表2所要求的原辅材料，其综合评价得分应超过60。

表2　印刷产品所用原辅材料要求

原辅料	要求	分值分配	总分值
承印物	使用通过可持续森林认证的纸张	25	25
	使用再生纸浆占30%的纸张	25	
	使用本色的纸张	25	
印版	使用免处理的CTP印刷	5	5
橡皮布	大幅面印刷机换下的橡皮布可在单色机上使用	10	10
	大幅面印刷机换下的橡皮布可在小幅面机上使用	10	
润湿液	使用无醇润湿液	20	20
	使用醇类添加量小于5%的润湿液	10	
印版、橡皮布清洗材料	使用专用抹布清洗橡皮布	7	7
热熔胶	使用聚氨酯（PUR）型热熔胶	8	8
	EVA热熔胶符合HJ/T 220的要求	5	
印后表面处理	使用预涂膜	25	25
	水基覆膜胶有害物符合HJ/T 220中包装用水基胶黏剂的要求	10	
	水基上光油有害物符合HJ/T 370中技术内容5.4的要求	15	

理解要点与实施要求：

（1）对原辅材料的要求

对印刷产品宜采用的原辅材料纸张、印版、橡皮布、润湿液、印版及橡皮布清洗液、热熔胶、预涂膜、覆膜胶、上光油等材料的评价要求，达到60分；

（2）此部分内容为非强制性要求，企业可根据自身情况进行选择

（3）承印物——纸张

①国际上存在多种可持续森林认证体系，例如FSC，PEFC，SFI及ASF等。目前，FSC是世界上最严格的森林管理和林产品加工贸易体系认证，是国际上认可度最高的可持续森林认证体系之一。本标准倡导使用通过可持续森林认证的纸张，即纸张生产或经营企业应通过可持续森林认证，提供可持续森林认证证书复印件。

②再生纸是一种以废纸为原料，经过分选、净化、打浆、抄造等十多道工序生产出来的纸张，使用再生纸可以节约资源的消耗，鼓励企业使用再生纸，且再生纸浆应占30%以上的生产商证明。

③本色纸指整个生产过程不使用任何化学漂染剂的纸。这类纸由于不使用荧光增白剂，可减少对环境的污染，标准鼓励企业使用本色纸。纸张的供应商应提供纸张在整个生产过程中均不使用增白剂的证明（承诺或认证）。

④每一个纸张供应商均需提供相应的证明材料。

⑤不交叉打分，同类证据不全按比例计分。

（4）印版使用免处理的CTP印版

免化学处理CTP版材是指版材直接在制版设备上曝光成像后，不需要后续化学处理就可直接上机印刷、无须化学显影、冲洗和处理，省去了化学药剂的使用，减少了废液的处理工作，符合绿色环保的要求。通过现场进行确认。

（5）橡皮布

橡皮布是平版印刷重要的原辅材料，油墨通过橡皮布由印版转印到纸张，因此所有平版印刷均需要使用橡皮布，然而橡皮布在使用过程中由于高速运转会有磨损，磨损后即需要更换，出于节约资源的目的，标准规定大幅面印刷机换下的橡皮布在单色机上使用或大幅面印刷机换下的橡皮布在小幅面机上使用，生产企业应制定符合标准要求的橡皮布使用管理规定和橡皮布领用及使用记录。

（6）润湿液

①使用无醇润湿液。

传统的润湿液均含醇类物质，如含有甲醇、乙醇、异丙醇、丙醇、丁醇、异戊醇等，标准要求润湿液中不得含有任何醇类物质。润湿液供应商应提供：

——润湿液/润湿粉应提供物质安全技术说明书（MSDS）；

——制定作业指导书等工艺文件及相应的配制记录。

②使用醇类添加量小于5%的润湿液。

此条款要求润湿液原液为无醇润湿液情况下，在使用配制过程中醇类添加量应小于5%，生产企业应提供：

——提供原液物质安全技术说明书（MSDS）；

——制定润湿液配制作业指导书（工艺规定）及相应的配制记录。

③不同印刷设备所用润湿液不同，按比例给分。

（7）印版、橡皮布清洗材料

胶印机自动清洗橡皮布装置为专用的抹布，是由细密纤维（PET45%）和纸浆（55%）构成的一种卷筒式无纺布，其中含有清洗剂成分，在清洗橡皮布时无需再使用清洗剂，避免清洗剂中的VOC排放和原液使用后废弃物（危废）的排放。要求生产企业应：

①建立使用专用抹布清洗印版、橡皮布制度，做到专物专用；

②保存印版、橡皮布清洗记录。

（8）热熔胶

装订时使用EVA胶的温度为170℃，使用PUR胶的温度为120℃，在两者加热上胶装置上的功率分别为25.5 kW和7 kW，所以采用PUR更节能，同时，装订同样页数的书刊，使用的PUR胶水的量只是EVA的1/3，且PUR胶水更具有减少气体（VOC）排放的优势。因此标准倡导使用PUR，其次为符合HJ/T 220要求EVA热熔胶。

①印刷品各部位所使用的热熔胶均需提供胶的种类及符合性证据。

②使用聚氨酯（PUR）型热熔胶。

——使用热熔胶种类通过现场查验

——提供相应热熔胶的MSDS

③EVA热熔胶。

——EVA热熔胶符合HJ/T 220要求，所引用标准未加年代号，表明如果该标准更新，则EVA热熔胶应符合新标准要求；

——由EVA胶供应商（生产厂）提供相同型号的中国环境标志产品认证证书复印件；

——或提供符合HJ/T 220要求的第三方检验报告；

——其检测方法应采用HJ/T 220规定的方法。

（9）印后表面处理

印刷品表面处理一般分为上光或覆膜，为减少VOC标准要求使用光固化和水性上光油及预涂膜。

①使用预涂膜。

——为减少VOC标准鼓励使用预涂膜；

——印刷品表面处理采用方法通过现场确认。

②水基覆膜胶有害物质限量要求：

——水基覆膜胶有害物符合HJ/T 220中包装用水基胶黏剂的要求，所引用标准未加年代号，表明如果该标准更新，则水基覆膜胶应符合新标准要求；

——HJ/T 220—2005标准中对包装用水基胶黏剂中对苯、甲苯+二甲苯、卤代烃（以二氯乙烷计）、正己烷、总挥发性有机物等规定了限值要求；

——应提供其产品中苯、甲苯+二甲苯、卤代烃（以二氯乙烷计）、正己烷、总挥发性有机物等有害物质符合HJ/T 220—2005标准中4.4条款限值规定的第三方检验报告（CMA章）；

——其检测应采用HJ/T 220规定的方法。

③水基上光油有害物质限量要求：

——水基上光油中有害物质含量应符合HJ/T 370中技术内容5.4的要求，所引用标准未加年代号，表明如果该标准更新，则上光油应符合新标准要求。

——HJ/T 370—2007标准中5.4条对挥发性有机化合物含量、苯类溶剂含量以及铅、镉、六价铬、汞总量和铅、镉、六价铬、汞等重金属提出限量要求。

——提供水基上光油产品中挥发性有机化合物含量、苯类溶剂含量以及铅、镉、六价铬、汞总量和铅、镉、六价铬、汞等有害物质一年内的第三方检验报告（CMA章）。

——对上光油中有害物质检测方法应采用HJ/T 370标准规定方法。

5.4 印刷过程宜采用表3所要求的环保措施，其综合评价得分应超过60。

表3 印刷过程要求

指标	工序	要 求	分值分配	总分值
资源节约	印前（12分）	建立实施版面优化设计控制制度	1.0	12
		建立实施长版印件烤版制度	0.6	
		采用计算机直接制版（CTP）系统和数字化工作流程软件	4.8	
		采用节省油墨软件，利用底色去除（UCR）工艺减少彩色油墨用量	0.8	
		通过数字方式进行文件传输	1.2	
		采用软打样和数码打样	1.8	
		制版与冲片清洗水过滤净化循环使用	1.8	

指标	工序		要求	分值分配		总分值
资源节约	印刷（16分）	单张纸平印（16分）	建立实施装、卸印版校正套准规矩时间控制制度	1.6		16
			建立实施纸张加放量的控制程序	1.6		
			建立实施印版、橡皮布消耗定额控制程序	1.6		
			建立实施橡皮布的保养程序	1.6		
			建立实施印刷油墨控制程序，集中配墨，定量发放	1.6		
			采用墨色预调和水/墨快速调节装置	0.8		
			采用静电喷粉器	1.6		
			采用喷粉收集装置	1.6		
			采用中央供墨系统	1.6		
			采用自动洗胶布装置	0.6		
			采用无水印刷方式	0.5		
			根据印刷幅面调节幅面和喷粉量	0.5		
			上光油使用后废弃物集中收集处理后排放	0.8		
		卷筒纸平印（16分）	建立实施装、卸印版校正套准规矩时间控制制度	3.8		16
			建立实施橡皮布的保养程序	3.0		
			建立实施印刷机全面生产设备管理制度	3.0		
			采用墨色预调和水/墨快速调节装置	3.0		
			采用中央供墨系统	3.2		
	印后加工（12分）		建立实施烫箔工艺控制程序	3.0		12
			建立实施印后表面处理材料的控制程序	3.0		
			建立实施模切控制程序（教材书刊类不实施考核）	2.4		
			建立实施上光油或覆膜工艺控制程序	3.6		
节能	印前（12分）		采用发光二极管（LED）灯	6.4	6.4	12
			采用小直径灯代替大直径灯	4.8		
			采用纳米反光片的灯	2.0		
			在工作空闲时，电脑置于休眠状态	3.6		
	印刷（16分）	单张纸平印（16分）	建立实施印刷机能耗考核制度	2.0		16
			建立实施减少印刷机空转制度	2.5		
			采用发光二极管（LED）灯	4.6	4.6	
			采用小直径灯代替大直径灯	2.4		
			采用纳米反光片的灯	1.0		
			安装自动门，对印刷车间的温度进行有效控制	1.5		
			彩色印件采用多色印刷机印刷	2.4		
			采用中央真空泵系统	2.0		
		卷筒纸平印（16分）	建立实施折页机组以及装纸卷和穿纸等准备时间控制制度	2.4		16
			建立实施印刷机能耗考核制度	2.0		
			建立实施烘干温度控制程序	2.0		
			采用发光二极管（LED）灯	4.6	4.6	
			采用小直径灯代替大直径灯	2.4		
			采用纳米反光片的灯	1.0		
			安装自动门，对印刷车间的温度进行有效控制	1.5		
			采用烘干系统加装二次燃烧装置	2.5		

指标	工序	要　求	分值分配		总分值
节能	印后加工（12 分）	建立实施印后加工设备能耗考核制度	2.4		12
		建立实施印后装订工艺制度	3.0		
		建立实施胶锅温度控制程序	3.0		
		采用 LED 灯	3.6	3.6	
		采用小直径灯代替大直径灯	2.4		
	回收利用（20 分）	建立实施剩余油墨综合利用控制制度	1.0		20
		建立实施电化铝废料回收制度	2.0		
		建立实施废物管理制度	2.0		
		建立实施装订用漆布、人造革、纱布等下脚料回收制度	1.0		
		建立实施装订用胶黏剂残余胶料回收制度	1.0		
		建立实施废物台账程序	1.5		
		建立实施印刷车间空调系统余热回收利用程序	1.5		
		建立实施废弃物分类收集程序	3.0		
		建立实施印版隔离纸、卷筒纸外包装纸皮、表层残破纸、剩余纸尾，废纸边分类回收程序	5.0		
		采用印前印刷的预涂感光印版	2.0		

理解要点：

① 本标准对平版印刷企业的资源能源利用提出控制指标。包括印前、印中、印后加工三个阶段的资源节约、节能、废物的回收利用三方面内容，具体涉及各工序的生产工艺过程、电耗、水耗、印刷纸张利用率、废弃物产生和回收率等。通过这些控制指标来考核企业贯彻节能减排的情况。

② 此部分内容为非强制性要求，企业可根据自身情况进行选择，评价结果需达到 60 分。

③ 标准中对单张、卷筒两种印刷方式分别做出要求，其分值按印刷任务比例分别计算，企业无论存在一种还是两种印刷方式，不会因此改变其评价结果。

④ 评价的原则。

☞ 硬件要求的内容，根据现场情况按比例给分；

☞ 制度（程序、文件）要求的部分需满足两方面要求，各方各占一半分值；

——各项条款均应落实到文字，形成文件化的管理制度，且规定适宜、充分；

——凡有制度规定就应有相应的检查机制，要求按规定运行且形成记录；

☞ 回收利用部分不涉及时可将分值权重进行重新调整。

6．检验方法

6.1 技术内容5.1.3的检测按照HJ/T 370规定的方法进行。

6.2 技术内容5.2中表2中从锑到硒共8项的检测按照GB 6675规定的方法进行。

6.3 技术内容5.2中表2中从苯到环己酮共16项的检测按照YC/T 207—2006规定的方法进行。

6.4 技术内容中的其他要求通过文件审查和现场检查的方式进行验证。

理解要点：

① 对检测方法中所引用标准不加年代号的原因是，如果该标准更新，则本标准的指标和检测方法均可采用新标准。

② 检测方法中凡是注明年代号的引用文件，其随后所有的修改单（不包括勘误的内容）或修订版均不适用于本标准。

二、《环境标志产品技术要求　印刷　第二部分：商业票据印刷》介绍

为落实新闻出版总署和环境保护部共同发布的绿色印刷公告，加快实施绿色印刷战略，在绿色印刷环境标志标准规划中明确了绿色印刷标准构架、“十二五”绿色印刷标准制订计划，提出我国制定绿色印刷标准的框架为：以印刷产品的环保标准作为出发点和落脚点，制定的标准中，包括印刷成品重金属的限量要求，对材料、辅料、加工工艺的要求，以及印前、印中、印后各环节中材料处理、废水、废物、废气的排放要求，成品回收等。而根据“十二五”绿色印刷标准制订计划，在颁布了平版印刷标准之后，将陆续开展商业票据、凹版印刷环境标志标准制定工作，并在完成上述标准制定后，结合三项印刷环境标志标准，综合印刷工艺、产品，逐步制定统一的绿色印刷评价模型，并最终汇总为一项印刷环境标志标准；同时，积极开展建立绿色印刷推进项目实施环境效益分析工作。

1.《环境标志产品技术要求　印刷　第二部分：商业票据印刷》

2012年5月《环境标志产品技术要求　印刷　第二部分：商业票据印刷》（征求意见稿）（以下简称商业票据征求意见稿）已由环境保护部向社会公开征求意见。此标准适用于各类票据、票证等商业票据印刷。

商业票据印刷是采用一种窄幅面卷筒纸，在承印物不脱离设备的情况下利用（平版、凸版、柔印、凹印、网印、数字）两种或两种以上印刷工艺，完成加工产品的印

刷方式。商业票据印刷在市场上应用范围十分广泛，包括银行支票、税务发票、直邮单据、海关报单、保单、商用表格以及其他商业票据印刷物。

现在商业票据轮转印刷机多采用胶印、凸印、柔性印、号码印刷等多种印刷滚筒在同一个印刷机组上互换的方法，可印刷 12 色以上，所印的票据（如彩票、保单、发票等）。商业票据印刷同时已经将传统技术与数字技术，以及不同的技术方式整合在一起，即将胶印、凸印、柔性版印刷、凹印、丝网印刷、数字印刷等多种印刷方式组合在一起实现票据印刷。与国外同行相比，中国商业票据业印刷产品结构、技术水平、市场规模远未成熟，中国经济发展催生巨大的社会需求，商业票据业正处于增长阶段，市场空间大。

经过多年的发展，商业票据轮转印刷已形成规模，并且保持着较快的发展速度。由于商业票据轮转印刷设备不同于其他传统印刷设备，商业票据轮转印刷工操作区别于其他印刷工操作技能，采用原辅材料也区别于其他单一印刷方式材料。在环境问题上也不同于其他印刷方式。《环境标志产品技术要求　印刷　第二部分：商业票据印刷》标准是以工作环境为导向、以环保意识为核心的一种新的环保导向性标准，通过运用环境监测分析、企业环保体制建设，达到提高商业票据轮转机印刷业环境保护能力和适应绿色印刷能力。环境标志标准的基本要求主要体现了通过环境标志认证的企业和产品应满足的要求，其中主要体现在以下三个方面：

第一，印刷产品的质量必须达到国家或者行业的质量标准要求。我国已经颁布的涉及商业票据印刷（商业票据印刷）的质量标准包括《商业票据印制　第 1 部分：通用技术要求》CY/T 49.1、《商业票据印制　第 2 部分：折叠式票据》CY/T 49.2、《商业票据印制　第 3 部分：卷式票据》CY/T 49.3、《商业票据印制　第 4 部分：本事票据》CY/T 49.4 的要求。

第二，在印刷企业的生产行为方面，要求环境标志产品生产企业的污染物排放必须达到国家和地方规定的污染物排放标准要求。对于印刷企业的污染物排放主要涉及工业废水排放、工业废气排放和企业噪声等三部分重点环节。除此以外，企业的固废，尤其是危险废弃物因进行重点控制。印刷中涉及的废胶片、废定影液、显影液属于《国家危险废物名录》中 HW16 感光材料废物，废润滑油属于《国家危险废物名录》中 HW08 废矿物油类，废胶黏剂属于《国家危险废物名录》中 HW13 有机树脂类废物，在标准实施过程中应重点关注这些废弃物应按照《固体废物污染环境防治法》有关规定进行资源化回收利用或委托具有危险废物经营许可证的单位进行回收处理。

第三，本标准鼓励企业在产品生命周期全过程考虑环境因素，采用清洁生产工艺，从而最大限度地减少对人身及环境的危害。

此外，从以下几个方面对技术内容提出了要求：

1）印刷原辅料的要求

（1）商业票据印刷油墨的要求

商业票据印刷油墨主要涉及平版印刷油墨（包括 UV 墨和常规四色墨）、凹版印刷油墨、柔版印刷油墨、数码印刷所用的喷墨墨水等。这些油墨属于印刷和印刷产品中重要环境污染源，不但在印刷过程中污染环境，危害人身健康，在印刷产品上的有机残留物还会继续污染环境，而且这些油墨中的残留物含有少量的颜添料，对于印刷品使用者的身体健康造成一定程度的影响。因此，有必要进行控制。

目前环境标志已颁布了胶印油墨、凹印和柔印油墨和喷墨墨水等 3 项环境标志标准。其中分别对其中的有害物、植物油的使用量等环境指标进行了规定，因此本标准在实施过程中，要求所使用的胶印油墨、柔印油墨和喷墨墨水均应达到环境标志标准要求，而 UV 油墨也参照胶印油墨实施控制，2012 年胶印油墨标准修订将增加平版紫外光固化油墨的限制要求。

（2）润湿液的要求

商业票据印刷是以平版印刷为主体，润湿液中含醇有机物的控制是重要的环节。根据商业票据印刷的产品特点，单色印刷表格等相关产品不需要使用含醇润湿液，而在四色以上的产品印刷过程中可能会使用含醇润湿液，因此在标准中需要对含醇润湿液进行控制。参考平版印刷环境标志标准规定禁止使用含有甲醇的润湿液。

同时由于商业票据印刷对于印制质量的要求不需要达到高档画册等印品质量要求，因此在本标准中要求将醇类添加量控制在 5%以内。通过实施此项要求强化企业环保控制，不得使用价格低的工业乙醇作为润湿液，减少挥发性有机化合物对环境的影响。

（3）胶黏剂的要求

商业票据印刷在后期加工中可能使用少量的胶黏剂，目前国内使用的胶黏剂主要分为两大类：溶剂型和水性。票据票证粘贴使用水性胶黏剂即可满足要求，因此本标准禁止在印后加工使用溶剂型胶黏剂。

（4）洗车水的要求

商业票据印刷过程会使用洗车水对印刷设备进行清洁，目前国内主要使用两大类：溶剂型和水性。其中溶剂型洗车水可能会使用苯类溶剂，毒性大危害性强，而且会产生大量挥发性有机化合物。根据行业调研，水性洗车水已完全能够达到使用要求，因此本标准禁止使用溶剂型洗车水。

2）对于印刷产品限制要求

（1）可溶性元素的要求

目前国内尚未针对印刷品制定有关可溶性元素的要求。商业票据印刷参考平版印刷环境标志标准对印刷品的要求，制定可溶性元素要求。以便将来印刷标准整合统一具有一致性。

（2）挥发性物质要求

印刷成品的味道和对人体健康的影响一直属于人们关注的焦点，其中，主要影响因素来源于一些具有刺激性气味的化合物。这些化合物主要来源于：油墨、上光油等印刷过程所使用的化学品。由于部分化合物属于有毒有害物质，如苯、乙醇、异丙醇、丙酮、丁酮、乙酸乙酯、乙酸异丙酯、正丁醇、丙二醇甲醚、乙酸正丙酯、4-甲基-2-戊酮、甲苯、乙酸正丁酯、乙苯、二甲苯、环己酮等，因此有必要对此进行控制。

印刷品的挥发性有机化合物的限制要求目前国外仅有玩具产品中进行了规定，根据我们调研发现，其中所规定的测试方法较为复杂，而且其针对简单产品进行检测，因此不适于在装订书籍和精装书籍进行测试。而印刷品尤其是书籍的挥发物限制要求的标准国际和我国均未制定，目前可借鉴的标准是《卷烟条与盒包装纸中挥发性有机化合物的限量》（YC 263—2008），该标准范围是盒装卷烟包装成条的专用纸和卷烟包装成盒的专用纸，此类产品属于平版印刷品中的包装装潢类产品，因此该标准可以借鉴用于制定平版印刷产品的挥发性有机化合物的限制要求。后期在标准进行深入研究后再对方法进行修改。

3）印刷用原辅料的环境行为评价要求

（1）纸张的要求

①可持续森林认证要求。

森林认证分为两类，即森林经营认证（Forest Management Certification，FMC）和产销监管链认证（Chain of Custody，CoC）。森林经营认证是对森林经营单位进行的认证，是由独立的认证机构根据认证原则和标准（包括森林调查、经营规划、营林、采伐、森林基础设施以及有关的环境、经济和社会方面）对森林经营单位进行审核，如果其森林经营活动满足认证标准要求，便可以颁发证书并允许其使用认证标志，证明其生产的木材来自于可持续经营的森林或良好经营的森林。简单地说，森林经营认证是对森林的认证。

产销监管链认证（CoC）则是对加工和销售林产品的商贸机构进行认证，是跟踪林产品加工的原料来源及产品的存贮，运输和销售的整个过程，即从森林到消费者的整个过程。林产品认证的整个过程，即从森林到最终消费者，通过 CoC 认证的产品可以贴上认证标志，告诉消费者生产该产品所使用的是来自通过认证森林的木材。简单地说，产销监管链认证是对森林产品的认证，确保所有认证的产品，其主要原料均直接或间接来自经营良好的森林，也就是获得森林经营认证的森林。

为了保证森林资源的有效和可持续使用，本标准鼓励印刷企业采购可持续森林认证的纸张用于印刷。

②再生纸的要求。

由于我国造纸纤维资源相对缺乏，供给能力已不能满足产能扩张需要，纤维原料成为制约我国纸业发展的瓶颈。我国造纸原料属三足鼎立态势，据中国造纸协会测算，目前木浆使用量比重占原料总量的23%，非木浆比重占15%，废纸浆比重占62%。近年来木浆与废纸浆比重不断增加，非木浆原料所占比重不断下降。仅在2009年，木浆比重比上年提高了1%，废纸浆比重提高了2%，而非木浆原料所占比重下降了3%。

我国木浆造纸年消耗木材约1 000万m^3。现在，地球上平均每年有4 000 km^2的森林消失。森林可以为人类提供氧气、吸收二氧化碳、防止气候变化、涵养水源、防风固沙、维持生态平衡等。保护森林，减少开采量，就需要削减木材的需求量。再生纸是以废纸为原料，将其打碎、去色制浆后再经过多种复杂工序加工生产出来纸张。其原料一部分来源于回收的废纸，同时加入一些原生浆以提高纸制品的强度。回收1 t废纸能生产800 kg再生纸浆，相当于少砍17棵大树，节约造纸能耗9.6 t标煤，减少35%的水污染。废纸造纸作为循环经济的典范代表，得到了国家的支持。国家发改委、科技部先后对国产废纸回收利用给予政策上支持。江苏省纸联再生资源有限公司作为代表，在国家发改委支持下，已建设十多个废纸回收工厂，此外，很多大企业也都建立了自己的废纸回收系统。这些回收系统起到了两个作用，一是使用专业设备提高了回收废纸的质量，二是将以往分散到其他中小企业的废纸资源集中到大企业手中，使资源得到再分配。根据造纸业“十二五”规划草案，即将发布的规划中也很有可能推出对再生纸生产企业的扶持政策。而在国外，环保组织也关注与再生纸的推广，在FSC-RECYCLED要求中对于纸原料至少85%使用消费后回收材料，最多15%可使用造纸企业边角废料。

为了保证森林资源的有效和可持续使用，本标准鼓励印刷企业采购再生纸张用于印刷。

③本色纸张的要求。

本色纸指整个生产过程不使用任何化学漂染剂的纸。这类纸由于不使用荧光增白剂，白度在70～74度，可保护视力，因此在教材及学生作业本已有较多应用。也由此扭转了人们对纸张“越白越好”的看法。另外，本色纸张中部分产品的纸浆为非木浆，对于木材资源的保护有较大的支撑作用，而生产过程不使用漂染试剂（特别是氯气），大大降低了环境负荷。因此本标准鼓励企业使用本色纸张。

（2）润湿液的要求

减少润湿液中的醇类使用是各国环境保护工作的重要攻关课题，在日本环境标志标准中也明确提出了降低醇类的使用量，在平版印刷环境标志标准中规定5%的限制。

由于目前对于醇类的替代方案已经成熟，因此在本标准原辅料要求“醇类添加量应小于5%”的基础上，鼓励四色及四色以上印刷机使用含醇量更低（醇类添加量小于 2%）的润湿液，并提倡完全替代醇类。

（3）胶黏剂和印后表面处理的要求

商业票据印刷全过程涉及胶黏剂的工序有裱糊和覆膜，覆膜分为即涂膜和预涂膜。即涂膜需要使用溶剂型覆膜胶或水性覆膜胶，裱糊通常用白乳胶，本标准 5.1.3 条款已经禁止使用溶剂型胶黏剂，但是使用水性胶黏剂也会产生少量挥发性有机化合物，因此本标准要求水性覆膜胶、裱糊胶达到环境标志胶黏剂的标准；由于预涂膜在印后过程无挥发性有机化合物的排放，更具有环保性，因此本标准支持使用预涂膜。

（4）印版的要求

由于商业票据印刷的对象是窄幅面的产品，目前传统的印版不能充分使用，因此我们规定根据印品宽度选择印版（PS 版）尺寸规格。

纳米材料绿色制版技术，是中国科学院化学研究所通过对纳米材料表面浸润性和纳微米结构的研究，将最新的科研成果应用于传统印刷行业。纳米材料绿色制版技术的核心是纳米材料的浸润性调控：通过将纳米墨水喷射到纳米版材表面，从而改变了版材表面的浸润性特性，形成了图文信息。在整个制版过程中，由于完全避免了传统 PS 版和 CTP 技术所依赖的感光化学过程，也就不存在银盐感光材料污染和版材显影、定影等造成的污染。

4）对商业票据印刷产品生产过程中环境保护的要求

本标准对印前、印中和印后等各工序环境保护所涉及的资源节约、节能和回收再利用提出要求，这些指标是标准编写组深入企业调研和有关参编企业实际核算制定出的。其中涉及电耗、水耗、印刷纸张利用率、废弃物产生和回收率等以及各工序的生产工艺过程和使用的原辅材料及其消耗、废弃物回收、危废处理等项目。

5）对检测方法的说明

此次最终产品的监测对象是纸质产品，其中测试内容为重金属含量、挥发性有机化合物，因此方法参考平版印刷标准实施。

2. 与《环境标志产品技术要求　印刷　第一部分：平版印刷》的比较

从获取的商业票据征求意见稿，其在结构上采用了与 HJ 2503—2011 标准相同的结构，也分为两个部分，一是强制性要求，必须满足的；另一部分为选择性要求，在内容上分为对原辅材料、印刷产品和生产过程控制三方面要求，在原辅材料控制中又分为必须满足的要求和选择性要求。两个标准之间既有其共性也有差异。其共性主要体现在标准制定的思路和标准结构上，另外在标准内容上也有许多相同之处。差异主要体现在对象不同、具体指标项目的设置和要求上，根据各自特点有所不同，具体体现在：一是适用范围不同，平版印刷主要适用于采用平张纸和卷筒纸的平版印刷方式生产的书刊、报纸、教材等产品，而票据印刷则适用于各类票据、票证等商业票据印刷，在印刷方式上主要以窄幅面多机组的卷筒纸印刷机以平版印刷为主体，与柔性版、凸版、网版、可变数据或喷墨印刷任意组合的多种印刷，一般都采用了两种或两种以上的印刷方式；二是对原辅材料要求的差异，因票据印刷采用了两种以上的印刷方式，而不同的印刷方式在原辅材料的使用上也有一些不同，如使用的油墨不单是胶印油墨，还有柔性版印刷采用的柔性油墨，数码印刷则会使用到喷墨墨水，因此标准中对不同种类油墨分别提出了不同的要求。在对润湿液的要求中，除与平版印刷要求一致的不得含有甲醇外，还将对醇类添加量应小于 5%的要求从打分项中调整为必须满足的要求，而在打分项中将润湿液的要求做得更加明细具体。对胶黏剂也进行了统一的要求，将平版印刷标准中分布在两个条款中的要求，合并为一项必须满足的要求。增加了洗车水的要求，洗车水是用来清洗印刷机油墨的，在印刷过程中每次换油墨、换版之前或停机后均要对墨辊、辊绒、橡皮布进行清洗，传统的洗车水，一般是用汽油或煤油，随着环保意识的加强，现在越来越多的印刷企业改用洗车水，其成分主要由有机溶剂、乳化剂配制而成，具有很强的清洁油墨功能，提高了使用过程中的安全性，而且也避免了煤油里所含的芳香烃等杂质对人体危害。取消了对邻苯二甲酸酯类物质、纸张白度、上光油和喷粉的要求。生产过程指标项目和工序上要求与平版印刷相一致，均为资源节约、节能、回收和利用等 3 项指标，印前、印中、印后三个工序，在具体内容上作为一些进行了调整。

第三节　绿色印刷标准对原辅材料的要求

绿色印刷标准制定是基于全生命周期的考虑，所涉及内容包括原辅材料的选择、生产过程控制、产品中有害物质限量及节约资源、能源、回收利用等多方面。其中对原辅材料要求较为复杂，在标准的多个条款中均有涉及，为便于全面了解掌握，本节以《环境标志产品技术要求　印刷　第一部分：平版印刷》（HJ 2503—2011）标准中涉及的各种原辅材料要求为例进行了归纳汇总，在归纳总结过程中所涉及的一些标准的内容主要以现行有效版本为准，只适用于现阶段，若相关标准修订后，部分内容将不再适用。

一、纸张要求

在 HJ 2503—2011 标准中对纸张的要求可分为两个层次，一个是纸张白度要求，一个是生产纸张的原料要求，要么其来源为可持续森林认证的纸张，要么纸张生产时须使用 30%的再生浆料，再或者使用本色纸张。只有同时满足两个层次的要求，才能满足标准的要求。具体要求为：

1．生产纸张的原料要求（25 分）（HJ 2503—2011 标准 5.3 条要求）

①纸张来源于可持续森林认证，需提供 FSC 或 CoC 认证证书复印件；
②纸张生产时使用 30%的再生浆料，需提供生产企业再生浆料使用比例的承诺；
③使用本色纸张，需提供生产企业承诺纸张在整个生产过程中均不使用增白剂；
④供应商提供的各种纸张至少满足上述三项中一项；
⑤按比例计分。

2．纸张白度（HJ 2503—2011 标准 5.1.2 条要求）

①每个供应商均应提供纸张白度检测报告；
②每一类型纸张白度均应提供符合相应白度要求的检测报告；
③每一类型不同克重的纸张均应提供其白度符合相应标准检测报告：
☞ 中小学教科书用纸白度应符合 GB/T 18359 要求；
☞ 其他印刷品纸张白度应符合 GB/T 24999—2010 要求；
④检测报告必须为一年之内的第三方检测报告（有 CMA 章）；
⑤纸张白度必须同时满足上述 5.1.2 条要求。

3．纸张的原料及白度要求必须同时满足

二、油墨要求

印刷用油墨有两个要求，均为强制性要求，一个是要求油墨中不得添加 6 种邻苯二甲酸酯类物质（5.1.1 条），另一个要求油墨必须符合 HJ/T 370 标准要求（5.1.3 条）。这就要求油墨生产厂家必须提供：
① 各型号产品不含 6 种邻苯二甲酸酯类物质的检测报告（盖 CMA 章）；
② 各型号产品均获得环境标志产品认证，提供证书复印件（型号须相同）；

③ 上述两条必须同时满足要求；

④注意：

——该标准未对邻苯二酸甲酸酯提出控制要求，因此只提供证书，不能满足 5.1.1 条要求；

——一般提供的油墨检测报告均不包括植物油和芳香烃含量。

三、润湿液要求

润湿液在 HJ 2503—2011 标准中也有不同的要求，一个是强制性要求，一个是打分要求。

其中：

1. 对甲醇的要求（5.1.6 条）

①此条为强制性要求；

②润湿液原液中不得含有甲醇；

③必须提供一年内的第三方的出具的甲醇含量检测报告（有 CMA 章）；

④每一个供应商的每一种型号产品均应提供甲醇检测报告（有 CMA 章）。

2. 对润湿液中醇类物质要求（5.3 条要求）

①使用无醇润湿液（20 分）：

☞ 提倡使用无醇润湿液；

☞ 润湿液原液中不含甲醇、乙醇、异丙醇等各种醇类物质；

☞ 提供每一种型号润湿液的 MSDS。

②使用醇类添加量小于 5%的润湿液（10 分）：

☞ 原液为无醇润湿液，提供相应的 MSDS；

☞ 须提供生产过程中润湿液配方及配制记录。

上述①、②按比例不重复打分。

四、胶黏剂要求

胶黏剂主要在印后处理工艺中使用，标准对其要求分为强制性要求和打分要求。

1．对邻苯二甲酸酯类要求（5.1.1 条）

①此条为强制性要求；

②包括覆膜胶，背胶、侧胶（一般为热熔胶），制壳裱糊胶（一般为白乳胶）中均不得含有邻苯二甲酸酯类；

③提供各型号胶黏剂不含 6 种邻苯二甲酸酯类物质的第三方检测报告（CMA 章）。

2．对热熔胶要求（5.3 条要求）

①使用聚氨酯（PUR）型热熔胶（8 分）：

☞ 提供相应热熔胶的 MSDS；

☞ 现场确认使用的热熔胶为聚氨酯（PUR）型热熔胶；

☞ 通过采购/库房/实物/产品说明书等确认。

②EVA 热熔胶符合 HJ/T 220 的要求（5 分）：

☞ 提供环境标志产品认证证书复印件（型号相同）；

☞ 或提供依据 HJ/T 220 标准检测的第三方检测报告（有 CMA 章）。

3．即涂膜覆膜胶应为水基覆膜胶（5.1.7 条）

①提供检测报告或 MSDS 及产品说明书等；

②即涂膜覆膜胶工艺现场确认。

五、对橡皮布的要求

在 HJ 2053—2011 标准中，橡皮布要求分为两部分内容，一部分是强制要求，一部分是打分要求。

1．对邻苯二甲酸酯类要求（5.1.1 条）

①此条款为强制性要求；

②每一供应商提供的橡皮布均应出具不含 6 种邻苯二甲酸酯类物质的第三方检测报告（CMA 章）。

2．对橡皮布使用管理要求（5.3 条）

①制定大幅面印刷机换下的橡皮布在单色机上使用的管理规定；

②制定大幅面印刷机换下的橡皮布在小幅面机上使用的管理规定；

③按照管理规定要求使用橡皮布的记录；
④管理规定及按规定要求使用记录各占 5 分。

六、对上光油的要求

HJ 2503—2011 标准对印后表面处理中使用的上光油中有害物质提出了要求，具体为：

1. 对邻苯二甲酸酯类要求（5.1.1 条）

①此条为强制性要求；
②出具上光油中不含 6 种邻苯二甲酸酯类物质的第三方检测报告（CMA 章）。

2. 上光油应为水基或光固化上光油（5.1.4 条）

①此条为强制性要求；
②提供上光油的 MSDS 或检测报告；
③现场确认。

3. 水基上光油有害物符合 HJ/T 370 中技术内容 5.4 的要求（5.3 条）

①水基上光油有害物质控制包括：铅、镉、六价铬、汞限量和铅、镉、六价铬、汞总量，以及苯类溶剂含量和挥发性有机化合物含量；
②提供水基上光油有害物质的检测报告，且为一年之内第三方检测报告（有 CMA 章）；
③其检测方法应为 HJ/T 370 标准中规定的检测方法。

七、对覆膜的要求

1. 使用预涂膜（5.3 条）

现场确认，查看预涂膜采购/库存/覆膜机/生产现场用料/生产记录等。

2. 水基覆膜胶有害物符合 HJ/T 220 中包装用水基胶黏剂的要求（5.3 条）

①提供检测报告；
②其检测方法应采用 HJ/T 220 规定的方法。

八、其他要求

1．对喷粉要求：使用植物喷粉（5.1.5 条）

①为强制性要求；

②需提供喷粉的 MSDS。

2．对印版要求：印版使用免处理的 CTP 印版（5.3 条）

目前暂无此类印刷版使用。

3．要求使用专用抹布清洗橡皮布、印版（5.3 条）

①建立使用专用抹布清洗印版、橡皮布制度；

②保存印版、橡皮布清洗记录。

综上，HJ 2503—2011 标准对原辅材料要求是多方面的，为清晰明了，将上述内容汇总归纳为表 8-2。

表 8-2 HJ 2503—2011 标准对主要原辅材料及证明材料要求汇总

<table>
<tr><th rowspan="3">序号</th><th rowspan="3">原料类别</th><th colspan="4">HJ 2503—2011 标准要求和证明材料要求</th></tr>
<tr><th colspan="2">HJ 2503—2011 标准 5.1 条</th><th colspan="2">HJ 2503—2011 标准 5.3 条</th></tr>
<tr><th>标准要求</th><th>证据要求</th><th>标准要求</th><th>证据要求</th></tr>
<tr><td rowspan="3">1</td><td rowspan="3">纸张</td><td rowspan="3">纸张白度符合 GB/T 24999，中小学教材纸张白度符合 GB/T 18359</td><td rowspan="3">第三方检测报告</td><td>可持续森林认证</td><td>FSC 证书</td></tr>
<tr><td>使用 30%的再生浆料</td><td>生产厂证明</td></tr>
<tr><td>使用本色纸张</td><td>生产厂证明</td></tr>
<tr><td rowspan="2">2</td><td rowspan="2">油墨</td><td>不添加 6 种邻苯二甲酸酯类物质</td><td>第三方检测报告</td><td></td><td></td></tr>
<tr><td>符合 HJ/T 370 标准要求</td><td>环境标志证书复印件</td><td></td><td></td></tr>
<tr><td rowspan="2">3</td><td rowspan="2">润湿液</td><td rowspan="2">不得含有甲醇</td><td rowspan="2">第三方检测报告</td><td>使用无醇润湿液</td><td>MSDS</td></tr>
<tr><td>使用醇类添加量小于 5%的润湿液</td><td>原液 MSDS 及配比表和配比记录</td></tr>
<tr><td rowspan="2">4</td><td rowspan="2">胶黏剂（包括覆膜胶、热熔胶、制壳胶）</td><td rowspan="2">不添加 6 种邻苯二甲酸酯类物质</td><td rowspan="2">第三方检测报告</td><td>使用聚氨酯（PUR）型热熔胶</td><td>MSDS 及经现场确认</td></tr>
<tr><td>EVA 热熔胶符合 HJ/T 220 的要求</td><td>环境标志证书或第三方检测报告</td></tr>
</table>

<table>
<tr><th rowspan="3">序号</th><th rowspan="3">原料类别</th><th colspan="4">HJ 2503—2011 标准要求和证明材料要求</th></tr>
<tr><th colspan="2">HJ 2503—2011 标准 5.1 条</th><th colspan="2">HJ 2503—2011 标准 5.3 条</th></tr>
<tr><th>标准要求</th><th>证据要求</th><th>标准要求</th><th>证据要求</th></tr>
<tr><td rowspan="2">5</td><td rowspan="2">橡皮布</td><td rowspan="2">不添加 6 种邻苯二甲酸酯类物质</td><td rowspan="2">第三方检测报告</td><td>制定橡皮布大幅面机换下至单色机上使用规定</td><td>管理规定及使用记录</td></tr>
<tr><td>制定橡皮布大幅面机换下至小幅面机上使用规定</td><td>管理规定及使用记录</td></tr>
<tr><td rowspan="2">6</td><td rowspan="2">上光油</td><td>不添加 6 种邻苯二甲酸酯类物质</td><td>第三方检测报告</td><td rowspan="2">水基上光油有害物符合 HJ/T 370 中技术内容 5.4 条的要求</td><td rowspan="2">第三方检测报告</td></tr>
<tr><td>应为水基或光固化</td><td>MSDS</td></tr>
<tr><td rowspan="2">7</td><td rowspan="2">光膜</td><td rowspan="2">即涂膜覆膜胶应为水基覆膜胶</td><td rowspan="2">MSDS</td><td>水基覆膜胶有害物符合 HJ/T 220 中包装用水基胶黏剂的要求</td><td>第三方检测报告</td></tr>
<tr><td>使用预涂膜</td><td>现场确认</td></tr>
<tr><td>8</td><td>喷粉</td><td>应为植物类喷粉</td><td>MSDS</td><td></td><td></td></tr>
<tr><td>9</td><td>印版</td><td></td><td></td><td>印版使用免处理的 CTP 印版</td><td></td></tr>
<tr><td>10</td><td>清洗材料</td><td></td><td></td><td>专用抹布清洗橡皮布、印版</td><td>建立相应制度并保存使用记录</td></tr>
</table>

第九章　环境标志产品保障措施指南

第一节　环境标志产品保障措施指南产生的背景

中国环境标志产品认证的基本条件是申请认证产品的质量合格、环境行为优越。产品的质量合格要求生产企业按照产品的相关质量标准进行生产，同时要符合相关的安全和卫生标准；产品的环境行为优越是要求产品应符合环境标志产品技术要求，同时生产企业应该遵守环境法律法规，污染物排放符合国家或地方污染物排放标准。

1994 年中国环境标志产品认证实施之初，认证实施的关键是“抓两头”，即受理阶段通过省一级地方环保部门的初审，来保障申请认证企业的环境行为符合要求，主要是污染物排放达标并且申请之日前 1 年之内没有受到地方环境保护部门的行政处罚；另外，在证书批准阶段申请认证企业的产品符合产品的认证标准的要求。工厂检查当时虽然是认证实施一个必要的过程，但因为没有文件的指导从而缺乏系统性、客观性和有效性。这种方式使得认证机构失去了对产品生产环节的控制和管理，使得认证机构长期处于较大的认证风险之中，获证企业也不能保证其产品持续满足认证标准的要求。尤其是在 2000 年之后，随着消费水平的增长和企业社会责任感的增强，越来越多的企业加入到环境标志计划当中来，越来越多的产品获得了中国环境标志认证。面对这种情况，2002 年认证机构推出了第一份针对企业环境标志认证产品全过程管理的文件——《环境标志产品保障体系指南》，该指南共 22 个要素，从“守法达标”、“质量和环境行为双优”、“内审机制”、“改进机制”以及“企业评述”5 大部分对企业生产环境标志产品的日常管理提出了要求。

《环境标志产品保障体系指南》的颁布，使得认证机构对认证企业的管理水平达到了一个新的高度，从只注重产品检测结果颁发认证证书向注重生产过程而得到的检测结果颁发认证证书转变。2002 年年底，随着中国加入 WTO 有关环境服务贸易协定的要求随之产生，政府部门不再涉及具体的认证行为，由省级环境保护部门进行认证初审的要求被取消，政府认证也逐步转变为由政府授权认证。2003 年初经过工商注册的第三方认证机构中环联合（北京）认证中心有限公司正式成立，同年10月国家环境保护总局即授权该公司继续实施中国环境标志计划。新认证机构秉承和发扬了《环境标志产品保障体系指南》的要求，并对中国环境标志计划从实施以来一直倡导的理念提出了新的要求。与这些要求相辅相成的是在2005年环境标志产品技术要求上升为中华人民共和国环境保护标准，标准的编制水平要求更高，审核和批准过程更加严格。

2007年，新认证机构总结了《环境标志产品保障体系指南》实施5年的经验，形成了新的《环境标志产品保障措施指南》。新《指南》结合了目前企业普遍实施的质量和环境管理体系标准认证的实际情况，需要申请者有一套完整的规章制度，来保证产品质量、产品的环境指标和生产行为符合有关的要求。中国环境标志产品认证是要求企业建立完善的质量管理体系和环境管理体系。然而，中国环境标志产品认证并未要求企业必须通过类似ISO 9001或者ISO 14001的标准认证，不给申请者增加在认证这方面的额外要求。

目前，越来越多的申请者重视中国环境标志计划，在提出中国环境标志产品认证这一要求之前即按照ISO 9001或ISO 14001标准的要求建立了质量或环境管理体系，甚至通过了相关认证。有些企业将这些（ISO 9001、ISO 14001和《环境标志保障体系指南》）要求整合起来，形成一整套较为完善的管理系统。这不仅使得企业在管理体系方面的运行成本降低，并且使得企业对质量、环境管理体系的要求和产品的质量和环境要求融合在一起，手段和目的更加明确。

这些变化也要求环境标志认证机构及时调整这方面的要求，使之更适合申请企业的日常管理需求。2008年6月，经过1年试行的《环境标志产品保障措施指南》开始正式实施。新《指南》在原有基础之上，结合ISO 9001、ISO 14001标准的要求更加条理化和系统化，主要包括以下几个方面的要求：管理要求、产品环境行为要求、生产过程环境行为要求以及产品质量、安全、卫生要求。这些要求相辅相成，成为环境标志产品实现的基础。

第二节　《环境标志产品保障措施指南》条款解析

1　引言

《环境标志产品保障措施指南》（以下简称《指南》）提出了申请者（生产者）建立环境标志产品保障措施的要求，以保证环境标志产品及其申请者（生产者）能够持续有效地符合环境标志标准的要求。

本《指南》不适用于境外企业申请中国环境标志产品认证。

条款解析

①《指南》明确要求环境标志申请者（生产者）应按照本指南的要求，建立和实施环境标志产品保障措施的要求，建立和实施指南的目的是保证申请认证的产品在认证有效期内满足认证标准的要求。

② 当申请者即为产品生产者时，申请者应按照《指南》的要求建立环境标志保障措施的要求；当申请者与生产者不一致时，申请者和生产者应共同按照《指南》的要求建立环境标志保障措施的要求。

③《指南》是环境标志申请者在申请环境标志产品认证时对产品实现过程进行的管理要求，用来保证其产品持续的满足相关的产品认证标准；本《指南》所要求形成的文件是申请者获得环境标志产品认证的必要条件。

④ 申请者是向环境标志认证机构提出认证申请的组织，它可以是产品的申请者或者是生产者。申请者应该具备明确的法律地位，其生产或者经营的产品应在法律规定的范围之内；申请者申请时同时应满足的其他条件请参考有关认证文件的要求。

⑤《指南》仅对境内企业申请中国环境标志时应该遵守的条款做出了规定，境外企业由于生产现场处于境外需要满足不同的法律要求而不适用本文件的要求。

2 定义

下列定义适用于本《指南》。

2.1 环境标志

用来表达产品或服务的环境因素的声明。

2.2 环境标志标准

中华人民共和国环境保护部发布的中华人民共和国环境保护国家标准——环境标志产品技术要求。

2.3 申请者

申请获得中国环境标志产品认证证书的客户。

2.4 生产者

实施保障措施，从事环境标志产品生产的客户。

注：生产者可以是申请者，也可以是申请者以OEM或ODM方式委托生产的企业。

条款解析

本条款解释说明了一组定义。

① 环境标志的形式可以出现在产品的包装标签上，或置于产品文字资料、技术公告、广告或出版物等的说明、符号或图形。产品是一个广泛的概念，包括有形的具有

物理实体的产品，也包括无形的商品——服务。

中国环境标志的使用应该符合《中国环境标志使用管理办法》的要求。

② 环境标志标准是本《指南》的灵魂，它是环境保护部发布的“中华人民共和国环境保护标准——环境标志产品技术要求”。本《指南》的保障措施要求是围绕着环境标志标准的实施、落实；保证申请的环境标志产品满足相应的环境标志产品标准而提出的。不同的产品类别应该符合相应的环境标志产品标准。应该重视环境标志产品标准中有关“范围”的内容。

③ 通过申请从而以申请者的身份获得环境标志认证证书是合法的持有中国环境标志产品认证证书唯一途径。

④ 生产环境标志认证产品的企业应按照本《指南》的要求建立保障措施。申请者可以自己生产，也可以以 OEM、ODM 等方式委托生产。前一种方式下，申请者本身应该建立和保持本保障措施的要求，后一种方式下，申请者和生产者都应针对申请认证产品建立和保持本保障措施的要求。申请者应对生产者保障措施的建立和运行情况实施监督和控制，以保证申请的环境标志认证产品符合相应的《环境标志产品技术要求》。

3 总则

申请者（生产者）应建立符合本指南要求的保障措施，并使之有效地运行，且具备批量生产符合环境标志标准要求的产品的能力。

注：（1）当申请者（生产者）已有体系或相关制度能满足本指南要求时，可以不重新建立环境标志产品保障措施。

（2）对于本指南 4.2 部分条款，可根据产品生产实际情况作必要删减，删减由申请者提出申请，认证机构审定。

条款解析

① 申请者（生产者）应按照本《指南》第 4 部分的要求，结合本组织的具体情况，建立保障措施的文件。

② 申请者（生产者）应有效实施这些文件。

③ 环境标志不授予那些尚处于研发阶段而并未形成生产能力或者不以销售为目的的产品。同时生产企业应具备批量生产的能力。

④ 申请者（生产者）应考虑自身的管理与本《指南》要求的符合程度。应从环境标志产品标准的角度来考虑原有管理体系或管理制度与《指南》之间的差异。从某种意义上来讲，本《指南》涵盖了 ISO 9001 标准和 ISO 14001 标准的部分要求，但不是

全部要求，因此，已获得 ISO 9001 标准或者 ISO 14001 标准认证的申请者可以在原有体系的基础上，根据《指南》提出的具体要求进行补充、完善，并健全相应的保障措施；申请者（生产者）即使没有按上述标准建立管理体系，但是在企业管理运营中具备相应的管理制度（规章、规定、标准等），能够满足《指南》提出的各项要求，也不必重新建立保障措施。申请者（生产者）在原有基础上满足《指南》要求的，可以通过要素对应表来更好地说明满足的状态。

⑤ 申请者（生产者）可以根据实际的生产情况对 4.2 的部分条款进行删减。这些删减应该与实际情况相符，并且不影响申请者（生产者）所提供产品满足环境标志认证准则的能力和责任，删减是否合理和可行，应由认证机构来判定。

4　保障措施要求

4.1　管理要求

4.1.1　职责

申请者应规定与认证产品有关人员的职责及相互关系，且在组织的管理层内指定一名中国环境标志产品认证负责人，确保能够履行以下方面的职责：

a. 建立与保持环境标志产品保障措施，以保证获得中国环境标志认证的产品在认证有效期内持续有效地符合环境标志标准的要求。

b. 相关方对申请或获得中国环境标志认证的产品的投诉得到有效处理。

条款解析

①相应的责任和权限是实施环境标志产品认证保障措施的组织保证。应制定文件，明确与环境标志产品认证有关的人员的职责、作用、权限和相互关系。参考有关管理体系的文件编写要求，一份《职责对应表》是能简单而有效地说明“职责及相互关系”的。

② 应制定文件，明确环境标志认证的负责人，该负责人应该有能力和权限确保：

☞ 建立和保持环境标志产品保障措施，保证认证产品在证书有效期内持续有效地符合环境标志标准的要求。

☞ 建立和保持投诉处理相关措施，保证相关方针对认证产品的任何投诉、疑问都能得到有效的处理。这些相关方可能包括政府部门、销售商、消费者协会或个体以及产品废弃之后的处理机构等等。

建立要点

① 是否指定了环境标志产品认证负责人。

② 是否有任命书。

③ 是否提供组织机构图和对应职责。

④ 是否建立环境标志产品保障措施文件。

⑤ 该文件是否覆盖《指南》的全部要素。

⑥ 是否建立文件化的环境标志产品投诉处理流程。

⑦ 有关环境标志认证产品的投诉处理记录。

4.1.2　资源

申请者应为环境标志产品保障措施的建立与保持提供必要的资源，确保：

a. 生产设备和检验设备能满足产品持续有效符合环境标志标准的要求；

b. 从事对产品和产品生产过程环境行为有影响的人员具备必要的能力。

条款解析

① 申请者（生产者）应具备认证产品生产所需的资源，包括人力资源、生产设备和检验设备。

② 申请者（生产者）应保证生产认证产品的人员应该具备相应的能力。

建立要点

① 是否配备了足够（满足环境标志产品标准）的生产设备和检验设备（列出有关设备清单）。

② 是否有明确的培训计划，并对关键人员进行了必要的培训。

③ 有关人员是否具备了必要的能力。

4.1.3　标志与证书的管理

申请者应建立与保持标志与证书管理的保障措施，以确保中国环境标志及其认证证书的使用符合《中国环境标志使用管理办法》的要求。

条款解析

① 申请者应制定保障措施，确保已经获得认证的产品正确的使用认证标志，申请者应该正确地使用认证证书。

②《中国环境标志使用管理办法》中对证书和标志的管理提出了明确的要求，申请者应参考这部分信息制定保障措施文件。

建立要点

① 是否建立标志与证书使用管理规定。

② 上述规定是否与《中国环境标志使用管理办法》相符。

③ 如何检查确保环境标志不被误用。

4.1.4 文件及记录

应建立与保持符合本《指南》要求的相关文件及记录。

条款解析

① 申请者（生产者）应该建立符合本《指南》要求的文件，这些文件可以基于申请者（生产者）原有管理体系文件完善而成。保障措施文件的构架也可以参照原有的管理体系架构。

② 申请者（生产者）应按照自身编制的符合本《指南》要求的文件来实施，并且形成记录。

建立要点

① 是否建立环境标志产品保障措施文件。

② 与有关体系整合而成的保障措施文件是否符合本《指南》的要求。

③ 是否建立该文件对应所需记录。

④ 是否提供记录清单。

⑤ 文件及记录是否齐全，保存良好。

4.1.5 信息交流

申请者应建立与保持必要的信息交流保障措施，以确保：

a. 所执行环境标志标准、环境法律法规的有效性。

b. 申请者与认证机构信息交流渠道畅通，有关认证产品变更的信息及时通报认证机构。

条款解析

① 申请者（生产者）应就如下信息和有关机构进行信息交流：

☞ 认证产品所执行的环境标志标准。

☞ 适用于申请者（生产者）的环境适用法律法规、环境标准和其他要求。

☞ 认证产品的变更信息，包括设计变更、产品停产、产品违法情况。

☞ 认证产品有关的申请者（生产者）的信息变更，包括组织机构、通信方式、企业违法行为等等。

② 申请者（生产者）应该建立和保持保障措施要求，对上述信息的变化及时与认证机构取得联系。

建立要点

① 是否有文件化的信息交流控制保障措施。

② 该文件是否包括认证产品变更时应及时通知认证机构的要求。

③ 是否建立信息交流渠道。

④ 是否建立环境法律法规和认证标准清单。

⑤ 环境法律法规和认证标准是否收集齐全。

⑥ 环境法律法规和认证标准是否均为有效版本。

4.1.6　不符合、纠正与预防措施

申请者应对不符合项进行处理与调查，并采取纠正与预防措施减少由此产生的影响和防止类似不符合的发生。

条款解析

① 申请者（生产者）应建立并保持有关不符合处理的保障措施文件，以便使不符合及时得到有效的处理；应建立预防措施防止不符合的产生，尤其是针对已经发生的不符合防止再次发生。

② 可预见的不符合是对本《指南》的评审过程所产生的不符合，包括申请者（生产者）为保持本指南的要求而进行的内部评审过程，以及认证机构为确保申请者的符合性而进行的认证活动。对不合格品控制产生的不符合执行 4.2.5 条的要求。

③ 应保持不符合处理的记录。

建立要点

① 是否建立了对不符合项进行处理的保障措施文件。

② 是否对不符合产生的原因进行了分析。

③ 是否建立了预防措施以防止不符合再次发生。

4.1.7　保障措施的评审

申请者应对保障措施的建立与运行状况进行定期评审，以确保保障措施的有效性和充分性，评审过程应形成文件。

条款解析

① 本条款要求对保障措施的建立进行定期评审，从而保证保障措施的有效性和充分性。本条款没有对评审的方式提出要求，因而申请者可以通过第一方、第二方或者第三方评审的方式取得评审的效果。

② 就本《指南》而言，保障措施的有效性是指通过保障措施要求的管理，申请者（生产者）能够持续的保持生产符合环境标志产品技术要求的环境标志产品；就保障措施的各条款而言，有效性是指各条款得到了有效的建立和实施。

③ 充分性是指为保证生产满足符合环境标志技术要求而建立的保障措施要求是否充分满足了本《指南》的要求。企业建立的保障措施文件应该在保证充分性的前提条件之下再确保有效地实施。

建立要求

① 是否形成文件对环境标志保障措施的运行进行评审。

② 是否规定应定期评审。

③ 评审本身是否有效并且充分。

④ 评审结果是否形式文件。

4.2 产品环境行为要求

4.2.1 环境标志产品的设计和开发

a. 申请者应制定申请环境标志产品的设计标准或规范，其要求应满足环境标志标准的要求。

b. 申请者应对产品进行设计和开发策划并形成设计和开发方案，应能在设计和开发方案和相应文件中确定产品环境行为和主要性能指标要求。

c. 申请者应对设计和开发结果进行评审和验证，并对其是否满足环境标志标准进行确认。

条款解析

环境标志产品的设计和开发是将环境标志标准转换为产品、过程或体系规定的特性或规范的一组过程。

环境标志产品的设计和开发的策划应确定以下内容：

① 明确设计和开发的阶段，包括每一阶段的完成期限。

不同类型的产品可以有不同的设计和开发阶段，如新产品的设计、改型设计、变形设计等，具体阶段的划分应根据有关规定和产品的复杂程度及采用技术的成熟程度确定。对于准备申请或者已经获得认证的产品来说，无论是新的开发，或是仅仅涉及部分改变的变更，都应考虑到是否满足环境标志标准。

② 应明确规定适合于每个设计和开发阶段的评审、验证和确认活动。

为实现对环境标志产品设计和开发的有效控制，策划每阶段所需采取的控制活动。不一定每一项设计、开发都必须要有评审、验证和确认 3 种活动，有的项目在某个阶段可能仅有其中的一项或两项活动，具体所实施的监控活动应根据每个阶段的特点和任务确定所需采取的活动。如果在设计开发活动之中会引起环境指标的改变，应在策划中予以明确。

③ 确定职责与权限，应明确各有关部门和人员在参加产品设计、开发的不同阶段、不同控制活动中的职责和权限，尤其是涉及产品的环境标志标准的部分。这是设计和开发活动的管理要求。

④ 管理好参与设计的不同小组之间接口（组织接口，技术接口），明确职责分工，确保有效沟通。接口通常包括职责、权限关系的接口和相互间传递的信息接口及其运行关系。沟通应针对各自的职责分工进行，包括设计信息的沟通，以保证设计和开发的正确。

⑤ 策划输出的要求：

- ☞ 随着设计和开发的进展，因各种因素导致变化，原方案不适应，或因时间进度不适宜，则需对原设计方案予以更新。
- ☞ 本条款对设计和开发的策划输出是否形成文件予以要求，但如果是较大的设计和开发项目时，通常会形成文件，如设计方案书等。
- ☞ 本条款在某些特殊情况之下可以被删减。这种情况仅限于产品针对环境行为的设计和开发过程已经完成而按照已经成型的设计开发文件进行生产的情况。例如：某品牌的多功能复印设备的产品设计已经在境外的研发机构完成，并形成文件传递给境内的生产企业。同时，这些设计开发文件已经满足了环境标志的有关要求。

建立要点

① 是否有文件化的设计/开发流程管理程序。

② 上述文件中是否包括设计变更时的流程要求。

③ 设计标准/规范的输入是否包括了环境标志技术要求的内容。

④ 对设计/开发结果是否进行评审和验证。

⑤ 设计/开发输出是否包括对关键原材料的要求。

⑥ 设计/开发输出是否包括对生产过程的要求。

⑦ 设计/开发输出是否包括对成品环境指标的要求。

> **4.2.2　受控部件和材料采购**
>
> a. 申请者应建立采购控制措施，以确保供应商提供使产品满足环境标志标准的受控部件和材料。该措施应明确受控部件和材料采购技术要求，且符合环境标志产品设计的要求。申请者应将采购技术要求与供应方进行有效沟通。
>
> b. 申请者应建立对供应商管理的相关措施，应包括对供应商的选择、评定和日常管理相关内容。

条款解析

① 标准要求控制的采购产品应是申请者（生产者）所建立的环境标志产品保障措施体系覆盖的产品所需的组成部分，例如：采购的原材料、零部件等提出的有关要求。控制采购过程的目的是确保采购的产品符合规定的环境标志标准要求。

② 既要控制供方和（或）分包方的能力，又要控制采购产品满足环境标志标准的要求（如检验、验证）。

③ 控制的类型和程度取决于采购的产品对环境标志产品的生产或服务提供的实现过程以及最终产品的影响。例如水性涂料和溶剂型涂料所用的原材料的控制区别。一般可以将采购产品根据其影响环境指标的重要性分为不同类别（如，分为 A、B、C 类），对不同类别或要求的产品实施不同的控制方法，控制的方法应适宜双方的合作与配合。

④ 应对供方和（或）分包方提供满足环境标志产品标准要求的产品的能力进行评价。

☞ 应制定选择、评价和重新评价供方的准则。

☞ 在评价的基础上选择合格的供方。

☞ 对选定的合格供方在适当时重新评价：申请者（生产者）应考虑根据需求及变化对供方适时予以重新评价。应分析重新评价的需求，并实施。

⑤ 确定合格的供方，可行时，编制合格供方名册和档案。

⑥ 有效控制选定的合格供方并搞好双方合作。

⑦ 对供方评价的方式、评价的准则及重新评价的结果及评价所引发的任何必要措施的记录应予以保持。

建立要点

① 是否有采购控制程序和供方管理程序文件。

② 是否有采购技术要求。

③ 采购技术要求能否满足环境标志产品技术要求。

④ 采购技术要求是否传递给供应方。

⑤ 供应方管理要求。

⑥ 上述文件是否包括了对供应方的选择、评审和日常管理内容。

⑦ 有关记录是否得到有效的保持。

4.2.3 生产过程控制

a. 申请者应对影响产品环境行为的关键生产工序进行控制，必要时应制定相应的工艺文件，以确保生产过程处于受控状态。

b. 申请者应具备满足生产需要的设施、设备、工装和工作场所，并保持工作场所的整洁，应建立并保持对生产设备进行维护保养的制度。

条款解析

环境标志产品和服务的提供：对产品来说，是指产品生命周期各个过程，即设计、原材料获取、制造加工、使用过程、废弃过程直至废弃物进入再循环的过程；对服务来说，是指服务的提供过程。申请者（生产者）应策划并在受控条件下进行环境标志产品和服务的提供。策划是确定产品和服务运作流程、工艺、方法、管理方式等，给出实施方案的过程。

策划应考虑过程中人、机、料、法、环的控制要求，特别是对关键过程和需确认的过程的控制。

环境标志产品和服务提供的控制：

不同申请者（生产者）在提供不同产品时应考虑采用适合自身特点的控制手段，以确保生产和服务提供过程得到控制。适用时受控条件包括：

① 获得表述环境标志标准的信息。如禁用物质、具体的特性指标，产品信息说明的要求等。理解环境标志产品标准是对关键特性进行策划和控制的核心内容。

② 必要时，编制作业指导书。并不是每个过程都需要作业文件，但如果没有文件就难以保证产品满足环境标志标准时，应编制作业指导书供操作者使用。

③ 使用适宜的设备。设备应能满足实现环境标志产品特性及过程能力的要求，并对设备进行有计划的维护、保养、维修，以使它们保持规定的运行能力及完好状态。

④ 获得和使用监视和测量装置。对于需进行监视和测量的活动应配备必要的监视和测量设备，并将这些设备应用于产品生产和服务提供过程的监视和测量。

⑤ 实施监视和测量。特别应对那些至关重要的产品特性形成的过程实施监视和测量。这些活动可以包括对产品特性值的测量监视，对作业人员、作业过程及工作环境的监视或测量等各个方面。某些特殊生产和服务提供过程亦应采用过程监视、测量手段以保证过程输出满足要求。

⑥ 放行、交付和交付后活动的实施。放行指企业内部的产品转序、入库，交付是指与顾客接收产品的有关活动。应根据不同产品和服务的特点，策划并实施适当的交付活动。这些活动包括交付后的服务，如零配件的供应、培训、专门的修理、软件的维护和升级、商品售后服务等。

建立要点

① 是否识别了关键工序。

② 是否针对关键工序制定了工艺文件和生产操作规程。

③ 是否建立生产设备台账。

④ 是否有设备操作规程和维护保养制度。

⑤ 检验设备的检定状态是否有效。

⑥ 相关记录是否得到有效的保持。

4.2.4 检验和试验

a. 申请者应对受控部件和原材料进行有效检验，检验项目和主要技术指标应满足采购技术要求的规定。受控部件的检验可由申请者进行，也可以由供应商完成。当由供应商检验时，申请者应对供应商提出明确的检验要求。

b. 申请者应在生产的适当阶段对产品进行检验，应规定过程检验要求和方法；形成符合环境标志标准和工艺要求的过程检验文件或规定，并按文件规定进行检验。

c. 申请者应建立成品检验控制措施，规定其环境指标的检验要求和方法；并按要求进行抽样、检验，检验结果应满足环境标志标准的规定。

条款解析

检验是通过观察和判断，适当时结合测量，试验所进行的符合性评价。申请者（生产者）应当确定并详细说明其环境标志产品的检验和试验要求（包括验收准则）。申请者（生产者）应当对产品的检验和试验进行策划并予以实施，以验证是否达到环境标志标准的要求，并用于改进环境标志产品实现过程。

检验和试验应在产品的适当阶段进行，例如：进货检验、过程检验、成品检验。

进货检验验证的目的是确保采购的受控部件和原材料满足环境标志标准规定的要求。申请者（生产者）应根据采购产品的重要程度及验证的必要性来规定其验证活动的方式和要求，并组织实施。

验证方式

① 检验：包括进货检验；到供方货源处检验。

② 测量。

③ 试验。

④ 供方提供的客观证据（如试验报告、合格证）的查验。

本条款侧重于对验证方法的识别和确定，包括到供应商现场验证。

过程检验应该按产品实现过程的顺序，并考虑环境标志产品标准对产品的环境指标的特点来确定各适宜测量点的位置。检验和试验时，应该遵守在各测量点要测量的特性、所使用的验收准则。

最终检验的对象是环境标志产品的环境特性。针对不同的产品特性，采取适宜的检验和试验方法以验证产品是否满足环境标志标准。申请者（生产者）可委托法律法规授权机构的要求，由具有资格的机构进行环境标志标准指标的检验。

建立要点

① 是否有原材料检验标准。

② 是否有工序产品的检验标准。

③ 是否有成品环境指标的检验标准。

④ 以上检验是否能满足环境标志标准的规定。

⑤ 记录是否得到有效保持。

4.2.5　不合格品的控制

申请者应建立控制不合格品的措施，对不合格品的标识、隔离、处置及采取的纠正、预防措施进行控制。经返修、返工后的产品应重新检测。应保存对不合格产品的处置记录。

条款解析

控制不合格品的目的是防止不符合环境标志产品标准的认证产品的使用或交付，申请者（生产者）应对不合格品予以识别并采取有效的方法实施控制。

本条款指的是不符合要求的产品，可能发生在采购的产品、过程中间的产品和最终产品之中。

不合格的评审应当由授权的人员进行，其应当有能力评价不合格产品的总体影响，并有权对不合格产品提出处置和纠正措施。

处置的方式包括：

① 返工（使不合格产品符合环境标志产品标准要求）；

② 返修（使不合格产品满足预期用途）；

③ 报废，避免不合格品的原预期使用或应用。

这里值得注意的是，与 ISO 9001 标准的要求不同，环境标志产品必须在环境指标上满足标准的要求，而不存在让步放行或者由顾客批准放行的情形。不合格品被纠正后应再次验证满足标准的要求，应保持记录。

建立要点

① 是否有文件化的不合格品控制程序。

② 该文件中是否包括不合格标志、隔离、处置及采取的纠正、预防措施内容。

③ 返工后的产品是否需要重新检测。

④ 检测要求与正常生产的产品检测是否一致。

⑤ 是否有效保持了相关记录。

4.2.6 认证产品的一致性

a. 申请者应对批量生产产品与提交认证检验合格的产品的一致性进行控制，以使申请认证的产品持续符合环境标志标准的要求。

b. 申请者应对认证产品的受控部件和材料的变更进行控制，确保变更后的产品环境指标符合认证要求。

条款解析

认证机构要求申请者（生产者）建立环境标志产品保障措施的目的，就是要求认证产品的一致性。

① 申请者（生产者）应按照《指南》和相关环境标志产品标准的要求，并结合自身质量或环境管理体系的要求，建立和保持多个程序和文件，对环境标志产品的实现过程进行持续有效的控制。

这种对产品一致性的要求应该建立在适当的数据分析基础之上。应确定、收集、分析适当的数据，包括来自检验和试验的结果。

通过数据分析，应提供并利用以下信息来确保认证产品的一致性：

☞ 与环境标志产品标准要求的符合性的信息，满足要求的情况及存在的主要问题。

☞ 顾客满意或不满意的信息，满意程度变化趋势及主要哪些方面不满意。

☞ 过程能力和过程运行状况及变化趋势。

☞ 供应商的产品质量情况，能否持续稳定地提供满足要求的产品，存在的问题及需采取的措施。

② 尤其是在申请者（生产者）针对环境标志产品的设计变更之后，包括受控部件和材料的变更，应按照 4.2.1 的要求进行评审以满足环境标志产品标准的要求。

建立要点

① 说明申请认证产品之间的差异性。

② 提交认证产品与批量生产产品：

- 原辅材料是否相同；
- 原辅材料验收标准是否相同；
- 工艺质量要求是否一致；
- 生产设备、工装是否相同；
- 生产操作规程是否一致；

- 出厂检验控制是否一致；
- 外包装、标签、铭牌是否一致。

4.2.7 产品的包装、标签、储运

a. 申请者应保证产品的包装、标签符合相应标准要求，包装材料尽量选择对环境有益的材质。

b. 申请者所进行的任何搬运操作和储存环境应不影响产品的性能，同时应采取相应的措施减少在搬运、储存和运输过程中对环境产生的污染。

条款解析

规定并实施环境标志产品的搬运、包装、贮存、防护和交付的过程，以满足环境标志标准的要求，防止产品在生产过程和最终交付时被掺入杂质、损坏、变质或误用。在确定和实施保护采购材料及外协件时，可考虑吸收合格供方/分包方参加。

申请者（生产者）应确定在产品防止其损坏、变质或误用，维护产品所需的资源。申请者（生产者）应当与所涉及相关方就保护产品所需资源和方法方面的信息进行沟通。

① 标识：指产品的环境标志标识和相关说明标识，如：防倒置标识、防雨淋标识、包装标识，产品的执行标准标识等。

② 储运：应尽量减少长距离的搬运和搬运次数。提供适当的搬运方法和设备，防止搬运时的环境污染和损坏产品。使用指定的贮存场地和符合环境、设施要求的库房以不影响产品的性能。还涉及贮存活动的管理，例如出入库规定、出入库手续、先进先出、物品的摆放以及标识等。

③ 包装：对包装箱、包装材料、包装过程进行必要控制，以确保符合环境标志产品标准规定要求。例如，包装材料应可回收、再利用；发泡材料不得使用 CFCs 的物质进行发泡等。

应做好以下环节的防护：标识、搬运、包装、贮存和交付期间的保护。

建立要点

① 产品包装、标签是否符合环境标志标准的规定。

② 产品包装材质、形式。

③ 产品储存形式。

④ 产品搬运形式。

4.3　产品生产过程环境行为要求

4.3.1　生产者应遵守国家和地方的环境保护法律法规要求。

4.3.2　生产者每年应提供通过计量认证的环境监测部门出具的污染物排放监测报告。

4.3.3　生产者应对其生产过程中废水、废气、噪声、危险废物进行识别与评价，并实施有效控制。

4.3.4　生产者应制定并保持保障措施，以确保：

a. 污染治理设备的正确使用与正常运行。

b. 污染治理与检验设备按规定进行校准、维护。

条款解析

① 生产者应遵守国家和地方的环境保护法律、法规和其他要求。比如和生产企业直接相关的《环境影响评价法》《建设项目管理条例》《危险废物转移管理办法》和有关的污染物排放标准。并建立获得这些法律法规和其他要求的渠道。

② 生产者应接受或委托获得计量认证的监测部门对污染物排放的进行监测，应建立年度例行监测的机制并保存年度监测报告。危险废弃物应交由有资格的处理机构处理，并保存转移联单。

③ 生产者应对其所排放的废水、废气、噪声和危险废弃物进行管理。应按照环境影响评价和“三同时”的要求识别这些污染物排放的标准和要求，并对自身的管理结果进行评价。应建立和保持一个或多个保障措施进行有效控制。

④ 生产者应建立一个或多个保障措施保证有关的污染物处理设施正常使用和运行，并按照有关运行的准则进行维护和校准。

建立要点

① 生产者是否遵守法律法规的要求。

② 是否有生产性废水排放，如何控制。

③ 是否有生产性废气排放，如何控制。

④ 是否有生产性噪声排放，如何控制。

⑤ 是否识别污染物排放执行标准。

⑥ 是否提供一年内达标的排放监测报告。

⑦ 是否产生危险废物，危险废物是否由有资质的单位处理。

⑧ 协议单位资质证明是否齐全。

⑨ 是否建立有废水、废气、噪声运行控制程序。

⑩ 是否制定污染物治理设备的运行规定。

⑪ 污染物治理设备和监测设备是否有维护保养、检定规定。

⑫ 是否保持相关记录。

4.4　产品质量、安全、卫生要求

4.4.1　申请者应建立相应的措施，用来确定认证产品所应执行的产品质量、安全、卫生标准的有效性及该行业强制实施、开展的许可证制度，建立获取更新这些要求的渠道，确保按照产品质量安全、卫生标准的要求实施产品质量检验。并按要求提供由国家或省市技术监督部门认可的检验机构出具的产品质量安全、卫生合格检验报告。

4.4.2　申请者应建立成品检验控制措施，至少规定其主要性能指标的检验要求和方法；并按要求进行抽样、检验，检验结果应满足产品质量安全、卫生标准的规定。成品出现不合格应按文件规定进行评价和处置。申请者不能进行检验的项目，可采取委托检验的方式，并定期请有关检验机构进行检测，以保证质量安全、卫生指标的稳定。当采取委托检验方式时，申请者须保留相应的检验结果。

条款解析

① 申请者（生产者）应明确申请认证产品所应执行的产品质量标准，无论是国家标准、行业标准还是经备案的企业标准。除此之外，和产品相关的安全标准、卫生标准、强制性标准和国家要求的某些行业的生产许可证也应执行。

申请者（生产者）应建立和保持保障措施文件，获得这些标准并实施有关的检测。检测应由有资质的实验室来完成并出具检测报告。生产企业应保留这些检测报告。

② 申请者（生产者）应按照上述要求对其申请认证的成品进行有关质量、安全、卫生等方面的检测或者委托检测。应保留检测结果。

建立要点

① 是否有文件化的控制程序，以确保收集、评价和更新产品质量、安全、卫生标准及行业内的其他要求。

② 是否有质量、安全、卫生标准的有效版本。

③ 是否提供经计量认证认可的机构出具的合格形式检验报告。

④ 是否依据有关标准制定文件化的成品出厂检验规范。

⑤ 是否保持检验记录。

第十章　案例与实践

绿色印刷的认证执行中国环境标志产品认证模式和认证流程，其申请条件、材料要求及现场检查等也遵循环境标志产品认证要求，以环境标志产品技术要求为核心，以环境标志产品保障措施指南为工具，对绿色印刷产品实施管理，其与环境标志其他产品认证要求基本上是一致的，其差异主要在于 HJ 2503—2011 标准中对平版印刷产品的环境特性指标的要求不同。其中对原辅材料要求较为复杂，现以某企业申请平版印刷环境标志产品认证为例对绿色印刷认证申请、材料准备及认证过程中几个容易产生问题的地方做一介绍。

一、环境标志产品认证应提交材料清单

环境标志产品认证应提交材料清单详见表 10-1。

表 10-1　环境标志产品认证提交资料清单

序号	应提交材料	对材料的要求	备注
1	环境标志产品认证申请书	中环标准版	
2	企业法人营业执照副本复印件	通过当年的年检	
3	组织机构代码证复印件	通过当年的年检	
4	印刷经营许可证	有效且有年检	
5	环境影响评价报告	环境影响评价报告书（表）、环评批复	
6	“三同时”验收报告	“三同时”验收报告或当地环保部门出具的守法证明	
7	生产企业废水监测报告	提供一年内废水监测报告	报告须盖 CMA 章
8	生产企业废气监测报告	一年内锅炉废气 SO_2、烟尘、林格曼黑度三项指标监测报告	报告须盖 CMA 章
9	生产企业噪声监测报告	一年内企业噪声报告，监测点不少于厂界东、西、南、北 4 个	报告须盖 CMA 章
10	请提供经国家或省级技术监督部门认可且通过计量认证的检验机构出具的产品质量	一年内依 CY/T 5 对胶订、骑马订书刊检测的全项质量检测报告，和依 GB/T 18359 胶订骑马订中小学教科书的全项质量检测报告	报告须盖 CMA 章
11	产品商标注册证明复印	非必须	
12	环境标志产品保障措施指南要素与企业管理文件对应表		

序号	应提交材料	对材料的要求	备注
13	企业组织结构图		
14	印刷工艺流程简图		
15	厂区平面图（简图）		
16	申请认证产品主要原材料名称、供应商名录（生产企业）		
17	对于所使用胶黏剂获得的环境标志认证证书或符合 HJ/T 220 标准的检验报告（提供外检报告）		
18	对于所使用的胶印油墨获得的环境标志认证证书或符合 HJ/T 370 标准的检验报告（提供外检报告）		

二、绿色印刷环境标志产品认证申请书（示例）

中国环境标志

CHINA ENVIRONMENTAL LABELLING

初次认证和复评认证申请书

Application and Renewal Form

申请单位（中文）WHDB×××印刷股份有限公司

（ENGLISH）

申请日期: 2012 年 5 月 20 日

中环联合（北京）认证中心有限公司

企业声明

本组织自愿申请中国环境标志认证，委托贵组织依据相应标准进行审查。以下内容均由本组织填写，所填写内容和提供的文件均真实、有效，并经过本组织的核实。本组织将承担所有因失实而引发的各种后果。

本组织保证：已了解所有有关环境标志认证的相关要求和依据，接受中环联合（北京）认证中心有限公司对本组织的相关检查、抽样、检测和获得认证证书后的监督管理，并按规定交纳费用。在广告和产品介绍中主动宣传中国环境标志，不发表误导或未授权的声明；当证书被暂停、撤销或注销后，立即停止产品获得中国环境标志的广告宣传，并按要求交回所有证书、文件，确保正确使用中国环境标志产品证书、中国环境标志标识或报告中的任何一部分；当认证的产品出现不符合中国环境标志产品认证要求及相关法律法规时，愿承担由此引发的一切责任。

现对以下产品提出中国环境标志产品认证申请（若填写不下，可单独附页）：

申请类别：■ 中国环境标志认证　　□ 中国环境标志低碳产品认证

申请类型：■ 初次　　□ 复评

产品种类：印刷　第一部分：平版印刷

产品名称：胶订：书刊、中小学教科书

骑马订：书刊、中小学教科书

注册商标：无

型号、规格：大 16 开、正 16 开

质量标准：CY/T 5 《平版印刷品质量要求及检验方法》

GB/T 18359 《中小学教课书用纸、印刷质量要求和检验方法》

法人代表（签名）：手签或印章

申请单位（公章）：加盖公章

2012 年 5 月 20 日

企业基本概况

<table>
<tr><td>申请组织</td><td colspan="7">WHDB×××印刷股份有限公司</td></tr>
<tr><td>营业执照
注册地址</td><td colspan="7">北京市×××区×××路 100 号</td></tr>
<tr><td>生产企业</td><td colspan="7">WHDB×××印刷股份有限公司</td></tr>
<tr><td>生产地址</td><td colspan="7">××××××</td></tr>
<tr><td>联　系　人</td><td>×××</td><td>电话</td><td>××××××</td><td>手机</td><td>××××××</td><td>传真</td><td>××××××</td></tr>
<tr><td>联系部门</td><td>行政部</td><td>Email</td><td colspan="2">××××××</td><td colspan="2">其他联系方式</td><td>××××××</td></tr>
<tr><td>通信地址</td><td colspan="5">北京市×××区×××路 100 号</td><td>邮编</td><td>××××××</td></tr>
<tr><td>所有制性质</td><td>私有</td><td>建厂时间</td><td colspan="5">2004 年 5 月 20 日</td></tr>
<tr><td>企业人数</td><td>200 人</td><td>技术人员数</td><td colspan="5">15 人</td></tr>
<tr><td colspan="2">申请认证产品占所生产产品比例</td><td colspan="6">50%</td></tr>
<tr><td colspan="2">申请产品上市时间</td><td colspan="6">2004 年 8 月</td></tr>
<tr><td colspan="2">上一年完成申请认证产品产量</td><td colspan="6"></td></tr>
<tr><td colspan="2">上年完成认证产品总产值（万元）</td><td colspan="6"></td></tr>
<tr><td colspan="8">产品描述：（包括产品特性，功能及主要原材料。可附页）

主要原材料：纸张、油墨、胶黏剂、PS 版、上光油等</td></tr>
<tr><td colspan="8">产品原产地和生产商资料（申请人为代理商填写。可附页）</td></tr>
<tr><td colspan="8">其他补充材料（获得其他环境标志认证，获得 ISO 9001，ISO 14001 等体系认证或其他环保奖项）

通过 ISO 9001 认证</td></tr>
<tr><td colspan="8">贵公司获证后希望通过何种方式进行宣传：

1. 电视广告 ☑　2. 报纸 ☑　3. 认证中心公告 □　4. 网上 ☑　5. 其他______</td></tr>
</table>

环境标志产品保障措施指南（试行）要素与企业管理文件对应表

产品保障措施指南要素	企业管理文件名称或编号
4.1.1	质量手册，职责和权限
4.1.2	人力资源控制、设备管理控制
4.1.3	标志与证书管理程序
4.1.4	体系文件控制程序 质量记录控制程序
4.1.5	内部沟通控制程序
4.1.6	纠正措施控制程序 预防措施控制程序
4.1.7	管理评审控制程序
4.2.1	环境标志产品设计控制程序
4.2.2	采购控制程序
4.2.3	生产和服务提供控制程序
4.2.4	产品监视和测量控制程序
4.2.5	不合格品控制程序
4.2.6	一致性控制程序
4.2.7	产品防护控制程序
4.3.1	法律法规收集、更新控制程序
4.3.2	基础设施控制程序
4.3.3	废水、废气、噪声控制程序 废物处理控制程序
4.3.4	监视和测量设备控制程序
4.4.1	产品监视和测量控制程序
4.4.2	产品监视和测量控制程序

三、环境标志产品认证收费

以 WHDB×××印刷股份有限公司为例，其绿色印刷环境标志初次认证各项费用如下：

① 申请费：2 000 元。

②检查费：

根据企业人数 200 人，申请认证产品为胶订和骑马订两个认证单元产品，其初次检查人日数为 10 个人日，则

☞ 初次检查费＝基本费×初次检查人日数＝3 000×10＝30 000 元

☞ 年度监督检查费＝基本费×监督检查人日数＝3 000×4＝12 000 元

③ 产品检验费：胶订印刷品检测费用为 2 500 元/样，骑马订 1 500 元/样，由申请方直接交检测机构。

④ 审订与注册费（含证书费）：3 000 元。

⑤ 年金（含标志使用费）：5 000 元。

合计认证费用为：2 000+30 000+3 000+5 000＝40 000 元

检测费用为：2 500+1 500＝4 000 元

年度监督费用为：12 000+3 000+5 000＝20 000 元/年

年度监督检测费用为：同上

根据计算，该申请方需在初次认证时缴纳认证费用 4 万元整，产品检测费 4 000 元整，检查人员往返交通费用由申请认证的企业实报实销。若获得认证后，在认证证书有效期内每年向认证机构缴纳年度监督费用 2 万元整，检测费用根据抽样数量直接交指定的检测机构，检查人员往返交通费用由申请认证的企业实报实销。

四、绿色印刷所用的主要原辅材料相关证据及打分

绿色印刷环境标志产品认证中关于对主要原辅材料在实施过程中如何才能满足相应要求，在第三章中已做了介绍，下面以一家印刷企业申请认证时所提供的原辅材料为例进行说明。

油墨：共有两个供应商，提供四个型号油墨产品。两家供应商分别提供对应型号产品的环境标志产品认证证书复印件及邻苯二甲酸酯检验报告，报告表明上述四个型号产品中均不含标准中规定的 6 种邻苯二甲酸酯类物质。

纸张：纸张共六个供应商，其中两个供应商只供应铜版纸，分别提供了 FSC 证书复印件；另四个纸张供应商所提供的纸张为不同克重的胶版纸，除分别提供了 FSC 证书复印件，而且针对每一供应商分别提供不同克重的纸张白度符合要求的第三方检测报告。

热熔胶：热熔胶生产厂家提供了依据 HJ/T 220 包装用水基胶黏剂标准对有害物质

检测报告及邻苯二甲酸酯检验报告，报告结果符合 HJ 2503—2011 标准要求。

上光油：产品生产厂家提供了上光油的邻苯二甲酸酯检验报告及 MSDS 数据清单，表明所作用的上光油为光固化上光油，且不含 HJ 2503—2011 标准中规定的 6 种邻苯二甲酸酯类物质。

橡皮布：共有三个供应商，分别提供了不含 HJ 2503—2011 标准中规定的 6 种邻苯二甲酸酯类物质的检验报告。

润湿液：润湿液的两个供应商分别提供了润湿液的 MSDS 清单及在生产过程中润湿液调配表和调配记录，同时提供了润湿液原液中含甲醇的第三方检测报告。

喷粉：企业提供了喷粉的 MSDS 清单及产品说明书，表明所用喷粉为植物淀粉。

为清楚起见，将原辅材料符合性证据列于表 10-2，原辅材料分值见表 10-3。

五、绿色印刷产品生产过程要求及打分

根据标准要求，对绿色印刷生产过程的节能、节约资源及回收再利用采用打分方式对其进行评价，评价结果为 71.23 分，其分值应大于 60 分，满足标准要求。具体打分值见表 10-4。

六、环境标志产品合格供方名录

绿色印刷环境标志产品认证要求门槛较高，不可能所有印刷企业都能达到，即便是同一家企业也有可能只有部分产品能满足环境标志标准要求，这就要求企业根据自身情况，决定是申请全部产品的认证，还是申请部分产品的认证。如果只有部分产品申请认证，在原辅材料的管理上就应采用更为细化的管理方式，将申请环境标志产品认证的原辅材料和非环境标志产品认证产品的原辅材料分别管理，以减少企业在原辅材料采购上的成本。为此企业在原辅材料合格供方评审时应对申请环境标志产品所用的原辅材料供方按环境标志产品保障措施指南要求进行评审，并将合格的供应商列入环境标志产品原辅材料合格供方名录，以区别非认证产品合格供方名录。以 WHDB×××印务有限公司为例，其合格供方名录见表 10-5，表明申请环境标志产品认证所用原辅材料必须为表 10-5 中所列，非环境标志产品所用原辅材料不受此限制。

表 10-2 WHDBXXX 印务有限公司主要原辅材料符合 HJ 2503—2011 的证明材料汇总

序号	原料类别		生产商	产品名称型号	近三个月采购及消耗量	标准要求及相关证据		证据提供情况
1	油墨	轮转	TJDY 油墨有限公司	CXXA	600 kg	5.1.1 不含 6 种邻苯二甲酸酯检验报告	5.1.3 符合 HJ/T 370 标准，提供环标证书	HJ/T 370 证书 ■ 邻苯检测报告 ■
				TXX	2 000 kg			HJ/T 370 证书 ■ 邻苯检测报告 ■
		平张	TYDI 油墨有限公司	GXXX	1 000 kg			HJ/T 370 证书 ■ 邻苯检测报告 ■
				GTXX	500 kg			HJ/T 370 证书 ■ 邻苯检测报告 ■
2	上光油		TJDY 油墨有限公司	UV－XXX	1 000 kg	5.1.1 不含 6 种邻苯二甲酸酯检验报告	5.1.4 产品 MSDS+产品为水基或光固化的证据	邻苯检测报告 ■ MSDS ■ 光固化 ■
3	橡皮布		MZXJ 制品有限公司	Y00X	198 张	5.1.1 不含 6 种邻苯二甲酸酯检验报告		邻苯检测报告 ■
			DK 有限公司	Y002	120 张			邻苯检测报告 ■
			TRB 有限公司	Y001	50 张			邻苯检测报告 ■
4	胶黏剂	热熔胶	WXWL 有限公司	KXX	3 t	5.1.1 不含 6 种邻苯二甲酸酯检验报告	5.3 EVA 符合 HJ/T 220	邻苯检测报告 ■ HJ/T 220 检测报告 ■
5	喷粉		FSZY 印刷材料有限公司	XX－YY	100 kg	5.1.5 喷粉为植物类		MSDS■ 产品说明书■

序号	原料类别		生产商	产品名称型号	近三个月采购及消耗量	标准要求及相关证据		证据提供情况
6	纸张	卷筒	SDCM 纸业集团有限公司	80 g/75 g 双胶纸	400 t	5.1.2 纸张亮（白）度检验报告（各克重报告，铜版纸不需提供）	5.3 可持续森林认证 再生纸 70% 本色纸	亮度检验报告 ■ FSC 证书复印件 ■
			JXCM 纸业集团有限公司	80 g/70 g 胶版纸	200 t			亮度检验报告 ■ FSC 证书复印件 ■
			YYLZ 纸业股份有限公司	60 g/55 g 轻型胶版纸	200 t			亮度检验报告 ■ FSC 证书复印件 ■
		平张	HNYG 股份有限公司	60 g 轻型胶版纸	150 t			亮度检验报告 ■ FSC 证书复印件 ■
			SDTY 纸业股份有限公司	80 g 铜版纸	931 令			FSC 证书复印件 ■
			JDZY 股份有限公司	80 g 铜版纸	1521 令			FSC 证书复印件 ■
7	润湿液		TJDY 油墨有限公司	MXXX	4 200 kg	5.1.6 润湿液的甲醇含量检测报告（原液）	5.3 1）无醇润湿液（原液及调配均无醇）2）醇类添加量小于 5%（原液及调配醇加入）	甲醇含量检测 ■ MSDS ■ 调配工艺文件 ■ 调配比例＜5% ■
			YL 有限公司	FXXXX	40 kg			甲醇含量检测 ■ MSDS ■ 调配工艺文件 ■ 调配比例＜5% ■
8	印版	PS	LKHG 印刷科技有限公司	阳图型 PS 版	5 600 张	占总量比例		70%
		CTP	CDTY 印刷技术有限公司	热敏版材	15 240 张	占总量比例		30%

表 10-3　WHDBXXX 印刷股份有限公司环境标志产品认证（平版印刷）

印刷产品所用原辅材料要求（打分表）				
原辅料	要求	分值分配	得分	备注
承印物（25 分）	使用通过可持续森林认证的纸张	25	25	已取得 SDCM、JXCM、YYLZ、HNYG、SDTY、JDZY6 个供应商的 FSC 证书复印件
	使用再生纸浆占 30%的纸张	25		未使用
	使用本色的纸张	25		未使用
印版（5 分）	使用免处理的 CTP 印刷	5	0	未使用
橡皮布（10 分）	大幅面印刷机换下的橡皮布可在单色机上使用	10	10	提供了印刷分厂橡皮布二次利用规定及橡皮布领用记录
	大幅面印刷机换下的橡皮布可在小幅面机上使用	10		
润湿液（20 分）	使用无醇润湿液	20	15	轮转机使用润湿液为无醇润湿液，产品占总量的 80%
	使用醇类添加量小于 5%的润湿液	10		
印版、橡皮布清洗液（7 分）	使用专用抹布清洗橡皮布	7	0	
热熔胶（8 分）	使用聚氨酯（PUR）型热熔胶	8		
	EVA 热熔胶符合 HJ/T 220 的要求	5	5	使用 WXWL 有限公司 KXX 型号热熔胶（取得环标证书）
印后表面处理（25 分）	使用预涂膜	25	5	覆膜产品占 20%，使用 GDB 材料有限公司预涂膜
	水基覆膜胶有害物符合 HJ/T 220 中包装用水基胶黏剂的要求	10		
	水基上光油有害物符合 HJ/T 370 中技术内容 5.4 的要求	15		使用光固化上光油
总分：60 分				

表 10-4　×××印刷股份有限公司环境标志产品认证（平版印刷）

印刷过程要求（打分表）						
指标	工　序		要　　求	分值分配	得分	备　　注
资源节约	印前（12 分）实得：7.7 分		建立实施版面优化设计控制制度	1.0	0.5	绿色印刷实施制度
			建立实施长版印件烤版制度	0.6	0.6	绿色印刷实施制度
			采用计算机直接制版（CTP）系统和数字化工作流程软件	4.8	3.0	采用计算机直接制版系统（CTP）和畅流软件
			采用节省油墨软件，利用底色去除（UCR）工艺减少彩色油墨用量	0.8	0.8	彩色制作要求
			通过数字方式进行文件传输	1.2	1.0	采用网络数字化文件传输
			采用软打样和数码打样	1.8	1.8	数码打样爱普生
			制版与冲片清洗水过滤净化循环使用	1.8	/	无
	印刷（16 分）实得：12.94 分	单张纸平印 16 分 实得：9.3 分	建立实施装、卸印版校正套准规矩时间控制制度	1.6	1.6	绿色印刷实施制度
			建立实施纸张加放量的控制程序	1.6	1.6	原辅材料消耗与定额管理规定
			建立实施印版、橡皮布消耗定额控制程序	1.6	1.6	绿色印刷实施制度
			建立实施橡皮布的保养程序	1.6	1.6	绿色印刷实施制度
			建立实施印刷油墨控制程序，集中配墨，定量发放	1.6	0.8	绿色印刷实施制度
			采用墨色预调和水/墨快速调节装置	0.8	0.4	3 台海德堡四色胶印机有调节装置
			采用静电喷粉器	1.6	0.6	3 台海德堡四色胶印机上有静电喷粉器
			采用喷粉收集装置	1.6	0.6	一台海德堡四色胶印机上有喷粉收集装置
			采用中央供墨系统	1.6	/	无
			采用自动洗胶布装置	0.6	/	无
			采用无水印刷方式	0.5	/	无
			根据印刷幅面调节幅面和喷粉量	0.5	0.5	设备有自动调节装置
			上光油使用后废弃集中收集处理后排放	0.8		不使用上光油无排放

印刷过程要求（打分表）

指标	工序		要求	分值分配		得分	备注
资源节约	印刷（16分）实得：12.94分	卷筒纸平印16分 实得：14.5分	建立实施装、卸印版校正套准规矩时间控制制度	3.8		3.8	绿色印刷实施制度
			建立实施橡皮布的保养程序	3.0		3.0	绿色印刷实施制度
			建立实施印刷机台全面生产设备管理制度	3.0		3.0	管理制度之设备管理制度
			采用墨色预调和水/墨快速调节装置	3.0		1.5	有 CIP3 油墨预置系统
			采用中央供墨系统	3.2		3.2	集中供墨系统
	印后加工（12分）实得：3.6分		建立实施烫箔工艺控制程序	3.0			绿色印刷实施管理制度
			建立实施印后表面处理材料的控制程序	3.0			采购控制程序
			建立实施模切控制程序（教材书刊类不实施考核）	2.4			
			建立实施上光油或覆膜工艺控制程序	3.6		3.6	作业指导书：覆膜工艺操作规程
节能	印前（12分）实得：10分		采用发光二极管（LED）灯	6.4	6.4	6.4	采用 LED 灯
			采用小直径灯代替大直径灯	4.8			
			采用纳米反光片的灯	2.0		/	无
			在工作空闲时，电脑置于休眠状态	3.6		3.6	所有电脑均设置 3～10 min 休眠状态
	印刷（16分）实得：9.29分	单张纸平印刷16分 实得：13分	建立实施印刷机能耗考核制度	2.0		1.6	工厂对车间能耗有整体考核绿色印刷实施制度
			建立实施减少印刷机空转制度	2.5		2.5	绿色印刷实施制度
			采用发光二极管（LED）灯	4.6	4.6	4	采用部分 LED 灯
			采用小直径灯代替大直径灯	2.4		/	采用部分小直径灯
			采用纳米反光片的灯	1.0		/	无
			安装自动门，对印刷车间的温度进行有效控制	1.5		0.5	采用铝合金玻璃隔挡保护温湿度
			彩色印件采用多色印刷机印刷	2.4		2.4	采用多色机印刷
			采用中央真空泵系统	2.0		2.0	生产现场均采用中央真空泵系统

<table>
<tr><th colspan="8">印刷过程要求（打分表）</th></tr>
<tr><th>指标</th><th colspan="2">工　序</th><th>要　　求</th><th colspan="2">分值分配</th><th>得分</th><th>备　　注</th></tr>
<tr><td rowspan="13">节能</td><td rowspan="8">印刷
（16 分）
实得：
9.29 分</td><td rowspan="8">卷筒纸平印刷
16 分
实得：
7.7 分</td><td>建立实施折页机组以及装纸卷和穿纸等准备时间控制制度</td><td colspan="2">2.4</td><td>2.4</td><td>印刷车间装纸穿纸及折页机调整时间要求</td></tr>
<tr><td>建立实施印刷机能耗考核制度</td><td colspan="2">2.0</td><td>1.0</td><td>工厂对车间能耗整体考核</td></tr>
<tr><td>建立实施烘干温度控制程序</td><td colspan="2">2.0</td><td></td><td>工厂无商业轮转，所以没有建立烘干温度控制程序</td></tr>
<tr><td>采用发光二极管（LED）灯</td><td>4.6</td><td rowspan="2">4.6</td><td rowspan="2">3.8</td><td>部分更换</td></tr>
<tr><td>采用小直径灯代替大直径灯</td><td>2.4</td><td>部分更换</td></tr>
<tr><td>采用纳米反光片的灯</td><td colspan="2">1.0</td><td>/</td><td>无</td></tr>
<tr><td>安装自动门，对印刷车间的温度进行有效控制</td><td colspan="2">1.5</td><td>0.5</td><td>采用铝合金玻璃隔挡保护温湿度</td></tr>
<tr><td>采用烘干系统加装二次燃烧装置</td><td colspan="2">2.5</td><td></td><td>工厂无商业轮转，所以没有建立烘干温度控制程序</td></tr>
<tr><td colspan="2" rowspan="5">印后加工（12 分）
实得：10.2 分</td><td>建立实施印后加工设备能耗考核制度</td><td colspan="2">2.4</td><td>1.2</td><td>绿色印刷实施管理制度</td></tr>
<tr><td>建立实施印后装订工艺制度</td><td colspan="2">3.0</td><td>3.0</td><td>胶订、骑马订操作规程</td></tr>
<tr><td>建立实施胶锅温度控制程序</td><td colspan="2">3.0</td><td>3.0</td><td>绿色印刷实施管理制度</td></tr>
<tr><td>采用 LED 灯</td><td>3.6</td><td rowspan="2">3.6</td><td>3</td><td>部分更换</td></tr>
<tr><td>采用小直径灯代替大直径灯</td><td>2.4</td><td></td><td>全部更换节能灯</td></tr>
<tr><td colspan="3" rowspan="11">回收利用（20 分）
实得：17.5 分</td><td>建立实施剩余油墨综合利用控制制度</td><td colspan="2">1.0</td><td>1.0</td><td>绿色印刷实施管理制度</td></tr>
<tr><td>建立实施电化铝废料回收制度</td><td colspan="2">2.0</td><td>2.0</td><td>绿色印刷实施管理制度</td></tr>
<tr><td>建立实施废物管理制度</td><td colspan="2">2.0</td><td>2.0</td><td>绿色印刷实施管理制度</td></tr>
<tr><td>建立实施装订用漆布、人造革、纱布等下脚料回收制度</td><td colspan="2">1.0</td><td></td><td></td></tr>
<tr><td>建立实施装订用胶黏剂残余胶料回收制度</td><td colspan="2">1.0</td><td>1.0</td><td>绿色印刷实施管理制度</td></tr>
<tr><td>建立实施废物台账程序</td><td colspan="2">1.5</td><td>1.5</td><td>废品回收台账</td></tr>
<tr><td>建立实施印刷车间空调系统余热回收利用程序</td><td colspan="2">1.5</td><td>/</td><td>无</td></tr>
<tr><td>建立实施废弃物分类收集程序</td><td colspan="2">3.0</td><td>3.0</td><td>绿色印刷实施管理制度</td></tr>
<tr><td>建立实施印版隔离纸、卷筒纸外包装纸皮、表层残破纸、剩余纸尾，废纸边分类回收程序</td><td colspan="2">5.0</td><td>5.0</td><td>绿色印刷实施管理制度</td></tr>
<tr><td>采用印前印刷的预涂感光印版孔不入</td><td colspan="2">2.0</td><td>2.0</td><td>作业指导书：生产过程操作规程</td></tr>
<tr><td colspan="5">总分数：7.7+12.94+3.6+10+9.29+10.2+17.5=71.23</td></tr>
</table>

备注：资源、能源节约：卷筒×0.70 平版×0.3 = 得分。

表 10-5　绿色印刷 A 类物质合格供方名录

序号	产品名称及	型　号	经　销　商	生　产　厂	
1	油墨	CXXA、TXX	ABCJ 印刷有限公司	TJDY 油墨有限公司	
		GXXX、GTXX	TYDI 油墨有限公司	TYDI 油墨有限公司	
2	纸张	双胶纸	ABCJ 印刷有限公司	SDCM 纸业集团有限公司	
		轻型纸	ABCJ 印刷有限公司	JXCM 纸业集团有限公司	
		轻型纸	ABCJ 印刷有限公司	YYLZ 纸业股份有限公司	
		轻型纸	ABCJ 印刷有限公司	HNYG 股份有限公司	
		铜版纸	ABCJ 印刷有限公司	SDTY 纸业股份有限公司	
		铜版纸	ABCJ 印刷有限公司	JDZY 股份有限公司	
3	热熔胶	KXX		WXWL 有限公司	
4	上光油	UV－XXX	ABCJ 印刷有限公司	TJDY 油墨有限公司	
5	润湿液	MXXX	ABCJ 印刷有限公司	TJDY 油墨有限公司	
		FXXXX		YL 有限公司	
6	橡皮布	Y00X		MZXJ 制品有限公司	
		Y002		DK 有限公司	
		Y001		TRB 有限公司	
7	喷粉	XX－YY		FSZY 印刷材料有限公司	
8	PS 版	阳图型 PS 版		LKHG 印刷科技有限公司	
9	CTP 版	热敏版材		CDTY 刷技术有限公司	
10	显影液		WAZC 印刷物资有限公司	JZIB 科技有限公司	
11	定影液		WAZC 印刷物资有限公司	JZIB 科技有限公司	
12	洗车水			ZSBL 科技有限公司	
13	预涂膜	无胶复合膜		GDB 材料有限公司	

附　录

附录一

印刷业“十二五”时期发展规划

“十二五”时期是我国加快经济发展方式转变，建设新闻出版强国的关键时期。印刷业作为我国新闻出版业的重要组成部分，是文化产业的主要载体实现形式之一，兼具文化产业和加工工业的双重属性，是我国国民经济重要产业部门。科学编制和有效实施印刷业“十二五”发展规划，是我国印刷业贯彻落实科学发展观、加快发展方式转变、在整个新闻出版业中力争提前实现强国目标的重要举措。

一、发展现状和面临形势

（一）“十一五”期间取得的成就

1．产业规模迅速壮大。“十一五”期间，我国印刷业保持了持续快速发展。截至2010年年底，全国有各类印刷企业超过10万家，从业人员超过380万人。“十一五”末我国印刷总产值超过“十五”末的两倍，居全球第三位，我国已经成为全球重要的印刷加工基地。

2．产业布局逐步完善。“十一五”期间，我国构筑完成了依托粤港出口的珠三角、发挥综合实力的长三角和整合出版资源的环渤海三大印刷产业带，三大产业带的印刷总产值已占全国3/4以上。东北和中西部地区梯次承接转移的格局也已形成。印刷业发展的体制机制基本具备。

3．高新技术应用广泛。“十一五”期间，多色、高速、自动、联动等先进印装技术和设备在我国得到了应用，数字印刷以及信息管理技术发展迅猛，特别是国产技术设备的进步为我国印刷业的发展降低了成本，再加上国家对进口高端印刷设备继续给予了优惠政策扶持，大大提高了我国印刷业的现代化水平。

4．竞争能力明显增强。“十一五”期间，我国涌现出一大批具有相当规模和竞争力的优势企业，印刷业出口加工产值持续增长。民营投资印刷活跃，积极开拓外向型业务，部分有实力的企业已经“走出去”。

5．行政管理取得实效。“十一五”期间，印刷法规和标准得到进一步完善，日常管理制度得到进一步落实，印刷质量管理体系基本建立，市场秩序逐步规范，我国印刷业保持了健康有序的发展，保障了国家文化安全。

（二）存在的主要问题

1．产业集约化程度较低。我国印刷企业大的不强、小的不精，低水平重复建设严重，尚未形成世界级优势企业。全国百强企业年产值 600 亿元，占全国的 14%，仅为世界领先企业产值的一半。区域发展不平衡，劳动生产率较低，缺乏国际竞争力。

2．自主创新能力后劲不足。汉字激光照排技术推行以来，印刷核心技术如直接制版、数字印刷等仍掌握在发达国家手里，而我国创新投入明显不足，研发缺乏积累，发展缺乏后劲。我国设备每年进口额 16 亿美元，而自主制造设备销售额只有 150 亿元人民币。

3．新兴市场开拓能力不强。随着数字技术的发展，印刷市场服务早已突破原有界限，新型业态如数字印刷、创意印刷和物流信息增值服务等发展迅猛。但我国大部分企业仍处于被动委托加工，缺乏自主开发。出口集中在港台转移的珠三角，增加较少。

4．行业整体素质有待提高。目前，我国印刷从业人员中受过高等教育与具有中级以上技术职称的比例大大低于机械、电子等行业，技术工人和职业经理人普遍缺乏，管理基础薄弱，职业技能标准和资质认证体系尚不健全，制约了我国印刷业的发展。

5．印刷管理信息化有待加强。“十一五”期间，一些印刷企业使用 ERP、MIS 等信息管理系统加强印刷管理，提高了管理水平。但我国企业管理大部分还处在“手工”时代，信息化建设刚刚起步，系统建设并不完善。我国印刷行政管理也面临同样的问题。

（三）“十二五”期间面临的机遇与挑战

“十二五”期间，我国印刷业发展面临形势复杂，挑战与机遇并存。近年来，伴随着国民经济平稳较快地发展，我国印刷业也持续保持了高速增长。但 2009 年以来，国际金融危机给我国印刷业持续稳定发展带来了严重冲击。面对不利影响，我国印刷业总体上经受住了考验，印刷业在国家“保增长、扩内需”所采取的种种宏观调控措施的影响下，实现了逆势增长。2009 年 8 月，国务院发布了《文化产业振兴规划》。其中，印刷复制业被列为今后重点发展的九大文化产业之一。这进一步明确了印刷业在国民经济和社会发展中的战略地位，为我国印刷业的发展提供了难得的历史性机遇。

当前，世界各国对印刷行业节能、降耗、减排、绿色、安全要求日渐提高。绿色印刷已经成为全球印刷业未来发展的主流，发展绿色印刷也已成为我国印刷业“十二五”发展的主攻方向。由于印刷业是我国新闻出版业中市场化程度最高的部分，经过多年的竞争磨砺，在国际市场具有明显的比较成本优势，市场份额稳步增长，具有较强的适应能力；而在国内市场，文化市场的繁荣和创意产业的发展，国民经济相关产业的稳定与持续增长，都将为印刷业提供更大的市场空间。因此，在“十二五”期间要抓住时机，及时采取有力措施，通过推行绿色印刷战略，加快印刷产业发展方式转变，推动整个印刷产业实现转型和升级。

为建设新闻出版强国，印刷业应“先行一步”；同时，印刷业要为整个国民经济发展提供切实配套保障，推动文化产业大发展大繁荣。

二、指导思想与总体目标

（一）指导思想

高举中国特色社会主义伟大旗帜，全面贯彻党的十七大、十七届五中全会和中央经济工作会议精神，以邓小平理论和“三个代表”重要思想为指导，深入贯彻落实科学发展观，按照“力争提前将我国建设成为世界印刷强国”的总体要求，采取综合措施，以加快印刷产业发展方式转变为主线，优化产业布局，调整产业结构，培育优势企业，加强自主创新，提升管理服务，完善质量体系，营造和谐环境，引导整个印刷产业实施绿色环保战略转型，促进我国印刷业持续稳定发展。

（二）总体目标

1. 到“十二五”期末，从印刷大国向印刷强国的转变取得重大进展，争取在新闻出版业中提前实现强国目标。

2. 在“十二五”期间，我国印刷业总产值增长速度与国民经济发展基本保持同步。到“十二五”期末，我国印刷业总产值预计超过 11 000 亿元人民币，成为全球第二印刷大国，使我国成为世界印刷中心。

3. 加快国家印刷示范企业建设步伐，培育一批具有国际竞争力的优势印刷企业。到“十二五”期末，产值超过 50 亿元的印刷企业有若干家，产值超过 10 亿元的印刷企业超过 100 家。

4. 以中小学教科书、政府采购产品和食品药品包装为重点，大力推动绿色印刷发展。到“十二五”期末，基本建立绿色环保印刷体系，力争绿色印刷企业数量占到我国印刷企业总数的 30%。

5. 以数字印刷、数字化工作流程、CTP 和数字化管理系统为重点，在全行业推广数字化技术。到“十二五”期末，数字印刷产值占我国印刷总产值的比重超过 20%。

三、主要任务

为实现上述目标，着重做好以下四个方面工作：

（一）整合优化产业布局

建设“国家印刷示范企业”，给予政策资金扶持，加快培育优势印刷企业。继续完善印刷三大产业带建设。支持各地培育与市场需求相适应的不同印刷产业集群。

（二）加快推进技术创新

组织好“数字印刷和印刷数字化重大工程”。重点支持喷墨数字印刷的技术、工艺和设备的自主创新与产业化；同时，以信息化改造传统印刷业，促进印刷业现代化。

（三）引导产业绿色转型

组织好“绿色环保印刷体系建设工程”，协调有关部门开展多层次多方位合作，制定和完善绿色环保印刷标准，开展绿色环保印刷企业和印刷产品的认证，推进我国绿色环保印刷的发展。

（四）完善提升管理服务

修改完善印刷管理的法规和规章，建立和完善印刷行政执法报告制度，巩固印刷管理联动机制，加强对印刷企业的监管。推进印刷委托书联网管理，建立印刷业网上管理系统，改革行政审批制度，提高行政效能。

四、保障措施

（一）转变发展方式，调整产业结构

引导整个印刷业由数量增长向质量提升、由粗放经营向效益增长、由依靠资源扩张向依靠科技进步转变。促进印刷业向信息技术、创意设计、加工服务三位一体的方向扩展，加快从被动加工型产业向主动服务型产业的转变。调整产业布局，优化资源配置，完善珠三角、长三角和环渤海三个综合印刷产业带的定位，引导重大项目向三大印刷产业带集中，提高集约化程度。鼓励中西部地区主动承接产业转移，培育新的特色产业群。

（二）培育优势企业，提升竞争实力

大力推进“国家印刷示范企业”建设，发布实施《国家印刷复制示范企业管理办法》，鼓励具有先进印制水平、经济规模和效益突出、有能力参与国际竞争的规模以上重点印刷企业挂牌成为国家印刷示范企业，给予项目资金、产业政策和管理措施以及中国出版政府奖（印刷复制奖）评奖等方面的扶持，加快培育若干家产值超过 50 亿元和 100 家产值超过 10 亿元的优势印刷企业。引导技术创新型和相关产业链优势印刷企业成为示范企业。

（三）构建环保体系，促进绿色发展

制定和完善绿色印刷标准，开展绿色印刷认证，实施“绿色环保印刷体系建设工程”，以中小学教科书、政府采购产品和食品药品包装为重点，积极协调环境保护、教育等有关行政部门开展多层次多方位合作，大力推进绿色印刷的实施。推动包装装潢印刷向减量化、重复使用、再循环和可降解（3R+1D）方向发展。指导“绿色环保印刷示范园区”建设，推动低耗能绿色印刷设备和材料的研发，完善低端落后产能淘汰退出机制。

（四）依靠科技进步，引导产业转型

鼓励应用数字、网络技术改造现有印刷业，促进印刷业现代化。加大印刷高新技术、装备以及先进工艺的引进和开发力度。支持规模以上重点印刷企业采用多色高速、柔印、自动、联动等先进技术，提高技术水平；支持建立完善企业管理信息系统（MIS）和印刷电子商务系统，力争使印刷生产工艺和经营管理达到国际先进水平。推进印刷高新技术企业的认证工作，对高新技术企业的重点技术改造项目给予扶持。

（五）增强自主创新，实现持续发展

实施重大项目带动战略，组织实施“数字印刷和印刷数字化重大工程”，加快技术设备自主化研发，在数字印刷、直接制版、高速多色单张纸、卷筒纸胶印、凹印、柔印等关键技术和印刷新标准应用等方面要取得突破。推进印刷企业数字资产管理系统建设，挖掘新的价值增长点。推广使用自主开发的新工艺和新材料（如石头合成纸等）。引导国外大型印刷设备及原辅材料供应商在国内投资设厂，通过本土化生产逐步降低成本和售价。

（六）拓展新兴市场，扩大交流合作

挖掘文化市场消费潜力，引导培育印刷盈利新模式。拓展数字印刷、包装印刷、商业印刷企业服务范畴，重点发展个性化数字印刷、智能标签印刷以及纸、塑料等绿色环保产品包装印刷。稳定和拓展出口市场，开拓国际新兴市场，鼓励印刷企业“走出去”和开展外向型印刷业

务，促进加工贸易印刷企业更大规模的发展。鼓励印刷企业、行业协会以及其他机构在国外建立第三方联络机构，协助国内印刷企业参与国际竞标。

（七）规范市场秩序，提升管理服务

修改完善《印刷业管理条例》及有关规章，增加年度核验、准入门槛、退出机制、质量监管和数字印刷经营活动监管的内容。建立和完善印刷行政执法报告制度，坚持各部门的协同配合，加强对印刷企业的监管，探索和总结印刷监管长效机制。加强印刷管理网络信息系统建设，实现产业数据网上统计和汇总，改进管理手段，实现印刷委托书联网管理。全面推行政府信息公开，规范程序，减少环节，增强透明度，提高公信力。

（八）完善质量体系，促进产品升级

制定和完善印刷质量标准，形成较为完备的质量标准体系。完善印刷产品监督检测方法和程序，逐步提高印刷企业特别是中小企业的质量水平，培育一批有国际影响力的知名企业。加强印刷产品质量监督检测，继续做好“3.15”印刷质量监督检测活动和全国图书交易博览会参展图书印刷质量检测工作。建立印刷企业质量管理评价制度，推广质量管理体系认证，加大质量检查力度，逐步淘汰质量管理不达标的企业。

（九）加强人才培养，提升产业素质

加大人才培养力度，大力实施人才工程，加强对各种人才的系统化专业培训。发挥高等院校、科研机构在印刷专业人才培养中的重要作用，建立产学研相结合的人才培养机制。加强职业技能培训，推行职业技能鉴定，组织好印刷职业技能大赛。建立健全科学合理的人才资源管理、开发、流动机制，形成有利于各类人才脱颖而出的体制环境。建立印刷行业资格认证体系，完善准入条件和制度，逐步提高从业人员素质。

（十）加强协调指导，发挥协会作用

加强对印刷协会、研究机构和其他行业组织的协调和指导。支持协会依照法律法规和自身章程，履行行业协调、监督、服务、维权等职责，发挥协会在产业发展、行业自律、标准制定、资质认证、培训、竞赛和行业诚信体系建设等方面的作用。发挥印刷研究机构在技术进步、市场研究和产业引导等方面的作用。推动印刷协会与上下游协会的联系。加强协会自身建设，壮大协会力量，促进行业自律，使协会更好地发挥桥梁和纽带作用。

附录二

国务院关于加强环境保护重点工作的意见

各省、自治区、直辖市人民政府，国务院各部委、各直属机构：

多年来，我国积极实施可持续发展战略，将环境保护放在重要的战略位置，不断加大解决环境问题的力度，取得了明显成效。但由于产业结构和布局仍不尽合理，污染防治水平仍然较低，环境监管制度尚不完善等原因，环境保护形势依然十分严峻。为深入贯彻落实科学发展观，加快推动经济发展方式转变，提高生态文明建设水平，现就加强环境保护重点工作提出如下意见：

一、全面提高环境保护监督管理水平

（一）严格执行环境影响评价制度。凡依法应当进行环境影响评价的重点流域、区域开发和行业发展规划以及建设项目，必须严格履行环境影响评价程序，并把主要污染物排放总量控制指标作为新改扩建项目环境影响评价审批的前置条件。环境影响评价过程要公开透明，充分征求社会公众意见。建立健全规划环境影响评价和建设项目环境影响评价的联动机制。对环境影响评价文件未经批准即擅自开工建设、建设过程中擅自作出重大变更、未经环境保护验收即擅自投产等违法行为，要依法追究管理部门、相关企业和人员的责任。

（二）继续加强主要污染物总量减排。完善减排统计、监测和考核体系，鼓励各地区实施特征污染物排放总量控制。对造纸、印染和化工行业实行化学需氧量和氨氮排放总量控制。加强污水处理设施、污泥处理处置设施、污水再生利用设施和垃圾渗滤液处理设施建设。对现有污水处理厂进行升级改造。完善城镇污水收集管网，推进雨、污分流改造。强化城镇污水、垃圾处理设施运行监管。对电力行业实行二氧化硫和氮氧化物排放总量控制，继续加强燃煤电厂脱硫，全面推行燃煤电厂脱硝，新建燃煤机组应同步建设脱硫脱硝设施。对钢铁行业实行二氧化硫排放总量控制，强化水泥、石化、煤化工等行业二氧化硫和氮氧化物治理。在大气污染联防联控重点区域开展煤炭消费总量控制试点。开展机动车船尾气氮氧化物治理。提高重点行业环境准入和排放标准。促进农业和农村污染减排，着力抓好规模化畜禽养殖污染防治。

（三）强化环境执法监管。抓紧推动制定和修订相关法律法规，为环境保护提供更加完备、有效的法制保障。健全执法程序，规范执法行为，建立执法责任制。加强环境保护日常监管和执法检查。继续开展整治违法排污企业保障群众健康环保专项行动，对环境法律法规执行和环境问题整改情况进行后督察。建立建设项目全过程环境监管制度以及农村和生态环境监察制度。

完善跨行政区域环境执法合作机制和部门联动执法机制。依法处置环境污染和生态破坏事件。执行流域、区域、行业限批和挂牌督办等督查制度。对未完成环保目标任务或发生重、特大突发环境事件负有责任的地方政府领导进行约谈，落实整改措施。推行生产者责任延伸制度。深化企业环境监督员制度，实行资格化管理。建立健全环境保护举报制度，广泛实行信息公开，加强环境保护的社会监督。

（四）有效防范环境风险和妥善处置突发环境事件。完善以预防为主的环境风险管理制度，实行环境应急分级、动态和全过程管理，依法科学妥善处置突发环境事件。建设更加高效的环境风险管理和应急救援体系，提高环境应急监测处置能力。制定切实可行的环境应急预案，配备必要的应急救援物资和装备，加强环境应急管理、技术支撑和处置救援队伍建设，定期组织培训和演练。开展重点流域、区域环境与健康调查研究。全力做好污染事件应急处置工作，及时准确发布信息，减少人民群众生命财产损失和生态环境损害。健全责任追究制度，严格落实企业环境安全主体责任，强化地方政府环境安全监管责任。

二、着力解决影响科学发展和损害群众健康的突出环境问题

（五）切实加强重金属污染防治。对重点防控的重金属污染地区、行业和企业进行集中治理。合理调整涉重金属企业布局，严格落实卫生防护距离，坚决禁止在重点防控区域新改扩建增加重金属污染物排放总量的项目。加强重金属相关企业的环境监管，确保达标排放。对造成污染的重金属污染企业，加大处罚力度，采取限期整治措施，仍然达不到要求的，依法关停取缔。规范废弃电器电子产品的回收处理活动，建设废旧物品回收体系和集中加工处理园区。积极妥善处理重金属污染历史遗留问题。

（六）严格化学品环境管理。对化学品项目布局进行梳理评估，推动石油、化工等项目科学规划和合理布局。对化学品生产经营企业进行环境隐患排查，对海洋、江河湖泊沿岸化工企业进行综合整治，强化安全保障措施。把环境风险评估作为危险化学品项目评估的重要内容，提高化学品生产的环境准入条件和建设标准，科学确定并落实化学品建设项目环境安全防护距离。依法淘汰高毒、难降解、高环境危害的化学品，限制生产和使用高环境风险化学品。推行工业产品生态设计。健全化学品全过程环境管理制度。加强持久性有机污染物排放重点行业监督管理。建立化学品环境污染责任终身追究制和全过程行政问责制。

（七）确保核与辐射安全。以运行核设施为监管重点，强化对新建、扩建核设施的安全审查和评估，推进老旧核设施退役和放射性废物治理。加强对核材料、放射性物品生产、运输、贮存等环节的安全管理和辐射防护，促进铀矿和伴生放射性矿环境保护。强化放射源、射线装置、高压输变电及移动通信工程等辐射环境管理。完善核与辐射安全审评方法，健全辐射环境监测监督体系，推动国家核与辐射安全监管技术研发基地建设，构建监管技术支撑平台。

（八）深化重点领域污染综合防治。严格饮用水水源保护区划分与管理，定期开展水质全分析，实施水源地环境整治、恢复和建设工程，提高水质达标率。开展地下水污染状况调查、风险评估、修复示范。继续推进重点流域水污染防治，完善考核机制。加强鄱阳湖、洞庭湖、洪泽湖等湖泊污染治理。加大对水质良好或生态脆弱湖泊的保护力度。禁止在可能造成生态严重失衡的地方进行围填海活动，加强入海河流污染治理与入海排污口监督管理，重点改善渤海和长江、黄河、珠江等河口海域环境质量。修订环境空气质量标准，增加大气污染物监测指标，改进环境质量评价方法。健全重点区域大气污染联防联控机制，实施多种污染物协同控制，严格控制挥发性有机污染物排放。加强恶臭、噪声和餐饮油烟污染控制。加大城市生活垃圾无害化处理力度。加强工业固体废物污染防治，强化危险废物和医疗废物管理。被污染场地再次进行开发利用的，应进行环境评估和无害化治理。推行重点企业强制性清洁生产审核。推进污染企业环境绩效评估，严格上市企业环保核查。深入开展城市环境综合整治和环境保护模范城市创建活动。

（九）大力发展环保产业。加大政策扶持力度，扩大环保产业市场需求。鼓励多渠道建立环保产业发展基金，拓宽环保产业发展融资渠道。实施环保先进适用技术研发应用、重大环保技术装备及产品产业化示范工程。着重发展环保设施社会化运营、环境咨询、环境监理、工程技术设计、认证评估等环境服务业。鼓励使用环境标志、环保认证和绿色印刷产品。开展污染减排技术攻关，实施水体污染控制与治理等科技重大专项。制定环保产业统计标准。加强环境基准研究，推进国家环境保护重点实验室、工程技术中心建设。加强高等院校环境学科和专业建设。

（十）加快推进农村环境保护。实行农村环境综合整治目标责任制。深化“以奖促治”和“以奖代补”政策，扩大连片整治范围，集中整治存在突出环境问题的村庄和集镇，重点治理农村土壤和饮用水水源地污染。继续开展土壤环境调查，进行土壤污染治理与修复试点示范。推动环境保护基础设施和服务向农村延伸，加强农村生活垃圾和污水处理设施建设。发展生态农业和有机农业，科学使用化肥、农药和农膜，切实减少面源污染。严格农作物秸秆禁烧管理，推进农业生产废弃物资源化利用。加强农村人畜粪便和农药包装无害化处理。加大农村地区工矿企业污染防治力度，防止污染向农村转移。开展农业和农村环境统计。

（十一）加大生态保护力度。国家编制环境功能区划，在重要生态功能区、陆地和海洋生态环境敏感区、脆弱区等区域划定生态红线，对各类主体功能区分别制定相应的环境标准和环境政策。加强青藏高原生态屏障、黄土高原—川滇生态屏障、东北森林带、北方防沙带和南方丘陵山地带以及大江大河重要水系的生态环境保护。推进生态修复，让江河湖泊等重要生态系统休养生息。强化生物多样性保护，建立生物多样性监测、评估与预警体系以及生物遗传资源获取与惠益共享制度，有效防范物种资源丧失和流失。加强自然保护区综合管理。开展生态系统状况评估。加强矿产、水电、旅游资源开发和交通基础设施建设中的生态保护。推进生态文明建设试点，进一步开展生态示范创建活动。

三、改革创新环境保护体制机制

（十二）继续推进环境保护历史性转变。坚持在发展中保护，在保护中发展，不断强化并综合运用法律、经济、技术和必要的行政手段，以改革创新为动力，积极探索代价小、效益好、排放低、可持续的环境保护新道路，建立与我国国情相适应的环境保护宏观战略体系、全面高效的污染防治体系、健全的环境质量评价体系、完善的环境保护法规政策和科技标准体系、完备的环境管理和执法监督体系、全民参与的社会行动体系。

（十三）实施有利于环境保护的经济政策。把环境保护列入各级财政年度预算并逐步增加投入。适时增加同级环保能力建设经费安排。加大对重点流域水污染防治的投入力度，完善重点流域水污染防治专项资金管理办法。完善中央财政转移支付制度，加大对中西部地区、民族自治地方和重点生态功能区环境保护的转移支付力度。加快建立生态补偿机制和国家生态补偿专项资金，扩大生态补偿范围。积极推进环境税费改革，研究开征环境保护税。对生产符合下一阶段标准车用燃油的企业，在消费税政策上予以优惠。制定和完善环境保护综合名录。对“高污染、高环境风险”产品，研究调整进出口关税政策。支持符合条件的企业发行债券用于环境保护项目。加大对符合环保要求和信贷原则的企业和项目的信贷支持。建立企业环境行为信用评价制度。健全环境污染责任保险制度，开展环境污染强制责任保险试点。严格落实燃煤电厂烟气脱硫电价政策，制定脱硝电价政策。对可再生能源发电、余热发电和垃圾焚烧发电实行优先上网等政策支持。对高耗能、高污染行业实行差别电价，对污水处理、污泥无害化处理设施、非电力行业脱硫脱硝和垃圾处理设施等鼓励类企业实行政策优惠。按照污泥、垃圾和医疗废物无害化处置的要求，完善收费标准，推进征收方式改革。推行排污许可证制度，开展排污权有偿使用和交易试点，建立国家排污权交易中心，发展排污权交易市场。

（十四）不断增强环境保护能力。全面推进监测、监察、宣教、信息等环境保护能力标准化建设。完善地级以上城市空气质量、重点流域、地下水、农产品产地国家重点监控点位和自动监测网络，扩大监测范围，建设国家环境监测网。推进环境专用卫星建设及其应用，提高遥感监测能力。加强污染源自动监控系统建设、监督管理和运行维护。开展全民环境宣传教育行动计划，培育壮大环保志愿者队伍，引导和支持公众及社会组织开展环保活动。增强环境信息基础能力、统计能力和业务应用能力。建设环境信息资源中心，加强物联网在污染源自动监控、环境质量实时监测、危险化学品运输等领域的研发应用，推动信息资源共享。

（十五）健全环境管理体制和工作机制。构建环境保护工作综合决策机制。完善环境监测和督查体制机制，加强国家环境监察职能。继续实行环境保护部门领导干部双重管理体制。鼓励有条件的地区开展环境保护体制综合改革试点。结合地方人民政府机构改革和乡镇机构改革，探索实行设区城市环境保护派出机构监管模式，完善基层环境管理体制。加强核与辐射安全监管职能和队伍建设。实施生态环境保护人才发展中长期规划。

（十六）强化对环境保护工作的领导和考核。地方各级人民政府要切实把环境保护放在全局工作的突出位置，列入重要议事日程，明确目标任务，完善政策措施，组织实施国家重点环保工程。制定生态文明建设的目标指标体系，纳入地方各级人民政府绩效考核，考核结果作为领导班子和领导干部综合考核评价的重要内容，作为干部选拔任用、管理监督的重要依据，实行环境保护一票否决制。对未完成目标任务考核的地方实施区域限批，暂停审批该地区除民生工程、节能减排、生态环境保护和基础设施建设以外的项目，并追究有关领导责任。

各地区、各部门要加强协调配合，明确责任、分工和进度要求，认真落实本意见。环境保护部要会同有关部门加强对本意见落实情况的监督检查，重大情况向国务院报告。

国务院

二〇一一年十月十七日

附录三

关于发布《中国环境标志使用管理办法》的公告

为确保中国环境标志的正确使用，倡导可持续生产和消费，促进环境友好型社会建设，我部制定了《中国环境标志使用管理办法》。现予发布，自发布之日起执行。

附件：《中国环境标志使用管理办法》

二〇〇八年九月二十七日

附件：

中国环境标志使用管理办法

一、为确保中国环境标志的正确使用，倡导可持续生产和消费，促进环境友好型社会建设，制定本办法。

二、中国环境标志是由环境保护部确认、发布，并经国家工商行政管理总局商标局备案的证明性标识（中国环境标志的式样见附）。

中国环境标志所有权归环境保护部。未经环境保护部许可，任何单位和个人不得将该标志或与该标志近似的标志作为商标注册；不得擅自使用该标志的名称或与该标志近似的标志。

三、环境保护部指定的中国环境标志产品认证机构（以下简称“认证机构”）负责中国环境标志的发放以及标志使用的日常管理工作。

未经环境保护部许可，任何单位和个人不得开展上述工作。

四、在生产、使用及处置等过程中采取一定措施消除污染或减少污染，达到中国环境标志产品技术要求，并通过中国环境标志认证的产品，其生产企业可以向认证机构申请使用中国环境标志。

五、认证机构与通过中国环境标志认证的产品生产企业签订中国环境标志使用协议，核发中国环境标志，准予产品的生产及销售者在规定的范围内使用中国环境标志。同时，在环境保护部网站予以公布。

六、认证机构应建立健全中国环境标志的发放和监督管理制度，并向社会公开。认证机构应严格中国环境标志发放对象、范围、编号的登记，对产品使用中国环境标志情况进行检查管理。

七、认证机构每年应将获得中国环境标志认证的产品以及发放中国环境标志的情况向环境保护部报告。

八、认证机构应按规定的程序和条件发放中国环境标志。认证机构违反规定的程序和条件发放中国环境标志，又不及时采取措施改正的，环境保护部撤销其承担中国环境标志发放和标志使用日常管理的资格，并予以公布。

九、企业可以在获得中国环境标志的产品及其包装上张贴或印制中国环境标志，在广告宣传中使用中国环境标志。

十、企业在使用中国环境标志时，可以根据需要按等比例放大或缩小复制，但不得改变中国环境标志的形状和颜色。

十一、企业在产品外包装上或宣传广告中使用中国环境标志时，应同时注明认证证书号。

十二、企业不得在超出认证范围或者认证有效期的产品、包装及广告宣传中使用中国环境标志。

十三、认证机构对违反本办法使用中国环境标志的，视情况对违规的相关单位和个人采取下列措施：

1．责令停止违规行为。

2．公布侵权单位名单及产品名称、类别。

3．采取其他相关的法律措施。

十四、本办法由环境保护部负责解释。

十五、本办法自发布之日起实施。

附：

1．中国环境标志的式样

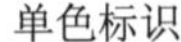
单色标识

双色标识

中国环境标志标识的含义：标识图形由清山、绿水、太阳及十个环组成。标识的中心结构表示人类赖以生存的环境；外围的十个环紧密结合，环环紧扣，表示公众参与，共同保护环境；同时十个环的“环”字与环境的“环”同字，其寓意为“全民联合起来，共同保护人类赖以生存的环境”。

2．中国环境标志标识的规格

标识的规格如图，可成比例放大缩小，应清晰可辨。

标识分为单色标识和双色标识。

单色标识：		黑色图案：C：0	M：0	Y：0	K：100
双色标识：	第一种：	黄色图案：C：0	M：10	Y：100	K：0
		绿色底版：C：100	M：0	Y：100	K：0
	第二种：	金色图案：C：10	M：18	Y：68	K：0
		绿色底版：C：79	M：0	Y：94	K：0

附录四

关于实施绿色印刷的公告

为推动我国生态文明、环境友好型社会建设，促进印刷行业可持续发展，根据《中华人民共和国环境保护法》和《印刷业管理条例》的有关规定，新闻出版总署和环境保护部决定共同开展实施绿色印刷工作。现将有关事项公告如下：

一、实施绿色印刷的指导思想

认真贯彻党的十七大、十七届五中全会精神，深入学习实践科学发展观，坚持“以人为本”的宗旨，本着“全面推进、重点突破、创新机制、加强监管”的原则，通过在印刷行业实施绿色印刷战略，促进印刷行业发展方式的转变，加快建设印刷强国，推动生态文明、环境友好型社会建设。

二、实施绿色印刷的范围和目标

（一）实施绿色印刷的范围

绿色印刷是指对生态环境影响小、污染少、节约资源和能源的印刷方式。实施绿色印刷的范围包括印刷的生产设备、原辅材料、生产过程以及出版物、包装装潢等印刷品，涉及印刷产品生产全过程。

（二）实施绿色印刷的目标

通过在印刷行业实施绿色印刷战略，到“十二五”期末，基本建立绿色印刷环保体系，力争使绿色印刷企业数量占到我国印刷企业总数的30%，印刷产品的环保指标达到国际先进水平，淘汰一批落后的印刷工艺、技术和产能，促进印刷行业实现节能减排，引导我国印刷产业加快转型和升级。

三、实施绿色印刷的组织管理

为加强对实施绿色印刷工作的组织领导，新闻出版总署和环境保护部决定共同成立实施绿色印刷工作领导小组，负责统一领导实施工作，统筹协调有关部门，督促检查工作进展。

领导小组组长由两部门主管副部级领导担任，日常工作由新闻出版总署印刷发行管理司和环境保护部科技标准司承担。

四、绿色印刷标准

绿色印刷标准是实施绿色印刷、评价绿色印刷成果的技术依据，绿色印刷标准由环境保护部和新闻出版总署共同组织制定，由环境保护部以国家环境保护标准《环境标志产品技术要求 印刷》的形式发布。绿色印刷标准对印前、印刷和印后过程的资源节约、能耗降低、污染物排放、回收利用等方面以及使用的原辅材料提出相关要求，特别是针对印刷产品中的重金属和挥发性有机化合物等危害人体健康的有毒有害物质提出控制要求。

环境保护部已于 2011 年 3 月 2 日发布了国家环境保护标准《环境标志产品技术要求　印刷　第一部分：平版印刷》（HJ 2503—2011）。今后根据工作进展情况，将陆续制定发布相关标准。各级新闻出版和环境保护行政主管部门应做好标准的宣传贯彻工作。

五、绿色印刷认证

实施绿色印刷工作的重要途径是在印刷行业开展绿色印刷环境标志产品认证（以下简称绿色印刷认证）。绿色印刷认证按照“公平、公正和公开”原则进行，在自愿的原则下，鼓励具备条件的印刷企业申请绿色印刷认证。国家对获得绿色印刷认证的企业给予项目发展资金、产业政策和管理措施等的扶持和倾斜。

六、实施绿色印刷的工作安排

（一）启动试点阶段

2011 年，在印刷全行业动员和部署实施绿色印刷工作。各地要深入学习和宣传国家环境保护标准《环境标志产品技术要求　印刷　第一部分：平版印刷》（HJ 2503—2011）；有条件的地区和企业要针对青少年儿童紧密接触的印刷品特别是在中小学教科书上率先进行绿色印刷试点；鼓励骨干印刷企业积极申请绿色印刷认证。

（二）深化拓展阶段

2012 年至 2013 年，在印刷全行业构筑绿色印刷框架。陆续制定和发布相关绿色印刷标准，逐步在票据票证、食品药品包装等领域推广绿色印刷；建立绿色印刷示范企业，出台绿色印刷的相关扶持政策；基本实现中小学教科书绿色印刷全覆盖，加快推进绿色印刷政府采购。

（三）全面推进阶段

2014 年至 2015 年，在印刷全行业建立绿色印刷体系。完善绿色印刷标准；绿色印刷基本覆盖印刷产品类别，力争使绿色印刷企业数量占到我国印刷企业总数的 30%；淘汰一批落后的印刷工艺、技术和产能，促进印刷行业实现节能减排，引导我国印刷产业加快转型和升级。

七、实施绿色印刷的配套保障

（一）宣传引导

新闻出版总署和环境保护部决定每年 11 月第一周为“绿色印刷宣传周”。各地要结合自身实际，大力宣传我国实施绿色印刷战略、推进绿色印刷的措施和成效，开展多种形式的宣传教育活动，普及绿色印刷知识，提高全社会的绿色印刷意识。引导印刷企业及印刷设备、原辅材料生产企业积极履行社会责任，大力推动节能环保体系建设。统筹协调组织好“绿色印刷在中国”等系列活动。

（二）教育培训

结合绿色印刷标准实施，对相关行政主管部门、行业协会和企业人员开展多层次、多形式的教育培训工作，提高政府行政管理人员的监督管理能力，提高行业协会工作人员的指导协调能力，提高检测机构和企业内部人员的技术保障能力，增强全行业从业人员的绿色印刷意识。

（三）政策扶持

新闻出版总署和环境保护部将与有关部门和地区研究出台绿色印刷的扶持政策，鼓励有关企业、科研机构和高等院校建立产学研相结合的实施绿色印刷的新模式，对实施绿色印刷取得突出业绩的部门和企业进行奖励。各地要结合自身实际，研究出台对绿色印刷的扶持政策。

（四）监督检查

各级新闻出版和环境保护行政主管部门要高度重视实施绿色印刷工作，抓好工作落实；相关检测机构要根据有关标准做好绿色印刷质量检测工作。新闻出版总署和环境保护部将对各地实施绿色印刷工作的情况进行督促检查，建立健全责任制和责任追究制，逐步完善绿色印刷管理的长效机制。

特此公告。

新闻出版总署

环境保护部

二〇一一年十月八日

附录五

新闻出版总署、教育部、环境保护部
关于中小学教科书实施绿色印刷的通知

各省（区、市）新闻出版局、教育厅（教委）、环境保护厅（局），各中小学教科书出版及印刷企业，各相关质检机构：

中小学教科书实施绿色印刷是我国保护青少年儿童身体健康，转变印刷业发展方式，推动生态文明、环境友好型社会建设的重要举措。《国务院关于加强环境保护重点工作的意见》（国发[2011]35 号）提出，鼓励使用环境标志、环保认证和绿色印刷产品。2011 年 10 月，新闻出版总署、环境保护部印发了《关于实施绿色印刷的公告》（2011 年第 2 号）。根据公告确定的“基本实现中小学教科书绿色印刷全覆盖”的工作目标，现将有关具体工作安排通知如下：

一、指导思想

深入贯彻落实科学发展观和党的十七届六中全会精神，坚持以人为本、执政为民，通过中小学教科书全面实施绿色印刷工作，免除青少年儿童和印刷从业人员日常接触到的印刷产品中有毒有害物质，保护广大青少年儿童和印刷从业人员的身体健康，减少出版、印制教科书过程中的污染物排放，淘汰达不到标准的教科书印刷企业，加快印刷业发展方式转变、促进印刷业产业升级，推动生态文明、环境友好型社会建设。

二、工作范围和目标

（一）工作范围

中小学教科书实施绿色印刷的范围包括全国义务教育阶段国家课程和地方课程的所有教科书。中小学教科书必须委托获得绿色印刷环境标志产品认证的印刷企业印制。

（二）工作目标

从今年秋季学期起，各地使用的绿色印刷中小学教科书数量应占到本地中小学教科书使用总量的 30%；再经过 1～2 年，基本实现全国中小学教科书绿色印刷全覆盖。通过中小学教科书实施绿色印刷，引起社会各界对中小学教科书环保安全的关注和重视，提高环保意识，推动印刷行业实施绿色印刷，促进印刷产业集约化经营。

三、组织机构

新闻出版总署、教育部、环境保护部联合建立中小学教科书实施绿色印刷工作领导小组。各部门分管负责同志参加，不定期召开会议，确定有关工作内容，通报各地工作进展情况，组织力量督促检查，对各地实施情况进行验收。领导小组下设办公室，办公室设在新闻出版总署印刷发行管理司，具体负责实施工作的组织和协调。

四、实施步骤

（一）动员部署阶段

新闻出版总署、教育部、环境保护部将于今年 5 月联合举办中小学教科书实施绿色印刷启动仪式，有关安排另行通知。各地要按照本通知要求，相应设立领导小组及办公室，加强领导，落实责任，形成合力，结合本地实际对中小学教科书实施绿色印刷工作进行动员和部署。

（二）试点推广阶段

从今年秋季学期开始，各地可从中小学国家课程或地方课程中选取部分课程的教科书试点实施绿色印刷，实施绿色印刷中小学教科书数量应占到本地中小学教科书使用总量的 30%以上，有条件的地区可以扩大实施比例。教科书印制过程中要积极采用符合绿色印刷要求的原辅材料，质检部门要尽快构建中小学教科书绿色印刷检测体系。

（三）全面完成阶段

再经过 1～2 年，中小学教科书绿色印刷基本实现全覆盖，绿色印刷将成为全国中小学选用教科书的必备条件。教科书绿色印刷的检测体系基本建立。新闻出版总署、教育部、环境保护部将组成督查组，对各地中小学教科书绿色印刷完成情况进行检查和验收。

五、分工要求

（一）中小学教科书出版单位（租型单位）要认真学习平版绿色印刷标准和有关要求，合理确定教科书印制的原辅材料和印刷形式，必须委托获得绿色印刷环境标志产品认证的印刷企业印制中小学教科书［印刷企业名单见附件 1，中环联合（北京）认证中心有限公司将定期更新］。接受委托的印刷企业无法完成生产任务的，出版单位（租型单位）要重新选择印刷企业，并重新开具印刷委托书。出版单位（租型单位）委托选择印刷企业有困难的，可经所在地省级新闻出版行政部门报请新闻出版总署统筹调剂。

（二）接受委托印制中小学教科书的印刷企业要严格控制生产工艺与流程，积极采用绿色环保的印刷设备和原辅材料，确保教科书符合绿色印刷产品质量要求。实施绿色印刷的中小学教科书应按环境保护部环境标志使用管理的有关规定，在教科书封底印制中国环境标志（具体要求见附件 2）。

（三）新闻出版行政部门要主动协调中小学教科书出版单位（租型单位）、印刷企业和发行企业，督促有关单位提前安排生产计划，精心组织力量实施，确保中小学教科书“课前到书、人手一册”。

（四）教育行政部门要指导学校组织人员对绿色印刷教科书上印制的中国环境标志进行讲解，增加素质教育内容，逐步培养青少年儿童的环保意识。

（五）环境保护行政部门要将各地中小学教科书实施绿色印刷的情况纳入环境保护责任考核，建立健全中小学教科书实施绿色印刷的监督和反馈机制。

（六）出版物质检部门要将中小学教科书绿色印刷质量检测纳入监管范围，今年作为重点进行抽查，从明年开始各地质检部门每年要组织不少于 20 次的针对中小学教科书绿色印刷的质量检查。对检测不合格的产品，予以更换，并追究相关出版单位（租型单位）和印刷企业的责任。

六、监督处罚

（一）中小学教科书出版单位（租型单位）未将教科书印制业务委托具有资质的印刷企业，或者要求印刷企业采用不符合绿色印刷标准的原辅材料印制教科书的，由新闻出版行政部门依照有关规定调整或者取消其出版（租型）中小学教科书的资质。

（二）印刷企业未按标准印刷生产中小学教科书的，由中环联合（北京）认证中心有限公司取消其绿色印刷环境标志产品认证资格，该企业不得再承接中小学教科书印制任务。

（三）新闻出版、教育、环境保护行政部门和学校不得以任何名目向学生收取涉及绿色印刷的任何费用。违反规定，依法严肃处理。

各地新闻出版、教育、环境保护行政部门要加强对中小学教科书实施绿色印刷工作的组织领导，大力宣传中小学教科书实施绿色印刷的重要意义和有关工作成果，营造良好舆论氛围；全面掌握工作情况，对出现的问题，要及时沟通、协商解决，对实施工作的意见和建议报送领导小组办公室。新闻出版总署、教育部和环境保护部将对各地中小学教科书实施绿色印刷工作开展情况进行督促检查，还将组织验收组对各地实施情况进行验收，对提前实现中小学教科书绿色印刷全覆盖的地区给予表扬，对没有按期完成工作任务的地区，给予全国通报批评并组织整改。

附件：1．获得绿色印刷环境标志产品认证的印刷企业名单（略）

2．中国环境标志印刷要求

新闻出版总署
教育部
环境保护部
二〇一二年四月六日

附件 2

中国环境标志印刷要求

一、中小学教科书印制时，要统一将中国环境标志印制在教科书封底左下角，与出版物条码持平。

二、单色印刷的教科书印制中国环境标志单色标识，彩色印刷的教科书印制中国环境标志双色标识，中国环境标志直径约为 20 mm。

三、中国环境标志下方增加“绿色印刷产品”字样，单色印刷的教科书采用黑色，彩色印刷的教科书采用与中国环境标志双色标识相同的绿色，宽度与中国环境标志直径相同。

图示如下：

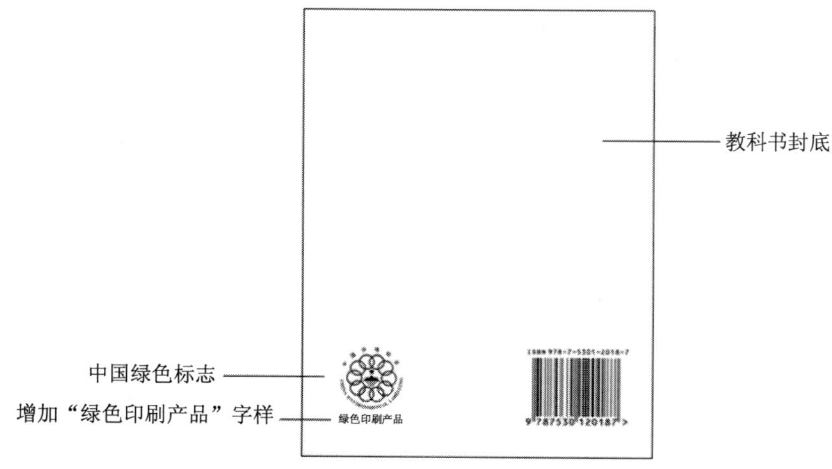

附录六

环境标志产品技术要求　印刷
第一部分：平版印刷

Technical requirement for environmental labeling products
—Printing　Part 1：Planographic printing

（HJ 2503—2011）

前　言

为贯彻《中华人民共和国环境保护法》，减少平版印刷对环境和人体健康的影响，改善环境质量，有效利用和节约资源，制定本标准。

本标准对平版印刷原辅材料和印刷过程的环境控制、印刷产品的有害物限值做出了规定。

本标准为首次发布。

本标准适用于中国环境标志产品认证。

本标准由环境保护部科技标准司组织制订。

本标准主要起草单位：中日友好环境保护中心、中国印刷技术协会、北京绿色事业文化发展中心、鹤山雅图仕印刷有限公司、中华商务联合印刷（广东）有限公司、东莞隽思印刷有限公司、上海烟草包装印刷有限公司、艾派集团（中国）有限公司、天津东洋油墨有限公司、北京康德新复合材料股份有限公司、金东纸业（江苏）股份有限公司、富士胶片（中国）投资有限公司、珠海市洁星洗涤科技有限公司。

本标准环境保护部 2011 年 3 月 2 日批准。

本标准自 2011 年 3 月 2 日起实施。

本标准由环境保护部解释。

1　适用范围

本标准规定了环境标志产品平版印刷的术语和定义、基本要求、技术内容和检验方法。

本标准适用于采用平版印刷方式的印刷过程及其产品。

2　规范性引用文件

本标准内容引用了下列文件中的条款。凡是不注日期的引用文件，其有效版本适用于本标准。

GB 6675 国家玩具安全技术规范

GB/T 7705 平版装潢印刷品

GB/T 9851.1 印刷技术术语 第 1 部分：基本术语

GB/T 9851.4 印刷技术术语 第 4 部分：平版印刷术语

GB/T 18359 中小学教科书用纸、印制质量要求和检验方法

GB/T 24999 纸和纸板 亮度（白度）最高限量

CY/T 5 平版印刷品质量要求及检验方法

HJ/T 220 环境标志产品技术要求 胶黏剂

HJ/T 370 环境标志产品技术要求 胶印油墨

YC/T 207 卷烟条与盒包装纸中挥发性有机化合物的测定 顶空-气相色谱法

3 术语和定义

GB/T 9851.1、GB/T 9851.4 确立的，以及下列术语和定义适用于本标准。

3.1

平版印刷 planographic printing

印刷的图文部分和非图文部分几乎处于同一平面的印刷方式。

3.2

上光油 coating solution

涂布在印刷品表面，增加光泽度、耐磨性和防水性的材料。

3.3

喷粉 spray powder

在印刷过程中，防止印刷品背面粘脏和加速油墨干燥的粉剂。

3.4

润湿液 fountain solution

在印刷过程中使印版非图文部分保持疏墨性水溶液。

3.5

计算机直接制版 computer to plate（CTP）

通过计算机和相应设备直接将图文记录到印版上的过程。所用印版称 CTP 版，其版材种类主要分为银盐型、光聚合型、热敏型以及免化学处理和免处理型。

4 基本要求

4.1 印刷产品质量应符合 GB/T 7705 和 CY/T 5 等国家和行业标准要求。

4.2 生产企业污染物排放应达到国家或地方规定的污染物排放标准要求。

4.3 生产企业应加强清洁生产。

5 技术内容

5.1 印刷用原辅料的要求

5.1.1 油墨、上光油、橡皮布、胶黏剂等原辅料不得添加表 1 中所列物质。

表 1 邻苯二甲酸酯类物质

中文名称	英文名称	缩写
邻苯二甲酸二异壬酯	Di-iso-nonylphthalate	DINP
邻苯二甲酸二正辛酯	Di-*n*-octylphthalate	DNOP
邻苯二甲酸二（2-乙基己基）酯	Di-(2-ethylhexy)-phthalate	DEHP
邻苯二甲酸二异癸酯	Di-isodecylphthalate	DIDP
邻苯二甲酸丁基苄基酯	Butylbenzylphthalate	BBP
邻苯二甲酸二丁酯	Dibutylphthalate	DBP

5.1.2 纸张亮（白）度应符合 GB/T 24999 的要求，中小学教材所用纸张亮（白）度应符合 GB/T 18359 的要求。

5.1.3 油墨应符合 HJ/T 370 的要求。

5.1.4 上光油应为水基或光固化上光油。

5.1.5 喷粉应为植物类喷粉。

5.1.6 润湿液不得含有甲醇。

5.1.7 即涂膜覆膜胶黏剂应为水基覆膜胶。

5.2 印刷产品有害物限量应符合表 2 要求。

表 2 印刷产品有害物限量

序号	项目	单位	限值
1	锑（Sb）	mg/kg	≤60
2	砷（As）	mg/kg	≤25
3	钡（Ba）	mg/kg	≤1 000
4	铅（Pb）	mg/kg	≤90
5	镉（Cd）	mg/kg	≤75
6	铬（Cr）	mg/kg	≤60
7	汞（Hg）	mg/kg	≤60
8	硒（Se）	mg/kg	≤500
9	苯	mg/m^2	≤0.01

序号	项目	单位	限值
10	乙醇	mg/m^2	≤50.0
11	异丙醇	mg/m^2	≤5.0
12	丙酮	mg/m^2	≤1.0
13	丁酮	mg/m^2	≤0.5
14	乙酸乙酯	mg/m^2	≤10.0
15	乙酸异丙酯	mg/m^2	≤5.0
16	正丁醇	mg/m^2	≤2.5
17	丙二醇甲醚	mg/m^2	≤60.0
18	乙酸正丙酯	mg/m^2	≤50.0
19	4-甲基-2-戊酮	mg/m^2	≤1.0
20	甲苯	mg/m^2	≤0.5
21	乙酸正丁酯	mg/m^2	≤5.0
22	乙苯	mg/m^2	≤0.25
23	二甲苯	mg/m^2	≤0.25
24	环己酮	mg/m^2	≤1.0

5.3 印刷宜采用表 3 所要求的原辅材料，其综合评价得分应超过 60 分。

表 3 印刷产品所用原辅材料要求

原辅料	要求	分值分配	总分值
承印物	使用通过可持续森林认证的纸张	25	25
	使用再生纸浆占 30%以上的纸张	25	
	使用本色的纸张	25	
印版	使用免处理的 CTP 印版	5	5
橡皮布	大幅面印刷机换下的橡皮布可在单色机上使用	10	10
	大幅面印刷机换下的橡皮布可在小幅面机上使用	10	
润湿液	使用无醇润湿液	20	20
	使用醇类添加量小于 5%的润湿液	10	
印版、橡皮布清洗材料	使用专用抹布清洗橡皮布	7	7
热熔胶	使用聚氨酯（PUR）型热熔胶	8	8
	EVA 热熔胶符合 HJ/T 220 的要求	5	
印后表面处理	使用预涂膜	25	25
	水基覆膜胶有害物符合 HJ/T 220 中包装用水基胶黏剂的要求	10	
	水基上光油有害物符合 HJ/T 370 中技术内容 5.4 的要求	15	

5.4 印刷过程宜采用表 4 所要求的环保措施，其综合评价得分应超过 60 分。

表 4 印刷过程中环保措施

<table>
<tr><th>指标</th><th colspan="2">工序</th><th>要求</th><th>分值分配</th><th>总分值</th></tr>
<tr><td rowspan="7">资源节约</td><td colspan="2" rowspan="7">印前</td><td>建立实施版面优化设计控制制度</td><td>1.0</td><td rowspan="7">12</td></tr>
<tr><td>建立实施长版印件烤版制度</td><td>0.6</td></tr>
<tr><td>采用计算机直接制版（CTP）系统和数字化工作流程软件</td><td>4.8</td></tr>
<tr><td>采用节省油墨软件，利用底色去除（UCR）工艺减少彩色油墨用量</td><td>0.8</td></tr>
<tr><td>通过数字方式进行文件传输</td><td>1.2</td></tr>
<tr><td>采用软打样和数码打样</td><td>1.8</td></tr>
<tr><td>制版与冲片清洗水过滤净化循环使用</td><td>1.8</td></tr>
<tr><td rowspan="23">资源节约</td><td rowspan="19">印刷</td><td rowspan="14">单张纸平印</td><td>建立实施装、卸印版、校正套准规矩时间控制制度</td><td>1.6</td><td rowspan="14">16</td></tr>
<tr><td>建立实施纸张加放量的控制程序</td><td>1.6</td></tr>
<tr><td>建立实施印版、橡皮布消耗定额控制程序</td><td>1.6</td></tr>
<tr><td>建立实施橡皮布的保养程序</td><td>1.6</td></tr>
<tr><td>建立实施印刷油墨控制程序，集中配墨，定量发放</td><td>1.6</td></tr>
<tr><td>采用墨色预调和水/墨快速调节装置</td><td>0.8</td></tr>
<tr><td>采用静电喷粉器</td><td>1.6</td></tr>
<tr><td>采用喷粉收集装置</td><td>1.6</td></tr>
<tr><td>采用中央供墨系统</td><td>1.6</td></tr>
<tr><td>采用自动洗胶布装置</td><td>0.6</td></tr>
<tr><td>采用无水印刷方式</td><td>0.5</td></tr>
<tr><td>根据印刷幅面调节幅面和喷粉量</td><td>0.5</td></tr>
<tr><td>上光油使用后废气集中收集处理后排放</td><td>0.8</td></tr>
<tr><td> </td><td> </td></tr>
<tr><td rowspan="5">卷筒纸平印</td><td>建立实施装、卸印版、校正套准规矩时间程序</td><td>3.8</td><td rowspan="5">16</td></tr>
<tr><td>建立实施橡皮布的保养程序</td><td>3.0</td></tr>
<tr><td>建立实施印刷机台全面生产设备管理程序</td><td>3.0</td></tr>
<tr><td>采用墨色预调和水/墨快速调节装置</td><td>3.0</td></tr>
<tr><td>采用中央供墨系统</td><td>3.2</td></tr>
<tr><td colspan="2" rowspan="4">印后加工</td><td>建立实施烫箔工艺控制程序</td><td>3.0</td><td rowspan="4">12</td></tr>
<tr><td>建立实施印后表面处理材料的控制程序</td><td>3.0</td></tr>
<tr><td>建立实施模切控制程序（教材书刊类不实施考核）</td><td>2.4</td></tr>
<tr><td>建立实施上光油或覆膜工艺控制程序</td><td>3.6</td></tr>
</table>

<table>
<tr><th>指标</th><th colspan="2">工序</th><th>要求</th><th colspan="2">分值分配</th><th>总分值</th></tr>
<tr><td rowspan="20">节能</td><td colspan="2" rowspan="4">印前</td><td>采用发光二极管（LED）灯</td><td>6.4</td><td rowspan="2">6.4</td><td rowspan="4">12</td></tr>
<tr><td>采用小直径灯代替大直径灯</td><td>4.8</td></tr>
<tr><td>采用纳米反光片的灯</td><td colspan="2">2.0</td></tr>
<tr><td>在工作空闲时，电脑置于休眠状态</td><td colspan="2">3.6</td></tr>
<tr><td rowspan="16">印刷</td><td rowspan="8">单张纸平印</td><td>建立实施印刷机能耗考核制度</td><td colspan="2">2.0</td><td rowspan="8">16</td></tr>
<tr><td>建立实施减少印刷机空转制度</td><td colspan="2">2.5</td></tr>
<tr><td>采用发光二极管（LED）灯</td><td>4.6</td><td rowspan="2">4.6</td></tr>
<tr><td>采用小直径灯代替大直径灯</td><td>2.4</td></tr>
<tr><td>采用纳米反光片的灯</td><td colspan="2">1.0</td></tr>
<tr><td>安装自动门，对印刷车间的温度进行有效控制</td><td colspan="2">1.5</td></tr>
<tr><td>彩色印件采用多色印刷机印刷</td><td colspan="2">2.4</td></tr>
<tr><td>采用中央真空泵系统</td><td colspan="2">2.0</td></tr>
<tr><td rowspan="8">卷筒纸平印</td><td>建立实施折页机组以及装纸卷和穿纸等准备时间控制制度</td><td colspan="2">2.4</td><td rowspan="8">16</td></tr>
<tr><td>建立实施印刷机能耗考核制度</td><td colspan="2">2.0</td></tr>
<tr><td>建立实施烘干温度控制程序</td><td colspan="2">2.0</td></tr>
<tr><td>采用发光二极管（LED）灯</td><td>4.6</td><td rowspan="2">4.6</td></tr>
<tr><td>采用小直径灯代替大直径灯</td><td>2.4</td></tr>
<tr><td>采用纳米反光片的灯</td><td colspan="2">1.0</td></tr>
<tr><td>安装自动门，对印刷车间的温度进行有效控制</td><td colspan="2">1.5</td></tr>
<tr><td>采用烘干系统加装二次燃烧装置</td><td colspan="2">2.5</td></tr>
<tr><td rowspan="5">节能</td><td colspan="2" rowspan="5">印后加工</td><td>建立实施印后加工设备能耗考核制度</td><td colspan="2">2.4</td><td rowspan="5">12</td></tr>
<tr><td>建立实施印后装订工艺制度</td><td colspan="2">3.0</td></tr>
<tr><td>建立实施胶锅温度控制程序</td><td colspan="2">3.0</td></tr>
<tr><td>采用 LED 灯</td><td>3.6</td><td rowspan="2">3.6</td></tr>
<tr><td>采用小直径灯代替大直径灯</td><td>2.4</td></tr>
<tr><td colspan="3" rowspan="10">回收、利用</td><td>建立实施剩余油墨综合利用控制制度</td><td colspan="2">1.0</td><td rowspan="10">20</td></tr>
<tr><td>建立实施电化铝废料回收制度</td><td colspan="2">2.0</td></tr>
<tr><td>建立实施废物管理制度</td><td colspan="2">2.0</td></tr>
<tr><td>建立实施装订用漆布、人造革、纱布等下脚料回收制度</td><td colspan="2">1.0</td></tr>
<tr><td>建立实施装订用胶黏剂残余胶料回收制度</td><td colspan="2">1.0</td></tr>
<tr><td>建立实施废物台账程序</td><td colspan="2">1.5</td></tr>
<tr><td>建立实施印刷车间空调系统余热回收利用程序</td><td colspan="2">1.5</td></tr>
<tr><td>建立实施废弃物分类收集程序</td><td colspan="2">3.0</td></tr>
<tr><td>建立实施印版隔离纸、卷筒纸外包装纸皮、表层残破纸、剩余纸尾，废纸边分类回收程序</td><td colspan="2">5.0</td></tr>
<tr><td>采用印前印刷的预涂感光印版</td><td colspan="2">2.0</td></tr>
</table>

6 检验方法

6.1 技术内容 5.1.3 的检测按照 HJ/T 370 规定的方法进行。

6.2 技术内容 5.2 中表 2 中的 1～8 项的检测按照 GB 6675 规定的方法进行。

6.3 技术内容 5.2 中表 2 中的 9～24 项的检测按照 YC/T 207 规定的方法进行。

6.4 技术内容中的其他要求通过文件审查和现场检查的方式进行验证。

参考文献

[1] 罗树宝. 中国古代印刷史. 北京：印刷工业出版社，1993.

[2] 范慕韩. 中国印刷近代史. 北京：印刷工业出版社，1995.

[3] 张树栋，等. 中华印刷通史. 北京：印刷工业出版社，1999.

[4] 《印刷之光》编委会. 印刷之光：光明来自东方. 杭州：浙江人民美术出版社，2000.

[5] 张树栋，庞多益，郑如斯. 简明中华印刷通史. 桂林：广西师范大学出版社，2004.

[6] 张绍勋. 中国印刷史话. 北京：商务印书馆，2004.

[7] 张秀民. 中国印刷史. 杭州：浙江古籍出版社，2006.

[8] 王修智，钟永诚. 古今印刷术（印刷卷）. 济南：山东科学技术出版社，2007.

[9] 刘真. 印刷概论. 北京：印刷工业出版社，2008.

[10] 李万建. 中国古代印刷术. 郑州：大象出版社，2009.

[11] 中环联合（北京）认证中心有限公司. 中国环境标志培训教程. 北京：中国环境科学出版社，2009.

[12] 绿色印刷起源及推进绿色印刷的动因. http://cn.made-in-china.com.

[13] 李淑娟，张成新. 改进印刷工艺 发展绿色印刷. 印刷技术，2008（16）：16-18.

[14] 王勤. 打破价格瓶颈——无水印刷引领绿色新走向. 中国新闻出版报，2012.4.11.

[15] 罗兰公司.Dual-Dry® RTO 干燥装置实现节能. 罗兰公司，2009.11.23.

[16] 黄清明，陈芳园，许鹏，白文华. 凹版印刷机干燥系统机械结构工艺参数节能减排设计. 机械工程师，2010.3.

[17] 高宝. 节能减排也是一种收入——记高宝利必达单张纸胶印机上的绿色印刷技术. 今日印刷，2010（12）：22-25.

[18] 实施绿色印刷对印刷企业和绿色产品的要求. 科印网 http://www.keyin.cn，2011.10.11.

[19] 科技网 www.stdaily.com. 科技日报 2011.6.2.

[20] 控制原料成为发展绿色印刷成功关键. 食品商务网 http://china.toocle.com，2010.5.21.

[21] 集中自动供墨技术省钱又环保. 油墨产业网 www.ymcy.ibicn.com.

[22] 李倩，骆光林. 浅谈印刷废弃物的处理. 中国印刷物资商情.2007.5.18.

[23] www.heidelberg.com.cn.

[24] www.kba.com.cn.

[25] www.manroland.com.

[26] www.keyin.com.

[27] www.bisenet.com.

[28] www.bigc.edu.cn.

[29] Printcity Allanice.Carbon Footprint & Energy Reduction for the graphic industry value chain，Printcity Special Report，2010 www.printcity.de.

[30] 褚庭亮，等. 绿色印刷技术指南. 北京：印刷工业出版社，2011.9.

[31] 刘三国，翟洪杰. 实现绿色印刷的基本策略. 印刷质量与标准化，2009（8）.

[32] 危志斌，张瑞杰. 适当降低纸张白度实现人与自然和谐发展 2011 年第 30 卷第 10 期. 中国造纸，2011.10.

[33]《印刷 第一部分：平版印刷 环境标志产品认证实施细则》.

[34]《环境标志产品技术要求 印刷 第一部分：平版印刷》编制说明.